智能科学与技术丛书

# Deep Learning Through Sparse and Low-Rank Modeling

# 深度学习

## 基于稀疏和低秩模型

王章阳（Zhangyang Wang）

［美］ 傅云（Yun Fu）　　　　　◎ 编著

［美］ 黄煦涛（Thomas S. Huang）

黄智濒 ◎ 译

机械工业出版社
China Machine Press

## 图书在版编目（CIP）数据

深度学习：基于稀疏和低秩模型 / 王章阳，（美）傅云，（美）黄煦涛（Thomas S. Huang）编著；黄智濒译 . -- 北京：机械工业出版社，2021.8
（智能科学与技术丛书）
书名原文：Deep Learning Through Sparse and Low-Rank Modeling
ISBN 978-7-111-68934-8

I. ①深…  II. ①王… ②傅… ③黄… ④黄…  III. ①机器学习  IV. ① TP181

中国版本图书馆 CIP 数据核字（2021）第 169119 号

本书版权登记号：图字  01-2020-3427

---

### 注意

本书涉及领域的知识和实践标准在不断变化。新的研究和经验拓展我们的理解，因此须对研究方法、专业实践或医疗方法作出调整。从业者和研究人员必须始终依靠自身经验和知识来评估和使用本书中提到的所有信息、方法、化合物或本书中描述的实验。在使用这些信息或方法时，他们应注意自身和他人的安全，包括注意他们负有专业责任的当事人的安全。在法律允许的最大范围内，爱思唯尔、译文的原文作者、原文编辑及原文内容提供者均不对因产品责任、疏忽或其他人身或财产伤害及 / 或损失承担责任，亦不对由于使用或操作文中提到的方法、产品、说明或思想而导致的人身或财产伤害及 / 或损失承担责任。

---

出版发行：机械工业出版社（北京市西城区百万庄大街 22 号  邮政编码：100037）
责任编辑：曲 熠                          责任校对：马荣敏
印　　刷：三河市宏达印刷有限公司          版　　次：2021 年 9 月第 1 版第 1 次印刷
开　　本：185mm×260mm  1/16             印　　张：14.5
书　　号：ISBN 978-7-111-68934-8         定　　价：89.00 元

客服电话：(010) 88361066  88379833  68326294        投稿热线：(010) 88379604
华章网站：www.hzbook.com                            读者信箱：hzjsj@hzbook.com

版权所有·侵权必究
封底无防伪标签均为盗版
本书法律顾问：北京大成律师事务所  韩光 / 邹晓东

随着深度学习的深入发展，模型泛化、训练行为、数据效率和参数规模成为影响其应用的重要因素。深度网络权重的固有稀疏性逐渐被大家所认识，深度学习研究社区与计算机体系结构研究社区围绕其稀疏性对相关问题展开了诸多研究。本书由近几年发表在各类顶级期刊和国际会议/研讨会上的论文集结而成，主要围绕字典学习、稀疏编码和低秩模型进行材料筛选，从稀疏/低秩模型和深度模型之间的深层次结构联系入手，介绍稀疏编码模型如何自然地转换为深度网络，并将其应用于维度约简、动作识别、风格识别、亲属关系理解、图像除雾以及生物医学图像分析等方面，展示了丰富的研究成果。

本书囊括了国内外诸多深度学习研究者的成果，突出了稀疏编码和低秩模型对于解决深度学习技术问题的有效性。本书主题突出，内容有一定的深度，特别适合对其中的专题感兴趣且有一定深度学习基础的读者阅读。

在翻译的过程中，译者力求译文准确反映原著的思想和概念，但由于水平有限，难免有错漏之处，恳请读者及同行批评指正。

最后，感谢家人和朋友的支持和帮助。同时，感谢所有对本书翻译做出贡献的人，特别是北京邮电大学何若愚、董丹阳、张涵、傅广涛和法天昊等。还要感谢机械工业出版社的各位编辑，以及北京邮电大学计算机学院(国家示范性软件学院)的大力支持。

黄智濒

2021 年 6 月

于北京邮电大学

# 前 言

Deep Learning Through Sparse and Low-Rank Modeling

深度学习在机器学习、数据分析和计算机视觉的各种应用中取得了巨大的成功。它易于并行化，推理复杂度较低，可以端到端联合调优。然而，通用的深度架构——通常被称为"黑盒"方法，在很大程度上忽略了问题特定的公式表示和领域知识。这些架构依赖于堆叠一些临时的模块，这使得解释其工作机制变得非常困难。尽管可凭借一些假设和直觉，但人们普遍认为很难理解深度模型为什么会起作用，以及它们如何与经典机器学习模型相关联。另一方面，稀疏性和低秩性是经典机器学习中很容易被利用的正则化。通过利用高维数据的潜在低维子空间结构，这种方法在许多图像处理和理解任务中取得了巨大成功。

本书概述了近期关于深度学习模型与稀疏模型和低秩模型集成的研究趋势。本书适合具备深度学习和稀疏/低秩模型基础知识的读者阅读，书中还特别强调概念和应用，希望能帮助更多的读者。本书涵盖的研究将经典的稀疏模型和低秩模型与深度网络模型进行衔接，其中，稀疏和低秩模型强调问题特定的先验性和可解释性，而深度网络模型具有更强的学习能力，同时能更好地利用大数据。你将会看到，深度学习工具箱与稀疏/低秩模型和算法紧密相关。这样的观点有望推动各类理论和分析工具的研究工作，引导深度模型的架构设计和解释。理论和建模的进展将与计算机视觉、机器学习、信号处理、数据挖掘等方面的诸多应用相辅相成。

## 致谢

感谢 Elsevier 团队的 Ana Claudia A. Garcia、Tim Pitts、Kamesh Ramajogi 等在本书出版过程中对我们的悉心指导。感谢 UIUC 图像生成与处理（IFP）团队的学生及毕业生，与他们的学术合作及讨论令我们受益匪浅。还要感谢所有章节的作者对本书的辛勤付出。

编著者

**王章阳（Zhangyang Wang）**　　得克萨斯农工大学（TAMU）计算机科学与工程（CSE）系助理教授。2012～2016 年，他是伊利诺伊大学厄巴纳-香槟分校（UIUC）电子与计算机工程（ECE）系的博士生，师从黄煦涛教授。在此之前，他于 2012 年在中国科学技术大学（USTC）获得学士学位。他的研究一直致力于利用先进的特征学习和优化技术解决机器学习、计算机视觉和多媒体信号处理问题。他已合作发表了 50 多篇论文，并独立或合作出版了多部著作。他已获得 3 项专利，并获得了 20 多项研究奖和奖学金。他经常在知名会议和期刊担任客座编辑、领域主席、会议主席、TPC 成员、演讲者和研讨会组织者。他的研究已被全球媒体（如 BBC、《财富》、《国际商业时报》、UIUC 新闻和校友杂志等）报道。更多内容请见 http://www.atlaswang.com。

**傅云（Yun Fu）**　　在西安交通大学获得信息工程学士学位和模式识别与智能系统工程硕士学位，在伊利诺伊大学厄巴纳-香槟分校获得统计学硕士学位和电子与计算机工程博士学位。2012 年起担任美国东北大学工程学院和计算机与信息科学学院的跨学科教师。他的研究方向为机器学习、计算智能、大数据挖掘、计算机视觉、模式识别和信息物理融合系统。他在顶级期刊、书籍/书籍章节和国际会议/研讨会上发表了大量文章。他担任过许多顶级期刊和国际会议/研讨会的副主编、主席、PC 成员和审稿人。他曾获得 NAE、ONR、ARO、IEEE、INNS、UIUC 和 Grainger 基金会颁发的 7 个著名青年研究员奖，IEEE、IAPR、SPIE 和 SIAM 颁发的 7 个最佳论文奖，Google、三星和 Adobe 颁发的 3 个重要工业研究奖。他目前是《IEEE 神经网络和学习系统会刊》（TNNLS）的副主编。他是 IAPR 和 SPIE 会士，ACM 终身高级会员，IEEE 高级会员，AAAI、OSA 和数理统计研究所终身会员，全球青年学院（GYA）成员，INNS 成员，并在 2007～2008 年担任 Beckman 研究院研究员。

**黄煦涛（Thomas S. Huang）**　　1963 年在麻省理工学院获得理学博士学位，现为伊利诺伊大学厄巴纳-香槟分校电子与计算机工程系研究教授和 Swanlund 讲座教授⊖。他独立撰写或合著了 21 本书籍和 600 多篇论文，涉及网络理论、数字滤波、图像处理和计算机视觉。他的研究兴趣包括计算机视觉、图像压缩和增强、模式识别和多模态信号处理。他是美国国家工程院院士，国际模式识别学会和美国光学学会会士。

---

⊖　此为原书出版时的信息。黄煦涛教授于 2020 年 4 月 25 日夜（美国东部时间）在美国印第安纳州去世。——编辑注

2006 年，他获得 IS&T 和 SPIE 年度 Imaging Scientist 奖以及 IBM Faculty 奖。2008 年，他担任 ACM 基于内容的图像和视频检索会议以及 IEEE 计算机视觉和模式识别会议的名誉主席。他获得了许多奖项，包括本田终身成就奖、IEEE Jack Kilby 信号处理奖章、国际模式识别学会 King-Sun Fu 奖、国际计算机视觉会议 Azriel Rosenfeld 终身成就奖。

**Yun Fu**

Department of Electrical and Computer Engineering and College of Computer and Information Science (Affiliated), Northeastern University, Boston, MA, United States

**Niraj Goel**

Department of Computer Science and Engineering, Texas A&M University, College Station, TX, United States

**Boyuan Gong**

Department of Computer Science and Engineering, Texas A&M University, College Station, TX, United States

**Sandeep Gottimukkala**

Department of Computer Science and Engineering, Texas A&M University, College Station, TX, United States

**Thomas S. Huang**

Department of Electrical and Computer Engineering, University of Illinois at Urbana-Champaign, Champaign, IL, United States

**Shuhui Jiang**

Department of Electrical and Computer Engineering, Northeastern University, Boston, MA, United States

**Satya Kesav**

Department of Computer Science and Engineering, Texas A&M University, College Station, TX, United States

**Steve Kommrusch**

Colorado State University, Fort Collins, CO, United States

**Yu Kong**

B. Thomas Golisano College of Computing and Information Sciences, Rochester Institute of Technology, Rochester, NY, United States

**Yang Li**

Department of Electrical and Computer Engineering, Texas A&M University, College Station, TX, United States

**Ding Liu**

Beckman Institute for Advanced Science and Technology, Urbana, IL, United States

**Yu Liu**

Department of Electrical and Computer Engineering, Texas A&M University, College Station, TX, United States

**Louis-Noël Pouchet**

Colorado State University, Fort Collins, CO, United States

**Ritu Raj**

Department of Computer Science and Engineering, Texas A&M University, College Station, TX, United States

**Wenqi Ren**

Chinese Academy of Sciences, Beijing, China

**Ming Shao**

Computer and Information Science, University of Massachusetts Dartmouth, Dartmouth, MA, United States

**Dacheng Tao**

University of Sydney, Sydney, NSW, Australia

**Shuyang Wang**

Department of Electrical and Computer Engineering, Northeastern University, Boston, MA, United States

**Zhangyang Wang**

Department of Computer Science and Engineering, Texas A&M University, College Station, TX, United States

**Caiming Xiong**

Salesforce Research, Palo Alto, CA, United States

**Guanlong Zhao**

Department of Computer Science and Engineering, Texas A&M University, College Station, TX, United States

# 引　言

Zhangyang Wang，Ding Liu

## 1.1　深度学习基础

机器学习使计算机无须明确编程就能从数据中学习。然而，经典的机器学习算法常常发现，直接从原始数据中提取语义特征具有挑战性，例如，由于众所周知的"语义缺口"[1]，这就需要领域专家的协助，手工制作许多精心设计的特征表示，机器学习模型在此基础上才能更有效地运行。相比之下，最近流行的深度学习依靠多层神经网络，通过构建多个简单的特征来表示一个复杂的概念，从而得出有语义意义的表示。深度学习对人工设计的特征和专家知识的要求较低。以图像分类为例[2]，基于深度学习的图像分类系统通过从低级到中级的隐藏层逐步提取边缘、纹理和结构来表示对象，随着模型的加深，与目标语义概念的关联度越来越高。在大数据的出现和硬件加速的推动下，复杂的数据可以从原始输入中提取出更高、更抽象的层次表示，为深度学习解决复杂甚至传统上难以解决的问题提供更有力的帮助。深度学习在视觉对象识别[2-5]、人脸识别与验证[6-7]、对象检测[8-11]、图像修复与增强[12-17]、聚类[18]、情感识别[19]、美学与风格识别[20-23]、场景理解[24-25]、语音识别[26]、机器翻译[27]、图像合成[28]，甚至围棋[29]和扑克[30]等方面都取得了巨大的成功。

一个基本的神经网络是由一组感知器(人工神经元)组成的，每个感知器用一个简单的激活函数将输入映射到输出值。在最近的深度神经网络架构中，卷积神经网络(CNN)和循环神经网络(RNN)是两大主流，它们的连接模式不同。CNN 在隐藏层上部署卷积运算，以实现权重共享和参数降低。CNN 可以从网格状的输入数据中提取局部信息，主要在计算机视觉和图像处理方面表现出成功的经验，有许多流行的实例，如 LeNet[31]、AlexNet[2]、VGG[32]、GoogLeNet[33]和 ResNet[34]。RNN 专门处理长度可变的序列输入数据。RNN 在每个时间步产生一个输出，每个时间步的隐藏神经元是根据输入数据和上一个时间步的隐藏神经元计算出来的。为了避免 RNN 在长期依赖中的梯度消失/爆炸，具有可控门的长短期记忆(LSTM)网络[35]和门控循环单元(GRU)[36]在实际应用中被广泛使用。有兴趣的读者可以参考一本综合性的深度学习教材[37]。

## 1.2　稀疏与低秩模型基础

在信号处理中，表示一个多维信号的经典方法是将其表示为一个（事先选择的，也是学习的）基中各分量的线性组合。相对于基，对信号进行线性变换的目的是使所得的线性系数具有更可预测的模式。有了合适的基，这种系数往往会表现出一些信号所需的特性。一个重要的观察结果是，对于大多数自然信号，如图像和音频，如果基选择得当，大多数系数为零或接近于零。这种技术通常被称为稀疏编码，而基被称为字典[38]。稀疏先验在不同的语境下可以有很多解释，如平滑性、特征选择等。由压缩传感理论保证[39]，在某些有利条件下，使用 $\ell_1$ 范数而不是更直接但难以解决的 $\ell_0$ 范数，可以可靠地得到稀疏解。除了逐元素的稀疏模型之外，研究者还拓展了更为复杂的结构化稀疏模型[40-41]。基（称为字典）的学习进一步提升了稀疏编码的能力[42-44]。

更一般地说，稀疏性属于广受好评的简约原则，即宁愿选择简单的表示方式，也不选择较复杂的表示方式。稀疏性水平（非零元素的数量）是衡量向量值特征的表示复杂性的一个自然指标。在矩阵值特征的情况下，矩阵的秩提供了另一个简约性的概念，假设高维数据靠近一个低维子空间或流形。与稀疏优化类似，一系列工作表明，可以通过凸优化[45]或高效启发式[46]实现秩最小化，为视频处理等高维数据分析铺平了道路[47-52]。

## 1.3　连接深度学习与稀疏和低秩模型

除了在传统机器学习算法中被证明的成功之外，稀疏和低秩结构被广泛地发现对深度学习的正则化、改善模型泛化、训练行为、数据效率[53]和紧凑性[54]是有效的。例如，添加 $\ell_1$（或 $\ell_2$）衰减项限制神经元的权重。另一个流行的避免过拟合的工具是 dropout[2]，这是一种简单的正则化方法，通过在训练阶段随机将隐藏神经元置零来提高深度网络的泛化能力，可以将其看作一种强制稀疏性的随机形式。此外，深度网络权重和激活的固有稀疏性也被广泛观察到，并被用于压缩深度模型[55]以提高其能效[56-57]。至于低秩性，在学习低秩卷积滤波器[58]和网络压缩[59]方面也有很多研究。

本书的重点是探索稀疏/低秩模型和深度模型之间更深层次的结构联系。虽然本书余下部分会详细介绍许多例子，但我们在这里简要说明一下主要思想。我们从下面的正则化回归形式出发，它代表了一族庞大的特征学习模型，如岭回归、稀疏编码和低秩表示等。

$$a = \arg\min_a \frac{1}{2} \| x - \Phi(D,a) \|_F^2 + \Psi(a) \tag{1.1}$$

这里 $x \in \mathbb{R}^n$ 表示输入数据，$a \in \mathbb{R}^m$ 是要学习的特征，$D \in \mathbb{R}^{n \times m}$ 是表示基。函数 $\Phi(D,a)$：$\mathbb{R}^{n \times m} \times \mathbb{R}^m \to \mathbb{R}^n$ 定义了特征表示形式。正则化项 $\Psi(a)$：$\mathbb{R}^m \to \mathbb{R}$ 进一步纳入特定

问题的先验知识。不足为奇的是，等式（1.1）的许多实例都可以通过一类类似的迭代算法来解决

$$z^{k+1} = \mathcal{N}(\mathcal{L}_1(x) + \mathcal{L}_2(z^k)) \tag{1.2}$$

其中 $z^k \in \mathbb{R}^m$ 表示第 $k$ 次迭代的中间输出，$k = 0, 1, \cdots$，$\mathcal{L}_1$ 和 $\mathcal{L}_2$ 是线性（或卷积）算子，而 $\mathcal{N}$ 是简单的非线性算子。等式（1.2）可以用一个递归系统来表示，其不动点有望成为等式（1.1）的解 $a$。此外，递归系统可以被展开并截断为 $k$ 次迭代，以构建一个 $k+1$ 层前馈网络。不需要任何进一步的调整，所产生的架构将输出精确解 $a$ 的 $k$ 次迭代近似值。我们使用稀疏编码模型[38]作为公式（1.1）的一个常用实例，它对应于 $\Psi(a) = \lambda \| a \|_1$，$\Phi(D, a) = Da$，默认情况下 $\| D \|_2 = 1$。那么，具体的函数形式为（$u$ 为向量，$u_i$ 为其第 $i$ 个元素）。

$$\mathcal{L}_1(x) = D^T x, \mathcal{L}_2(z^k) = (I - D^T D) z^k, \mathcal{N}(u)_i = \text{sign}(u_i)(|u_i| - \lambda)_+ \tag{1.3}$$

其中 $\mathcal{N}$ 是一个逐元素的软收缩函数。在文献［60］中首先提出了等式（1.3）的展开和截断版本，称为可学习迭代收缩和阈值算法（LISTA）。最近的工作[61,18,62-64]沿用了 LISTA，并发展了各种模型，许多研究者将展开模型与判别任务联合优化[65]。

可以得到一个简单但有趣的变体，通过强制执行 $\Psi(a) = \lambda \| a \|_1$，$a \geqslant 0$，$\Phi(D, a) = Da$，$\| D \|_2 = 1$，公式（1.2）可以改编为解决非负稀疏编码问题。

$$\mathcal{L}_1(x) = D^T x - \lambda, \mathcal{L}_2(z^k) = (I - D^T D) z^k, \mathcal{N}(u)_i = \max(u_i, 0) \tag{1.4}$$

应用非负性的一个副产品是，原来的稀疏系数 $\lambda$ 现在作为这一层的偏置项出现在 $\ell_1$ 中，而不是像等式（1.3）那样出现在 $\mathcal{N}$ 中。因此，现在等式（1.4）中的 $\mathcal{N}$ 与流行的修正线性单元（ReLU）神经元的形式完全相同[2]。我们进一步对等式（1.4）进行激进的近似，设 $k = 0$ 并假设 $z^0 = 0$，则有

$$z = \mathcal{N}(D^T x - \lambda) \tag{1.5}$$

请注意，即使假设 $z^0$ 为非零，它也可能被吸收到偏置项 $-\lambda$ 中。等式（1.5）正是一个全连接层，后面是 ReLU 神经元，这是现有深度模型中最标准的构件之一。卷积层同样可以通过观察卷积稀疏编码模型[66]而不是线性模型来得出。这种隐藏的结构相似性揭示了将许多稀疏和低秩模型与当前成功的深度模型进行桥接的潜力，可能会增强后者的通用性、紧凑性和可解释性。

## 1.4　本书章节结构

在本书的其余部分，第 2 章将首先以高光谱图像分类为例，介绍双层稀疏编码模型。然后，第 3 章、第 4 章和第 5 章将介绍三个具体的例子（分类、超分辨率和聚类），以说明（双层）稀疏编码模型如何自然地转换为深度网络并进行训练。从第 6 章到第 9 章，我们将深入研究由稀疏性和低秩辅助的深度学习在信号处理、维数约简、动作识别、风格识别和亲属关系理解等方面的广泛应用。

## 1.5 参考文献

[1] Zhao R, Grosky WI. Narrowing the semantic gap-improved text-based web document retrieval using visual features. IEEE Transactions on Multimedia 2002;4(2):189–200.

[2] Krizhevsky A, Sutskever I, Hinton GE. Imagenet classification with deep convolutional neural networks. In: NIPS; 2012.

[3] Wang Z, Chang S, Yang Y, Liu D, Huang TS. Studying very low resolution recognition using deep networks. In: Proceedings of the IEEE conference on computer vision and pattern recognition; 2016. p. 4792–800.

[4] Liu D, Cheng B, Wang Z, Zhang H, Huang TS. Enhance visual recognition under adverse conditions via deep networks. arXiv preprint arXiv:1712.07732, 2017.

[5] Wu Z, Wang Z, Wang Z, Jin H. Towards privacy-preserving visual recognition via adversarial training: a pilot study. arXiv preprint arXiv:1807.08379, 2018.

[6] Bodla N, Zheng J, Xu H, Chen J, Castillo CD, Chellappa R. Deep heterogeneous feature fusion for template-based face recognition. In: 2017 IEEE winter conference on applications of computer vision, WACV 2017; 2017. p. 586–95.

[7] Ranjan R, Bansal A, Xu H, Sankaranarayanan S, Chen J, Castillo CD, et al. Crystal loss and quality pooling for unconstrained face verification and recognition. CoRR 2018. arXiv:1804.01159 [abs].

[8] Ren S, He K, Girshick R, Sun J. Faster R-CNN: towards real-time object detection with region proposal networks. In: Advances in neural information processing systems; 2015. p. 91–9.

[9] Yu J, Jiang Y, Wang Z, Cao Z, Huang T. Unitbox: an advanced object detection network. In: Proceedings of the 2016 ACM on multimedia conference. ACM; 2016. p. 516–20.

[10] Gao J, Wang Q, Yuan Y. Embedding structured contour and location prior in siamesed fully convolutional networks for road detection. In: Robotics and automation (ICRA), 2017 IEEE international conference on. IEEE; 2017. p. 219–24.

[11] Xu H, Lv X, Wang X, Ren Z, Bodla N, Chellappa R. Deep regionlets for object detection. In: The European conference on computer vision (ECCV); 2018.

[12] Timofte R, Agustsson E, Van Gool L, Yang MH, Zhang L, Lim B, et al. NTIRE 2017 challenge on single image super-resolution: methods and results. In: Computer vision and pattern recognition workshops (CVPRW), 2017 IEEE conference on. IEEE; 2017. p. 1110–21.

[13] Li B, Peng X, Wang Z, Xu J, Feng D. AOD-Net: all-in-one dehazing network. In: Proceedings of the IEEE international conference on computer vision; 2017. p. 4770–8.

[14] Li B, Peng X, Wang Z, Xu J, Feng D. An all-in-one network for dehazing and beyond. arXiv preprint arXiv:1707.06543, 2017.

[15] Li B, Peng X, Wang Z, Xu J, Feng D. End-to-end united video dehazing and detection. arXiv preprint arXiv:1709.03919, 2017.

[16] Liu D, Wen B, Jiao J, Liu X, Wang Z, Huang TS. Connecting image denoising and high-level vision tasks via deep learning. arXiv preprint arXiv:1809.01826, 2018.

[17] Prabhu R, Yu X, Wang Z, Liu D, Jiang A. U-finger: multi-scale dilated convolutional network for fingerprint image denoising and inpainting. arXiv preprint arXiv:1807.10993, 2018.

[18] Wang Z, Chang S, Zhou J, Wang M, Huang TS. Learning a task-specific deep architecture for clustering. SDM 2016.

[19] Cheng B, Wang Z, Zhang Z, Li Z, Liu D, Yang J, et al. Robust emotion recognition from low quality and low bit rate video: a deep learning approach. arXiv preprint arXiv:1709.03126, 2017.

[20] Wang Z, Yang J, Jin H, Shechtman E, Agarwala A, Brandt J, et al. DeepFont: identify your font from an image. In: Proceedings of the 23rd ACM international conference on multimedia. ACM; 2015. p. 451–9.

[21] Wang Z, Yang J, Jin H, Shechtman E, Agarwala A, Brandt J, et al. Real-world font recognition using deep network and domain adaptation. arXiv preprint arXiv:1504.00028, 2015.

[22] Wang Z, Chang S, Dolcos F, Beck D, Liu D, Huang TS. Brain-inspired deep networks for image aesthetics assessment. arXiv preprint arXiv:1601.04155, 2016.

[23] Huang TS, Brandt J, Agarwala A, Shechtman E, Wang Z, Jin H, et al. Deep learning for font recognition and retrieval. In: Applied cloud deep semantic recognition. Auerbach Publications; 2018. p. 109–30.

[24] Farabet C, Couprie C, Najman L, LeCun Y. Learning hierarchical features for scene labeling. IEEE Transactions on Pattern Analysis and Machine Intelligence 2013;35(8):1915–29.

[25] Wang Q, Gao J, Yuan Y. A joint convolutional neural networks and context transfer for street scenes labeling. IEEE Transactions on Intelligent Transportation Systems 2017.

[26] Saon G, Kuo HKJ, Rennie S, Picheny M. The IBM 2015 English conversational telephone speech recognition system. arXiv preprint arXiv:1505.05899, 2015.

[27] Sutskever I, Vinyals O, Le QV. Sequence to sequence learning with neural networks. In: Advances in neural information processing systems; 2014. p. 3104–12.

[28] Goodfellow I, Pouget-Abadie J, Mirza M, Xu B, Warde-Farley D, Ozair S, et al. Generative adversarial nets. In: Advances in neural information processing systems; 2014. p. 2672–80.

[29] Silver D, Huang A, Maddison CJ, Guez A, Sifre L, Van Den Driessche G, et al. Mastering the game of go with deep neural networks and tree search. Nature 2016;529(7587):484–9.

[30] Moravčík M, Schmid M, Burch N, Lisý V, Morrill D, Bard N, et al. DeepStack: expert-level artificial intelligence in no-limit poker. arXiv preprint arXiv:1701.01724, 2017.

[31] LeCun Y, et al. LeNet-5, convolutional neural networks. URL: http://yann.lecun.com/exdb/lenet, 2015.

[32] Simonyan K, Zisserman A. Very deep convolutional networks for large-scale image recognition. arXiv preprint arXiv:1409.1556, 2014.

[33] Szegedy C, Liu W, Jia Y, Sermanet P, Reed S, Anguelov D, et al. Going deeper with convolutions. In: Proceedings of the IEEE conference on computer vision and pattern recognition; 2015. p. 1–9.

[34] He K, Zhang X, Ren S, Sun J. Deep residual learning for image recognition. In: Proceedings of the IEEE conference on computer vision and pattern recognition; 2016. p. 770–8.

[35] Gers FA, Schmidhuber J, Cummins F. Learning to forget: continual prediction with LSTM. Neural Computation 2000;12(10):2451–71.

[36] Chung J, Gulcehre C, Cho K, Bengio Y. Empirical evaluation of gated recurrent neural networks on sequence modeling. arXiv preprint arXiv:1412.3555, 2014.

[37] Goodfellow I, Bengio Y, Courville A. Deep learning. MIT Press; 2016.

[38] Wang Z, Yang J, Zhang H, Wang Z, Yang Y, Liu D, et al. Sparse coding and its applications in computer vision. World Scientific; 2015.

[39] Baraniuk RG. Compressive sensing [lecture notes]. IEEE Signal Processing Magazine 2007;24(4):118–21.

[40] Huang J, Zhang T, Metaxas D. Learning with structured sparsity. Journal of Machine Learning Research Nov. 2011;12:3371–412.

[41] Xu H, Zheng J, Alavi A, Chellappa R. Template regularized sparse coding for face verification. In: 23rd International conference on pattern recognition, ICPR 2016; 2016. p. 1448–54.

[42] Xu H, Zheng J, Alavi A, Chellappa R. Cross-domain visual recognition via domain adaptive dictionary learning. CoRR 2018. arXiv:1804.04687 [abs].

[43] Xu H, Zheng J, Chellappa R. Bridging the domain shift by domain adaptive dictionary learning. In: Proceedings of the British machine vision conference 2015, BMVC 2015; 2015. p. 96.1–96.12.

[44] Xu H, Zheng J, Alavi A, Chellappa R. Learning a structured dictionary for video-based face recognition. In: 2016 IEEE winter conference on applications of computer vision, WACV 2016; 2016. p. 1–9.

[45] Candès EJ, Li X, Ma Y, Wright J. Robust principal component analysis? Journal of the ACM (JACM) 2011;58(3):11.

[46] Wen Z, Yin W, Zhang Y. Solving a low-rank factorization model for matrix completion by a nonlinear successive over-relaxation algorithm. Mathematical Programming Computation 2012:1–29.

[47] Wang Z, Li H, Ling Q, Li W. Robust temporal-spatial decomposition and its applications in video processing. IEEE Transactions on Circuits and Systems for Video Technology 2013;23(3):387–400.

[48] Li H, Lu Z, Wang Z, Ling Q, Li W. Detection of blotch and scratch in video based on video decomposition. IEEE Transactions on Circuits and Systems for Video Technology 2013;23(11):1887–900.

[49] Yu Z, Li H, Wang Z, Hu Z, Chen CW. Multi-level video frame interpolation: exploiting the interaction among different levels. IEEE Transactions on Circuits and Systems for Video Technology 2013;23(7):1235–48.

[50] Yu Z, Wang Z, Hu Z, Li H, Ling Q. Video error concealment via total variation regularized matrix completion. In: Image processing (ICIP), 2012 19th IEEE international conference on. IEEE; 2012. p. 1633–6.

[51] Yu Z, Wang Z, Hu Z, Ling Q, Li H. Video frame interpolation using 3-d total variation regularized completion. In: Image processing (ICIP), 2012 19th IEEE international conference on. IEEE; 2012. p. 857–60.

[52] Wang Z, Li H, Ling Q, Li W. Mixed Gaussian-impulse video noise removal via temporal-spatial decomposition. In: Circuits and systems (ISCAS), 2012 IEEE international symposium on. IEEE; 2012. p. 1851–4.

[53] Zhang X, Wang Z, Liu D, Ling Q. DADA: deep adversarial data augmentation for extremely low data regime classification. arXiv preprint arXiv:1809.00981, 2018.

[54] Wu J, Wang Y, Wu Z, Wang Z, Veeraraghavan A, Lin Y. Deep $k$-means: re-training and parameter sharing with harder cluster assignments for compressing deep convolutions. arXiv preprint arXiv:1806.09228, 2018.

[55] Han S, Mao H, Dally WJ. Deep compression: compressing deep neural networks with pruning, trained quantization and Huffman coding. arXiv preprint arXiv:1510.00149, 2015.

[56] Liu B, Wang M, Foroosh H, Tappen M, Pensky M. Sparse convolutional neural networks. In: Proceedings of the IEEE conference on computer vision and pattern recognition; 2015. p. 806–14.

[57] Lin Y, Sakr C, Kim Y, Shanbhag N. PredictiveNet: an energy-efficient convolutional neural network via zero prediction. In: Circuits and systems (ISCAS), 2017 IEEE international symposium on. IEEE; 2017. p. 1–4.

[58] Ioannou Y, Robertson D, Shotton J, Cipolla R, Criminisi A. Training CNNs with low-rank filters for efficient image classification. arXiv preprint arXiv:1511.06744, 2015.

[59] Sainath TN, Kingsbury B, Sindhwani V, Arisoy E, Ramabhadran B. Low-rank matrix factorization for deep neural network training with high-dimensional output targets. In: Acoustics, speech and signal processing (ICASSP), 2013 IEEE international conference on. IEEE; 2013. p. 6655–9.

[60] Gregor K, LeCun Y. Learning fast approximations of sparse coding. In: ICML; 2010.

[61] Wang Z, Ling Q, Huang T. Learning deep $\ell_0$ encoders. AAAI 2016.

[62] Wang Z, Chang S, Liu D, Ling Q, Huang TS. D3: deep dual-domain based fast restoration of jpeg-compressed images. In: IEEE CVPR; 2016.

[63] Wang Z, Yang Y, Chang S, Ling Q, Huang TS. Learning a deep $\ell_\infty$ encoder for hashing. 2016.

[64] Liu D, Wang Z, Wen B, Yang J, Han W, Huang TS. Robust single image super-resolution via deep networks with sparse prior. IEEE TIP 2016.

[65] Coates A, Ng AY. The importance of encoding versus training with sparse coding and vector quantization. In: ICML; 2011.

[66] Wohlberg B. Efficient convolutional sparse coding. In: ICASSP. IEEE; 2014.

# 双层稀疏编码：高光谱图像分类示例<sup>⊖</sup>

Zhangyang Wang

## 2.1　引言

　　高光谱图像中的光谱信息允许对土地覆盖物进行特征描述、识别和分类，从而提高准确性和鲁棒性。然而，在高光谱数据分类中，需要解决几个关键问题[1-2,38]：少量可用的标记数据，每个光谱样本的高维性，光谱特征的空间变异性，样本标记的高成本性。特别是，大量的光谱通道以及少量的标记训练样本引起了严重的维度问题，从而增加了训练数据过拟合的风险。基于这些原因，高光谱图像分类器的理想特性应该是能够在高维特征空间、低规模训练数据集和高水平空间光谱特征变化的情况下生成准确的土地覆盖图。

　　许多有监督和无监督的分类器已经被开发出来以解决高光谱数据分类问题[3]。经典的监督方法，如人工神经网络[4,5]和支持向量机（SVM）[6-9]，在处理大量频谱带和缺乏标记的数据时容易效率低下。在文献［10］中，SVM用非规范图拉普拉斯算子实现正则化，从而形成了采用流形假设进行半监督分类的拉普拉斯 SVM（LapS-VM）。另一种基于神经网络的框架在文献［11］中被提出，包括在用于训练神经网络的损失函数中加入一个灵活的嵌入正则器，从而改善了一些高光谱图像分类问题的分类精度和可扩展性。近年来，基于核的方法经常被用于高光谱图像分类[12-15]。它们当然能够有效地处理高维的输入特征空间，并以鲁棒的方式处理噪声样本[16]。最近，稀疏表示法在图像分类中越来越受欢迎。基于稀疏表示的分类（SRC）[17]主要是基于这样的观察：尽管自然信号的维度很高，但属于同一类别的信号通常位于一个低维子空间。文献［18］提出了一种基于 SRC 的高光谱分类算法，该算法利用了输入样本相对于给定的超完整训练字典的稀疏性。它基于稀疏性模型，在一个字典中的全部原子中，一个测试光谱像素大约由几个训练样本（原子）来表示。与原子相关的权重称为稀疏码，通过恢复的稀疏码的特征来确定测试像素的类标签。实验结果表明，判别效果有显著改善。然而，所有监督方法的主要困难是学习过程严重依赖于训练数据集的质量。更糟糕的是，由于样本标记的成本，标记的高光谱训练样本数量非常有限。另一方面，无监督方法对标记样本的数量不敏感，因为它们对整个数据集进行操作，但聚类和类标签之间的关系无法保证[19]。此外，通常在高光谱分类中，为了降低高输入空间维度，要进行初步的特征选择/提取，这很耗时，而且依赖于场景并需要先验知识。

作为一种权衡，半监督分类方法成为一种自然的选择，以获得更好的性能。在半监督学习文献中，除了丰富的非标记数据外，算法还以标记数据的形式提供一些可用的监督信息。这样的框架最近在遥感领域吸引了相当多的研究者，提出了如拉普拉斯SVM（LapSVM）[9-10]、转导式 SVM[20]、偏置式 SVM[21] 和基于图的方法[22] 等。

即使上述算法在分类高光谱图像方面表现出良好的性能，但它们大多是基于光谱相似的实例应该共享相同标签的假设。然而在实践中，可能会有对应同一材料的非常不同的光谱，这有时会使上述严格的假设不再有效。此外，在最新的高光谱分类方法[23-24]中，空间信息与光谱特征一起被利用，鼓励局部附近的像素具有相似的标签。空间平滑性的假设在高光谱图像的同质区域中能够很好地成立，但是，传统的方法往往捕捉不到空间信息和光谱特征，例如在属于不同类别的区域边界上。

在本章中，我们介绍了一种高光谱图像分类方法，以解决高光谱图像的特殊性，即像素的高输入维度、低标记样本数和光谱特征的空间变异性所带来的问题。为此，提出的方法具有以下特点和技术贡献：

- **半监督**。将文献［25］中的任务驱动字典学习公式扩展到高光谱分类的半监督框架中，在任务驱动的环境下，将图像中大量的未标记样本与有限数量的标记样本一起利用，提高分类性能。

- **特征提取和分类的联合优化**。之前几乎所有关于高光谱分类器设计的研究都可以被看作两个独立部分的组合，即特征的提取和设计分类器的训练过程。虽然之前的一些工作直接使用了原始光谱像素，但人们普遍认为，从输入像素中提取的特征（如稀疏码）往往能提高分类的判别力并增强鲁棒性[17]。然而，如果分别考虑这两个阶段，通常会导致次优的性能，因为提取的特征并没有优化下一步分类的最佳性能。我们联合优化分类器参数和字典原子，这与经典的数据驱动特征提取方法[18]不同，后者只尝试重建好训练样本。我们的联合任务驱动公式确保了学习到的稀疏码特征对分类器来说是最优的。

- **空间信息的整合**。我们通过在分类器的概率输出（即预测标签的似然值）中加入空间拉普拉斯正则化[9]来整合空间信息。这比流行的"朴素"拉普拉斯平滑度约束更加灵活，后者只是强制要求局部窗口中的所有像素具有相似的学习特征。

为了满足要求，我们设计了一种新颖的双层优化公式[26-27]，通过随机梯度下降算法[28]来解决这个问题。然后，我们在三个流行的数据集上对所提出的方法进行评价，可以看到其在所有数据集上的性能都有显著提高。即使对于相当不确定的分类问题，即极少量的高维标签样本，所提出的方法在性能上也比同类方法有显著而稳定的提高。

本章的其余部分组织如下。2.2节详细给出公式的构造步骤，然后是解决它的优化算法。2.3节讨论所提出的方法与其他几种相关方法的分类结果，在广泛的可用标记样本的情况下进行了比较。还研究了未标记样本和字典原子对分类器性能的影响，以及得到的字典的可判别性。2.4节包括一些结论性意见和对未来工作的指示。

## 2.2　公式和算法

### 2.2.1　符号表示

考虑一幅高光谱图像 $X \in \mathbb{R}^{m \times n}$，其中有 $n$ 个像素，每个像素由一个 $m$ 维的光谱向量组成。令 $X = \{x_1, x_2, \cdots, x_n\}$ 表示高光谱图像中的像素集，每个光谱像素 $x_i \in \mathbb{R}^{m \times 1}, i = 1, 2, \cdots, n$。对于所有对应的标签 $y = [y_1, y_2, \cdots, y_n]$，我们假设 $l$ 个标签 $[y_1, y_2, \cdots, y_l]$ 是已知的，构成一个有标签的训练集 $X_i = [x_1, x_2, \cdots, x_l]$，同时假设 $X_u = [x_{l+1}, x_{l+2}, \cdots, x_n]$ 为无标签的训练集，$u = n - l$。我们假设每个类的标签样本数是均匀选择的。这意味着对于 $K$ 类分类，每个类都有 $l_c = l / K$ 个标签样本。

在不失一般性的前提下，我们令所有的 $y_i \in \{-1, 1\}$ 来重点讨论二元分类。然而，所提出的分类器可以自然地扩展到多类情况下，用多类分类器（如软最大分类器[30]）代替二元分类器，或者采用著名的一比一（one-versus-one）或一比多（one-versus-all）策略。

我们的目标是联合学习一个字典 $D$，该字典由提取稀疏码（特征向量）的基础集和应用于提取的特征向量的二元分类器的分类参数 $w$ 组成，同时保证它们之间是最优的。

### 2.2.2　联合特征的提取和分类

#### 2.2.2.1　特征提取的稀疏编码

文献 [18] 提出，假设属于同一类的像素的频谱特征大约位于一个低维子空间。像素只需用几个稀疏系数（稀疏码）就可以紧凑地表示出来。我们采用稀疏码作为输入特征，因为大量的文献已经研究了 SRC 对于更有判别力和鲁棒性的分类的突出效果[17]。

假设所有的数据样本为 $X = [x_1, x_2, \cdots, x_n]$，$x_i \in \mathbb{R}^{m \times 1}, i = 1, 2, \cdots, n$，使用学习字典 $D = [d_1, d_2, \cdots, d_p]$，其中 $d_i \in \mathbb{R}^{m \times 1}, i = 1, 2, \cdots, p$。为学习原子，将其编码成相应的稀疏码 $A = [a_1, a_2, \cdots, a_n]$，$a_i \in \mathbb{R}^{p \times 1}, i = 1, 2, \cdots, n$。需要注意的是，初始字典

是通过给每个类分配同等数量的原子来生成的。这意味着，对于 $K$ 类分类，在由 $p$ 个原子组成的字典中，有 $p_c = p/K$ 个分配给每个类的原子。

稀疏表示由以下凸优化得到：

$$A = \arg\min_A \frac{1}{2} \| X - DA \|_F^2 + \lambda_1 \sum_i \| a_i \|_1 + \lambda_2 \| A \|_F^2 \qquad (2.1)$$

或对于每个 $x_i$，将 $A$ 写成分离的形式：

$$a_i = \arg\min_{a_i} \frac{1}{2} \| x_i - Da_i \|_2^2 + \lambda_1 \| a_i \|_1 + \lambda_2 \| a_i \|_2^2 \qquad (2.2)$$

注意 $\lambda_2 > 0$ 是证明目标函数可微分性的必要条件（见 2.5 节的定理 2.1）。然而，设置 $\lambda_2 = 0$ 在实践中效果很好[25]。

显然，稀疏编码 (2.1) 的效果很大程度上取决于字典 $D$ 的质量，作者在文献 [18] 中建议通过直接从训练样本中选择原子来构建字典。更复杂的方法在 SRC 文献中被广泛使用，讨论如何从给定的训练数据集中学习更紧凑有效的字典，如 K-SVD 算法[31]。

我们认识到，许多结构化的稀疏性约束（先验的）[18,32]也可以考虑用于字典学习。它们通常利用相邻像素或其特征之间的相关性。例如，SRC 字典具有固有的组结构属性，因为它是由多个类的子字典组成的，即属于同一类的原子被分组在一起形成一个子字典。因此，合理的做法是强制每个像素由原子组而不是单个原子紧凑地表示。这可以通过鼓励只有某些组的系数是活跃的——比如组套索[33]——来实现。虽然通过强制执行结构化的稀疏性先验值可以提高性能，但算法会复杂得多。因此，我们在这里不考虑任何结构化的稀疏性先验，留待以后研究。

#### 2.2.2.2 任务驱动的分类函数

SRC 中的经典损失函数通常由数据样本的重建误差来定义[18,39]。这种学习型分类器的性能高度依赖于输入特征的质量，如果没有与分类器参数的联合优化，其性能只能是次优的。在文献 [34] 中，作者研究了一个直接的联合表示和分类框架，除了重建误差外，还在分类误差中加入了一个惩罚项。文献 [35-36] 提出通过将判别性稀疏码误差和分类误差整合到一个目标函数中，来提高字典的代表性和判别力。该方法联合学习了一个字典和一个预测性线性分类器。但是，作为一种半监督方法，除了对一小部分高置信度的无标签样本集应用"扩展"策略外，无标签数据对促进判别效果的贡献不大[36]，因为在无标签集上只考虑了重建误差。

为了获得一个与输入特征相关的最优分类器，我们利用了一个任务驱动的公式，其目的是最小化面向分类的损失[25]。我们将依赖于要学习的字典 $D$ 的原子的稀疏码 $a_i$ 纳入分类器参数 $w$ 的训练中，在分类器的目标函数中使用对数损失。我们认识到，所提出的公式很容易扩展到其他分类器，例如 SVM。有标记样本的损失函数直接由对数损失定义：

$$L(\boldsymbol{A}, \boldsymbol{w}, \boldsymbol{x}_i, y_i) = \sum_{i=1}^{l} \log(1 + e^{-y_i \boldsymbol{w}^{\mathrm{T}} \boldsymbol{a}_i}) \qquad (2.3)$$

对于未标记的样本，每个 $\boldsymbol{x}_i$ 的标签是未知的。我们建议引入样本 $\boldsymbol{x}_i$ 具有标签 $y_j$（$y_j = 1$ 或 $-1$）的预测置信概率 $p_{ij}$，自然设置为逻辑回归的似然值：

$$p_{ij} = p(y_j | \boldsymbol{w}, \boldsymbol{a}_i, \boldsymbol{x}_i) = \frac{1}{1 + e^{-y_j \boldsymbol{w}^{\mathrm{T}} \boldsymbol{a}_i}}, y_j = 1 \quad \text{或} \quad -1 \qquad (2.4)$$

未标记样本的损失函数就变成了类似熵的形式：

$$U(\boldsymbol{A}, \boldsymbol{w}, \boldsymbol{x}_i) = \sum_{i=l+1}^{l+u} \sum_{y_j} p_{ij} L(\boldsymbol{a}_i, \boldsymbol{w}, \boldsymbol{x}_i, y_j) \qquad (2.5)$$

可以将上式看作不同分类输出 $y_j$ 下损失的加权和。

此外，我们还可以类似地对标签样本 $\boldsymbol{x}_i$ 定义 $p_{ij}$，即当 $y_j$ 是给定的正确标签 $y_i$ 时为 1，其他情况为 0。因此，所有训练样本的联合损失函数可以写成一个统一的形式：

$$T(\boldsymbol{A}, \boldsymbol{w}) = \sum_{i=1}^{l+u} \sum_{y_j} p_{ij} L(\boldsymbol{a}_i, \boldsymbol{w}, \boldsymbol{x}_i, y_j) \qquad (2.6)$$

文献〔25〕中也提出了一种半监督任务驱动的公式。然而，它是作为监督和非监督步骤的朴素组合。未标记的数据只是用来最小化重建损失，而无助于促进判别效果。相比之下，我们的公式（2.6）显然与众不同，它为每个未标记的样本分配了一个自适应的置信度权重（2.4），并在标记和未标记的样本上最小化了面向分类的损失。这样一来，未标记样本也有助于提高学习特征和分类器的判别能力，并且是与标记样本共同提高，而不是只针对重建损失进行优化。

### 2.2.2.3　空间拉普拉斯正则化

我们首先引入加权矩阵 $\boldsymbol{G}$，其中 $G_{ik}$ 表征一对像素 $\boldsymbol{x}_i$ 和 $\boldsymbol{x}_k$ 之间的相似度。我们将 $G_{ik}$ 定义为平移不变的双边高斯滤波的形式[37]（控制参数为 $\sigma_d$ 和 $\sigma_s$）：

$$G_{ik} = \exp\left(-\frac{d(\boldsymbol{x}_i, \boldsymbol{x}_k)}{2\sigma_d^2}\right) \cdot \exp\left(-\frac{\| \boldsymbol{x}_i - \boldsymbol{x}_k \|_2^2}{2\sigma_s^2}\right) \qquad (2.7)$$

它衡量空间欧氏距离（$d(\boldsymbol{x}_i, \boldsymbol{x}_k)$）和高光谱图像中任意一对像素之间的光谱相似度。$G_{ik}$ 越大代表相似度越高，反之亦然。此外，$G_{ik}$ 不是简单地强制要求局部窗口内的像素共享相同的标签，而是在整个图像上定义，并鼓励空间上相邻和光谱上相似的像素有相似的分类输出。这使得我们的空间约束更加灵活有效。利用上述相似度权重，我们定义空间拉普拉斯正则化函数为

$$S(\boldsymbol{A}, \boldsymbol{w}) = \sum_{i=1}^{l+u} \sum_{y_j} \sum_{k}^{l+u} G_{ik} \| p_{ij} - p_{kj} \|_2^2 \qquad (2.8)$$

## 2.2.3　双层优化公式

最后，联合最小化公式的目标成本函数可以用下面的双层优化来表示（$\boldsymbol{w}$ 的二次项是为了避免过拟合）：

$$\min_{\boldsymbol{D},\boldsymbol{w}} \quad T(\boldsymbol{A},\boldsymbol{w}) + S(\boldsymbol{A},\boldsymbol{w}) + \frac{\lambda}{2}\parallel \boldsymbol{w}\parallel_2^2$$

$$\text{s.t.} \quad A = \arg\min_{\boldsymbol{A}} \frac{1}{2}\parallel \boldsymbol{X} - \boldsymbol{DA}\parallel_F^2 + \lambda_1\sum_i\parallel \boldsymbol{a}_i\parallel_1 + \lambda_2\parallel \boldsymbol{A}\parallel_F^2 \tag{2.9}$$

双层优化[26]在理论和应用两方面都得到了研究。在文献［27］中，作者提出了一种跨耦合信号空间学习字典的通用双层稀疏编码模型。另一种类似的表述在文献［25］中也有针对一般回归任务的研究。

在测试阶段，首先将每个测试样本在所学字典 $\boldsymbol{D}$ 上求解（2.2）来表示，将得到的稀疏系数与之前所学的 $\boldsymbol{w}$ 一起送入训练好的逻辑分类器，测试样本被分类到输出概率（2.4）最高的类中。

### 2.2.4 算法

在文献［25］和［27］类似方法的基础上，我们采用投影一阶随机梯度下降（SGD）算法求解（2.9），其详细步骤概述于算法 2.1。在高层次的概述中，它由一个外随机梯度下降循环组成，对训练数据进行增量采样。它利用每个样本来逼近与分类器参数 $\boldsymbol{w}$ 和字典 $\boldsymbol{D}$ 有关的梯度，然后用来更新它们。接下来，我们简单介绍一下算法 2.1 的几个关键技术点。

---

**算法 2.1　用随机梯度下降（SGD）算法求解式（2.9）**

输入：$\boldsymbol{X}$，$\boldsymbol{Y}$；$\lambda$，$\lambda_1$，$\lambda_2$，$\sigma_d$，$\sigma_s$；$\boldsymbol{D}_0$ 和 $\boldsymbol{w}_0$（初始化字典和分类器参数）；ITER（迭代次数）；$t_0$，$\rho$（学习率）

1：FOR $t=1$ 到 ITER，DO

2：绘制 $(\boldsymbol{X},\boldsymbol{Y})$ 中的一个子集 $(\boldsymbol{X}_t,\boldsymbol{Y}_t)$

3：稀疏编码：使用特征符号算法计算 $\boldsymbol{A}^*$

$$\boldsymbol{A}^* = \arg\min_{\boldsymbol{A}} \frac{1}{2}\parallel \boldsymbol{X}_t - \boldsymbol{DA}\parallel_2^2 + \lambda_1\sum_i\parallel \boldsymbol{a}_i\parallel_1 + \frac{\lambda_2}{2}\parallel \boldsymbol{A}\parallel_2^2$$

4：计算有效集 $S$（$\boldsymbol{A}$ 的非零项）

5：计算 $\boldsymbol{\beta}^*$：设置 $\boldsymbol{\beta}_{S^c}^* = 0$，并且 $\boldsymbol{\beta}_S^* = (D_S^{\mathrm{T}}\boldsymbol{D}_S + \lambda_2\boldsymbol{I})^{-1}\nabla_{\boldsymbol{A}_S}[T(\boldsymbol{A},\boldsymbol{w}) + S(\boldsymbol{A},\boldsymbol{w})]$

6：确定学习率 $\rho_t = \min\left(\rho, \ \rho\frac{t_0}{t}\right)$

7：根据投影梯度步长更新 $\boldsymbol{D}$ 和 $\boldsymbol{w}$：

$$\boldsymbol{w} = \prod_{\boldsymbol{w}}[\boldsymbol{w} - \rho_t(\nabla_{\boldsymbol{w}}T(\boldsymbol{A},\boldsymbol{w}) + \nabla_{\boldsymbol{w}}S(\boldsymbol{A},\boldsymbol{w}) + \lambda\boldsymbol{w})]$$

$$\boldsymbol{D} = \prod_{\boldsymbol{D}}[\boldsymbol{D} - \rho_t(\nabla_{\boldsymbol{D}}(-\boldsymbol{D}\boldsymbol{\beta}^*\boldsymbol{A}^{\mathrm{T}} + (\boldsymbol{X}_t - \boldsymbol{DA})\boldsymbol{\beta}^{*\mathrm{T}}))]$$

其中 $\prod_{\boldsymbol{w}}$ 和 $\prod_{\boldsymbol{D}}$ 分别是在 $\boldsymbol{w}$ 和 $\boldsymbol{D}$ 的嵌入式空间中的正交投影

8：END FOR

输出：$\boldsymbol{D}$ 和 $\boldsymbol{w}$

#### 2.2.4.1 随机梯度下降

随机梯度下降算法[28]是一种迭代的、"在线"的目标函数优化方法，基于从训练数据集随机抽样得到的近似梯度序列。在最简单的情况下，SGD 根据一个随机选取的样本 $x_t$ 估计目标函数梯度：

$$w_{t+1} = w_t - \rho_t \nabla_w F(x_t, w_t) \tag{2.10}$$

其中 $F$ 是损失函数，$w$ 是优化的权重，$\rho_t$ 是步长，即"学习率"。随机过程 $\{w_t, t = 1, \cdots\}$ 取决于从训练数据中随机选择的样本序列 $x_t$。因此，它优化了经验成本，希望它能很好地代表预期成本。

根据文献［25］中的推导，我们可以证明（2.9）中的目标函数，为简化起见，表示为 $B(A, w)$，在 $D \times w$ 上是可微分的，并且表明

$$\nabla_w B(A, w) = \mathbb{E}_{x,y}[\nabla_w T(A, w) + \nabla_w S(A, w) + \lambda w]$$

$$\nabla_D B(A, w) = \mathbb{E}_{x,y}[-D\beta^* A^T + (X_t - DA)\beta^{*T}] \tag{2.11}$$

其中 $\beta^*$ 是由以下性质定义的向量：

$$\beta_{S^c}^* = 0, \beta_S^* = (D_S^T D_S + \lambda_2 I)^{-1} \nabla_{A_S}[T(A, w) + S(A, w)] \tag{2.12}$$

$S$ 是 $A$ 的非零系数的索引，上述公式的证明见 2.5 节。

#### 2.2.4.2 稀疏重建

算法 2.1 中计算量最大的步骤是求解稀疏编码（步骤 3）。我们采用特征符号算法[39]来高效地求解稀疏编码问题的精确解。

**关于 SGD 收敛性和采样策略的备注**。作为机器学习中的一个典型案例，我们将 SGD 用在一个理论上不能保证收敛但在实践中表现良好的环境中，正如我们的实验所显示的那样。（SGD[29]对非凸问题的收敛证明确实假设了三次可微分的成本函数。）

SGD 算法通常被设计为最小化其梯度具有期望值形式的函数。虽然需要一个 i.i.d.（独立同分布）的采样过程，但它不能以批处理模式计算。在算法中，我们采用了小批量策略，每次抽取更多的样本，而不是每次迭代一个样本。文献［25］中进一步指出，用同一字典 $D$ 求解多个弹性网问题，可以通过对矩阵 $D^T D$ 的预计算来加速。在实践中，我们在每次迭代中抽取一组 200 个样本，在通用设置下，我们的所有实验都产生了稳定的好结果。

严格说来，从训练数据的分布中抽取样本应该是 i.i.d.（算法 2.1 中的步骤 2）。然而，这实际上是很困难的，因为分布本身通常是未知的。作为一种近似的方法，可以通过对训练集的随机排列进行迭代来抽取样本[29]。

### 2.3 实验

在本节中，我们对所提出的方法在三个流行的数据集上进行评价，并与文献中的一些相关方法进行比较，包括：

- 拉普拉斯支持向量机（Laplacian Support Vector Machine，LapSVM）[9,10]，它是 SVM 的半监督扩展，将空间流形假设应用于 SVM。分类直接在原始像素上执行，不需要进行任何特征提取，沿用了文献 [10] 中的原始设置。
- 半监督分类（Semisupervised Classification，SSC）方法[40]，采用了修正的聚类假设。
- 半监督高光谱图像分割，采用了主动学习的多项式 Logistic 回归（MLR-AL）[41]。

关于这三种方法的参数选择，我们尽量按照原论文中的设置。对于 LapSVM，正则化参数 $y_1$ 和 $y_2$ 按照五折交叉验证程序从 $[10^{-5}, 10^5]$ 中选取。在 SSC 中，高斯函数的宽度参数采用五折交叉验证程序进行调整。MLR-AL 中的参数设置沿用了原论文[41]。

除了上述三种算法外，为了说明联合优化和空间拉普拉斯正则化两种算法在分类器输出上的优点，我们还将以下算法纳入比较范围。

- 特征提取和分类的非联合优化（非联合）。它是指依次进行以下两个阶段的优化：

  1. 特征提取：

  $$\boldsymbol{A} = \arg \min_{\boldsymbol{A}} \frac{1}{2} \| \boldsymbol{X} - \boldsymbol{D}\boldsymbol{A} \|_F^2 + \lambda_1 \sum_i \| \boldsymbol{a}_i \|_1 + \lambda_2 \| \boldsymbol{A} \|_F^2$$

  2. 学习分类器：

  $$\min_{\boldsymbol{w}} \quad T(\boldsymbol{A}, \boldsymbol{w}) + \frac{\lambda}{2} \| \boldsymbol{w} \|_2^2 \tag{2.13}$$

  $\boldsymbol{D}$ 的训练与分类器参数 $\boldsymbol{w}$ 的学习无关，这与（2.9）中的任务驱动公式所做的字典和分类器的联合优化不同。

- 带空间拉普拉斯正则化的特征提取和分类的非联合优化（非联合＋拉普拉斯）。除了在第二个子问题中增加一个空间拉普拉斯正则化项 $S(\boldsymbol{A}, \boldsymbol{w})$ 外，与非联合法相同：

  1. 特征提取：

  $$\boldsymbol{A} = \arg \min_{\boldsymbol{A}} \frac{1}{2} \| \boldsymbol{X} - \boldsymbol{D}\boldsymbol{A} \|_F^2 + \lambda_1 \sum_i \| \boldsymbol{a}_i \|_1 + \lambda_2 \| \boldsymbol{A} \|_F^2$$

  2. 学习分类器：

  $$\min_{\boldsymbol{w}} \quad T(\boldsymbol{A}, \boldsymbol{w}) + S(\boldsymbol{A}, \boldsymbol{w}) + \frac{\lambda}{2} \| \boldsymbol{w} \|_2^2 \tag{2.14}$$

- 所提出的不带空间拉普拉斯正则化的联合方法（联合），是通过放弃（2.9）中的 $S(\boldsymbol{A}, \boldsymbol{w})$ 项来实现的。

  $$\min_{\boldsymbol{D}, \boldsymbol{w}} \quad T(\boldsymbol{A}, \boldsymbol{w}) + \frac{\lambda}{2} \| \boldsymbol{w} \|_2^2$$

$$\text{s. t.} \quad A = \arg\min_A \frac{1}{2} \| X - DA \|_F^2 + \lambda_1 \sum_i \| a_i \|_1 + \lambda_2 \| A \|_F^2 \quad (2.15)$$

- 通过最小化我们提出的双层公式（2.9），提出了带空间拉普拉斯正则化的联合方法（联合＋拉普拉斯）。

**参数设置**。对于所提出的方法，（2.9）中的正则化参数 $\lambda$ 固定为 $10^{-2}$，（2.2）中的 $\lambda_2$ 设为 0，以利用稀疏性。（2.2）中的弹性网参数 $\lambda_1$ 由交叉验证程序产生，与文献［25］中类似。在 2.3.1～2.3.3 节的三次实验中，$\lambda_1$ 的值分别为 0.225、0.25 和 0.15；（2.7）中的 $\sigma_d$ 和 $\sigma_s$ 分别固定为 3 和 3000。学习率 $\rho$ 设为 1，最大数 ITER 均设为 1000。虽然在大量的实验中验证了这些参数的选择效果很好，但我们认识到，对它们进行更细微的调整可能会进一步提高性能。

特别要提到的是 $D$ 和 $w$ 的初始化，对于这两种非联合方法，$D$ 的初始化是通过求解（2.13）或（2.14）中的第一个子问题（特征提取）实现的。在这个子问题中，对于每个类，我们随机初始化其子字典原子。然后，我们仅使用该类的可用标签数据，采用多次迭代 K-SVD，最后将所有输出的按类划分的子字典合并成单一的初始字典 $D$。接下来，我们根据 $D$ 求解 $A$，并继续将 $A$ 送入（2.13）和（2.14）中的第二个子问题（学习分类器），分别为非联合和非联合＋拉普拉斯法实现良好的初始化 $w$。对于两种联合方法，我们用非联合和非联合＋拉普拉斯的结果，分别初始化联合和联合＋拉普拉斯的 $D$ 和 $w$。

在解决多类问题时，我们采用的是一对多策略，即针对一个 $K$ 类问题，训练 $K$ 个不同的二元逻辑分类器与 $K$ 个相应的字典。对于每个测试样本，得分最大的分类器将提供类标签。当类数较多时，这种一对多的方法已经被证明比学习单一的大型字典具有更强的扩展性，同时具有非常好的效果[25]。

对于两种联合方法，我们每类只分配 5 个字典原子来初始化字典，这意味着对于 $K$ 类问题，我们有 $p_c = 5$，总字典大小 $p = 5K$。对于两种非联合方法，在（2.13）和（2.14）的第一个子问题中，每个类分别分配 50 个字典原子（$p_c = 50$）。我们之所以使用"每类原子"一词，有两方面的原因。第一，我们首先对每个类应用 KSVD 来初始化字典，以获得每一个类的子字典。这比仅仅对整个数据应用 KSVD 更有助于提高所学字典的类判别能力。因此，我们需要在初始化阶段指定每个类分配多少个原子。注意，当算法 2.1 开始时，原子会变得全部纠缠在一起，这可能导致无法确定在最终的学习字典中，有多少（以及哪些）原子在代表一个特定的类。第二，由于每个数据集的类数不同，根据经验，更多的类需要更多的字典原子来代表。但需要注意的是，如果我们按照每个类的样本数比例来分配原子，一些小类的代表性往往会严重不足。在这里的所有实验中，我们默认使用每个高光谱图像中所有未标记的像素（表示为"ALL"）进行半监督训练。

### 2.3.1　对 AVIRIS 印第安纳松树数据的分类性能

AVIRIS 传感器在 0.2 至 2.4 微米的光谱范围内产生 220 个波段。在实验中，通过去除 20 个水吸收波段，波段数量减少到 200 个。AVIRIS 印第安纳松树高光谱图像的空间分辨率为 20 米，145×145 像素。它包含 16 个类，其中大部分是不同类型的作物（如玉米、大豆和小麦）。真值分类图如图 2.1a 所示。

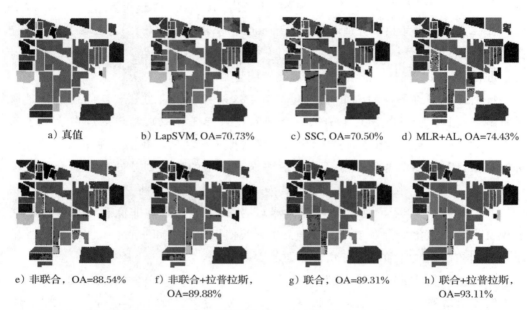

a) 真值　　b) LapSVM, OA=70.73%　　c) SSC, OA=70.50%　　d) MLR+AL, OA=74.43%

e) 非联合，OA=88.54%　　f) 非联合+拉普拉斯，OA=89.88%　　g) 联合，OA=89.31%　　h) 联合+拉普拉斯，OA=93.11%

图 2.1　AVIRIS 印第安纳松树场景的分类图，采用不同的方法，每类有 10 个标记样本

表 2.1 评估了每类标记样本数 $l_c$ 对 AVIRIS 印第安纳松树数据分类的影响，$l_c$ 从 2 到 10 变化。该字典仅由 $p=80$ 个原子组成，以代表联合方法的所有 16 个类，而非联合方法的 $p=800$。每列中的粗体值表示所有 7 种方法中的最佳结果。从表中可以看出，随着标记样本数量的增加，所有算法的分类结果都有所提高。最后两种方法，即"联合"和"联合＋拉普拉斯"，在总体准确率（OA）方面明显优于其他五种方法。我们还观察到，"联合＋拉普拉斯"方法比"联合"方法获得了进一步的改进，显示了空间拉普拉斯正则化的优势。令人惊讶的是，我们注意到，即使每类样本数只有 3 个，所提出的方法（"联合＋拉普拉斯"）的 OA 仍然高于 80%。

图 2.1 展示了当每类使用 10 个标记样本时，所有方法获得的分类图。所提出的方法（无论有无空间正则化）与其他方法相比，获得的误分类都要少得多。更重要的是，图 2.1h 中的同质区域比 g 中的同质区域保存得明显更好，这再次证实了空间拉普拉斯正则化对分类器输出的有效性。图 2.2 直观地表明，伴随着 $l_c$ 的增加，分类结果逐渐提高，区域性和分散性的误分类都大幅减少。

表 2.1　每类不同标记样本数的 AVIRIS 印第安纳松树数据的总体分类结果（%）（$u=$ ALL，$\lambda=10^{-2}$，$\lambda_1=0.225$，$\lambda_2=0$，$\rho=1$，$\sigma_d=3$，$\sigma_s=3000$）

| $l_c$ | 2 | 3 | 4 | 5 | 6 | 7 | 8 | 9 | 10 |
|---|---|---|---|---|---|---|---|---|---|
| LapSVM[9] | 57.80 | 61.32 | 63.1 | 66.39 | 68.27 | 69.00 | 70.15 | 70.04 | 70.73 |
| SSC[40] | 44.61 | 56.98 | 58.27 | 60.56 | 60.79 | 64.19 | 66.81 | 69.40 | 70.50 |
| MLR+AL[41] | 52.34 | 56.16 | 59.21 | 61.47 | 65.16 | 69.21 | 72.14 | 73.89 | 74.43 |
| 非联合（$p_c=50$） | 63.72 | 69.21 | 71.87 | 76.88 | 79.04 | 81.81 | 85.23 | 87.77 | 88.54 |
| 非联合+拉普拉斯（$p_c=50$） | 66.89 | 72.37 | 75.33 | 78.78 | 81.21 | 84.98 | 87.25 | 88.61 | 89.88 |
| 联合（$p_c=5$） | 69.81 | 76.03 | 80.42 | 82.91 | 84.81 | 85.76 | 86.95 | 87.54 | 89.31 |
| 联合+拉普拉斯（$p_c=5$） | **76.55** | **80.63** | **84.28** | **86.33** | **88.27** | **90.68** | **91.87** | **92.53** | **93.11** |

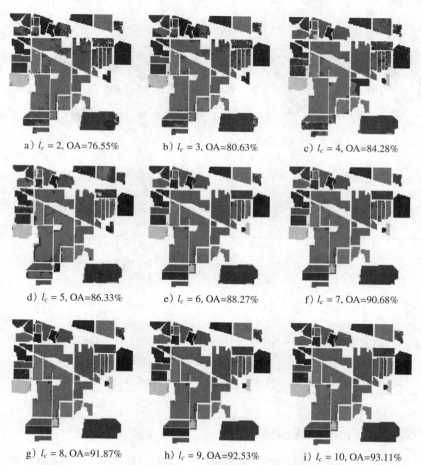

a) $l_c=2$, OA=76.55%　　b) $l_c=3$, OA=80.63%　　c) $l_c=4$, OA=84.28%

d) $l_c=5$, OA=86.33%　　e) $l_c=6$, OA=88.27%　　f) $l_c=7$, OA=90.68%

g) $l_c=8$, OA=91.87%　　h) $l_c=9$, OA=92.53%　　i) $l_c=10$, OA=93.11%

图 2.2　采用提出的联合+拉普拉斯方法对 AVIRIS 印第安纳松树场景的分类图，每个类的标签样本数量不同

## 2.3.2　对 AVIRIS 萨利纳斯数据的分类性能

这个数据集是 1998 年在南加州萨利纳斯山谷上空收集的。这个高光谱图像的大

小为 217×512 像素，共有 16 个不同类别的对象。我们的实验中考虑了 9 类子集，包括蔬菜、裸土和葡萄园田。真值分类图如图 2.3a 所示。由于 AVIRIS 萨利纳斯被公认为比 AVIRIS 印第安纳松树更容易分类，因此所有方法都获得了表 2.2 中列出的高 OA，其中"联合＋拉普拉斯"方法稍显突出。而当我们转向图 2.3b～h 进行分类图的比较时，"联合＋拉普拉斯"方法在减少分散的误分类方面视觉上要优越得多。

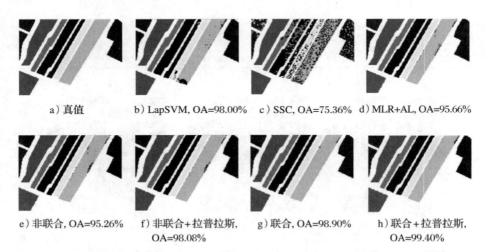

a）真值    b）LapSVM, OA=98.00%    c）SSC, OA=75.36%    d）MLR+AL, OA=95.66%

e）非联合, OA=95.26%    f）非联合+拉普拉斯,    g）联合, OA=98.90%    h）联合+拉普拉斯,
                        OA=98.08%                                    OA=99.40%

图 2.3    AVIRIS 萨利纳斯场景的分类图，采用不同的方法，每类有 10 个标记样本

表 2.2    每类不同标记样本数的 AVIRIS 萨利纳斯数据的总体分类结果（%）（$u$＝ALL，$\lambda=10^{-2}$，$\lambda_1=0.25$，$\lambda_2=0$，$\rho=1$，$\sigma_d=3$，$\sigma_s=3000$）

| $l_c$ | 2 | 3 | 4 | 5 | 6 | 7 | 8 | 9 | 10 |
|---|---|---|---|---|---|---|---|---|---|
| LapSVM[9] | **90.77** | 91.53 | **92.95** | 93.50 | 94.77 | 95.08 | 96.05 | 97.17 | 98.00 |
| SSC[40] | 59.47 | 61.84 | 64.90 | 67.19 | 71.04 | 73.04 | 72.81 | 73.51 | 75.36 |
| MLR＋AL[41] | 78.98 | 82.32 | 84.31 | 86.27 | 85.86 | 89.41 | 92.27 | 93.78 | 95.66 |
| 非联合（$p_c$＝50） | 85.88 | 87.21 | 89.29 | 90.76 | 91.42 | 92.87 | 93.95 | 94.78 | 95.26 |
| 非联合＋拉普拉斯（$p_c$＝50） | 87.67 | 89.28 | 91.54 | 92.67 | 93.93 | 95.28 | 96.79 | 97.83 | 98.08 |
| 联合（$p_c$＝5） | 89.71 | 90.03 | 91.42 | 92.12 | 93.25 | 94.54 | 96.05 | 97.45 | 98.90 |
| 联合＋拉普拉斯（$p_c$＝5） | 90.65 | **91.59** | 92.28 | **93.63** | **95.22** | **96.58** | **97.81** | **98.53** | **99.40** |

### 2.3.3    对帕维亚大学数据的分类性能

ROSIS 传感器在意大利北部帕维亚地区上空飞行期间收集了这些数据。该数据集共使用了 103 个光谱波段进行数据采集，包括 610×610 像素的图像，几何分辨率为 1.3 米。真值数据共显示了 9 个不同的类，并已在图 2.4a 中直观地描绘出来。从表 2.3 和图 2.4 都可以得到类似的结论，再次验证了联合优化框架和空间正则化的优点。

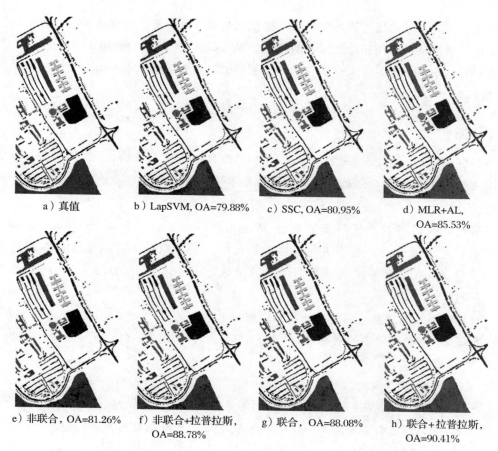

a）真值　　　b）LapSVM, OA=79.88%　　c）SSC, OA=80.95%　　d）MLR+AL,
　　　　　　　　　　　　　　　　　　　　　　　　　　　　　　　OA=85.53%

e）非联合, OA=81.26%　f）非联合+拉普拉斯,　g）联合, OA=88.08%　h）联合+拉普拉斯,
　　　　　　　　　　　　　OA=88.78%　　　　　　　　　　　　　　　　OA=90.41%

图 2.4　帕维亚大学场景的分类图，采用不同的方法，每类有 10 个标记样本

表 2.3　每类不同标记样本数的帕维亚大学数据的总体分类结果（%）（$u=$ ALL，$\lambda=10^{-2}$，$\lambda_1=0.15$，$\lambda_2=0$，$\rho=1$，$\sigma_d=3$，$\sigma_s=3000$）

| $l_c$ | 2 | 3 | 4 | 5 | 6 | 7 | 8 | 9 | 10 |
|---|---|---|---|---|---|---|---|---|---|
| LapSVM[9] | 64.77 | 67.83 | 69.25 | 71.05 | 72.97 | 74.38 | 76.75 | 78.17 | 79.88 |
| SSC[40] | 69.54 | 72.84 | 74.69 | 76.21 | 77.24 | 78.43 | 79.81 | 80.25 | 80.95 |
| MLR+AL[41] | 76.27 | 78.66 | 79.30 | 80.22 | 81.36 | 82.41 | 83.27 | 84.78 | 85.53 |
| 非联合（$p_c=50$） | 74.21 | 75.27 | 76.22 | 76.83 | 78.24 | 79.51 | 79.67 | 80.83 | 81.26 |
| 非联合+拉普拉斯（$p_c=50$） | **79.23** | 80.26 | 82.58 | **84.07** | **86.21** | 86.88 | 87.56 | 88.23 | 88.78 |
| 联合（$p_c=5$） | 74.21 | 76.73 | 79.24 | 80.82 | 82.35 | 84.54 | 86.97 | 87.27 | 88.08 |
| 联合+拉普拉斯（$p_c=5$） | 78.56 | **80.29** | **82.84** | 83.76 | 85.12 | **87.58** | **88.33** | **89.52** | **90.41** |

## 2.4　结论

在本章中，我们在逻辑回归分类器输出的基础上，开发了一种基于任务驱动的字典学习和空间拉普拉斯正则化的半监督高光谱图像分类方法。我们对特征提取的字典和相关的分类器参数进行了联合优化，同时对光谱和空间信息进行了探索，以提高分

类精度。实验结果验证了我们提出的方法在三个流行数据集上的优越性能，无论是数量上还是质量上，即使在相当困难的问题设置（高维空间和少量标记样本）中也能产生良好和稳定的精度。在未来，我们将探索所提出的方法在一般图像分类和分割问题上的应用。

## 2.5  附录

假定 $X \in \mathcal{X}$，$y \in \mathcal{Y}$，$D \in \mathcal{D}$。令（2.9）中的目标函数 $B(A, w)$ 简称为 $B$。只需利用 $\mathcal{X}$ 和 $\mathcal{Y}$ 的紧凑性，以及 $B$ 可两次微分的事实，就可以很容易地证明 $B$ 相对于 $w$ 的可微分性。

因此，我们将着重证明 $B$ 相对于 $D$ 是可微分的，这比较困难，因为 $A$ 和 $a_i$ 并不是处处可微分的。在不失一般性的前提下，为了简化下面的推导，我们用向量 $a$ 代替 $A$。在某些情况下，我们可以等价地将 $a$ 表示为 $a(D, w)$，以强调函数的依赖性。

我们回顾一下文献 [42] 中证明的定理 2.1。

**定理 2.1（弹性网解的规律性）** 考虑（2.1）中的公式。假设 $\lambda_2 > 0$，且 $\mathcal{X}$ 和 $\mathcal{Y}$ 都是紧凑的。那么，

- $a$ 在 $\mathcal{X} \times \mathcal{D}$ 上是均匀的 Lipschitz 连续。
- 假设 $D \in \mathcal{D}$，$\sigma$ 是一个正的标量，$s$ 是一个向量，定义域为 $\{-1, 0, 1\}^p$。定义 $K_s(D, \sigma)$ 为向量 $x$ 的集合，对于所有的 $j$，$j$ 的取值范围为 $\{1, \cdots, p\}$，这些向量满足如下条件：

$$|d_j^{\mathrm{T}}(x - Da) - \lambda_2 a[j]| \leqslant \lambda_1 - \sigma, \quad s[j] = 0$$
$$s[j]a[j] \geqslant \sigma, \quad s[j] \neq 0 \tag{2.16}$$

那么存在独立于 $s$、$D$ 和 $\sigma$ 的 $\kappa > 0$，所以对于所有的 $x \in K_s(D, \sigma)$，函数 $a$ 在 $B_{\kappa\sigma}(x) \times B_{\kappa\sigma}(D)$ 上连续两次可微分，其中 $B_{\kappa\sigma}(x)$ 和 $B_{\kappa\sigma}(D)$ 分别表示以 $x$ 和 $D$ 为中心的半径为 $\kappa\sigma$ 的开球。

基于定理 2.1，给定一个小的扰动 $E \in R^{m \times p}$，可以看出

$$B(a(D+E), w) - B(a(D), w) = \nabla_z B_w^{\mathrm{T}}(a(D+E) - a(D)) + O(\|E\|_F^2) \tag{2.17}$$

其中，项 $O(\|E\|_F^2)$ 是基于这样一个事实：$a(D, x)$ 是均匀的 Lipschitz 连续并且 $\mathcal{X} \times \mathcal{D}$ 是紧凑的。这样就可以得出，

$$B(a(D+E), w) - B(a(D), w) = \mathrm{Tr}(E^{\mathrm{T}} g(a(D+E), w)) + O(\|E\|_F^2) \tag{2.18}$$

其中 $g$ 具有（2.11）中给出的形式。这表明 $f$ 在 $D$ 上是可微分的，它相对于 $D$ 的梯度是 $g$。

## 2.6　参考文献

[1] Swain PH, Davis SM. Fundamentals of pattern recognition in remote sensing. In: Remote sensing: the quantitative approach. New York: McGraw-Hill; 1978.

[2] Plaza A, Benediktsson J, Boardman J, Brazile J, Bruzzone L, Camps-Valls G, Chanussot J, Fauvel M, Gamba P, Gualtieri A, Marconcini M, Tiltoni J, Trianni G. Recent advances in techniques for hyperspectral image processing. Remote Sensing of Environment Sept. 2009;113(s1):s110–22.

[3] Richards JA, Jia X. Remote sensing digital image analysis: an introduction. Berlin, Germany: Springer-Verlag; 1999.

[4] Bischof H, Leona A. Finding optimal neural networks for land use classification. IEEE Transactions on Geoscience and Remote Sensing Jan. 1998;36(1):337–41.

[5] Yang H, van der Meer F, Bakker W, Tan ZJ. A back-propagation neural network for mineralogical mapping from AVIRIS data. International Journal on Remote Sensing Jan. 1999;20(1):97–110.

[6] Cristianini N, Shawe-Taylor J. An introduction to support vector machines and other kernel-based learning methods. Cambridge University Press; 2000.

[7] Scholkopf B, Smola A. Learning with kernels: support vector machines, regularization, optimization and beyond. Cambridge, MA: MIT Press; 2002.

[8] Bovolo F, Bruzzone L, Carline L. A novel technique for subpixel image classification based on support vector machine. IEEE Transactions on Image Processing Nov. 2010;19(11):2983–99.

[9] Belkin M, Niyogi P, Sindhwani V. Manifold regularization: a geometric framework for learning from labeled and unlabeled examples. Journal of Maching Learning Research Nov. 2006;7:2399–434.

[10] Gomez-Chova L, Camps-Valls G, Munoz-Mari J, Calpe J. Semi-supervised image classification with Laplacian support vector machines. IEEE Geoscience and Remote Sensing Letters Jul. 2008;5(3):336–40.

[11] Ratle F, Camps-Valls G, Weston J. Semi-supervised neural networks for efficient hyperspectral image classification. IEEE Transactions on Geoscience and Remote Sensing May. 2010;48(5):2271–82.

[12] Camps-Valls G, Gomez-Chova L, Munoz-Marı J, Vila-Frances J, Calpe-Maravilla J. Composite kernels for hyperspectral image classification. IEEE Geoscience and Remote Sensing Letters Jan. 2006;3(1):93–7.

[13] Huang C, Davis LS, Townshend JRG. An assessment of support vector machines for land cover classification. International Journal on Remote Sensing Feb. 2002;23(4):725–49.

[14] Camps-Valls G, Gomez-Chova L, Calpe J, Soria E, Martín JD, Alonso L, Moreno J. Robust support vector method for hyperspectral data classification and knowledge discovery. IEEE Transactions on Geoscience and Remote Sensing Jul. 2004;42(7):1530–42.

[15] Camps-Valls G, Bruzzone L. Kernel-based methods for hyperspectral image classification. IEEE Transactions on Geoscience and Remote Sensing Jun. 2005;43(6):1351–62.

[16] Shawe-Taylor J, Cristianini N. Kernel methods for pattern analysis. Cambridge, UK: Cambridge University Press; 2004.

[17] Wright J, Yang A, Ganesh A, Sastry SS, Ma Y. Robust face recognition via sparse representation. IEEE Transactions on Pattern Analysis and Machine Intelligence Feb. 2009;31(2):210–27.

[18] Chen Y, Nasrabadi NM, Tran TD. Hyperspectral image classification using dictionary-based sparse representation. IEEE Transactions on Geoscience and Remote Sensing 2011;49(10):3973–85.

[19] Bidhendi SK, Shirazi AS, Fotoohi N, Ebadzadeh MM. Material classification of hyperspectral images using unsupervised fuzzy clustering methods. In: Proceedings of third international IEEE conference on signal-image technologies and internet-based system (SITIS); 2007. p. 619–23.

[20] Bruzzone L, Chi M, Marconcini M. A novel transductive SVM for semisupervised classification of remote sensing images. IEEE Transactions on Geoscience and Remote Sensing 2006;44(11):3363–73.

[21] Jordi MM, Francesca B, Luis GC, Lorenzo B, Gustavo CV. Semisupervised one-class support vector machines for classification of remote sensing data. IEEE Transactions on Geoscience and Remote Sensing 2010;48(8):3188–97.

[22] Gu YF, Feng K. $L_1$-graph semisupervised learning for hyperspectral image classification. In: Proceedings of IEEE international conference on geoscience and remote sensing symposium (IGARSS); 2012. p. 1401–4.

[23] Li J, Bioucas-Dias J, Plaza A. Spectral-spatial hyperspectral image segmentation using subspace multi-nomial logistic regression and Markov random fields. IEEE Transactions on Geoscience and Remote Sensing 2012;50(3):809–23.

[24] Mathur A, Foody GM. Multiclass and binary SVM classification: implications for training and classi-fication users. IEEE Geoscience and Remote Sensing Letters Apr. 2008;5(2):241–5.

[25] Mairal J, Bach F, Ponce J. Task-driven dictionary learning. IEEE Transactions on Pattern Analysis and Machine Intelligence Mar. 2012;34(2):791–804.

[26] Colson B, Marcotte P, Savard G. An overview of bilevel optimization. Annals of Operations Research Sept. 2007;153(1):235–56.

[27] Yang J, Wang Z, Lin Z, Shu X, Huang T. Bilevel sparse coding for coupled feature spaces. In: Proceed-ings of the IEEE conference on computer vision and pattern recognition (CVPR); 2012. p. 2360–7.

[28] Kushner HJ, Yin GG. Stochastic approximation and recursive algorithms with applications. Second edition. Springer; 2003.

[29] Bottou Léon. Online algorithms and stochastic approximations. In: Online learning and neural net-works. Cambridge University Press; 1998.

[30] Duan K, Keerthi S, Chu W, Shevade S, Poo A. Multi-category classification by soft-max combination of binary classifiers. Lecture Notes in Computer Science 2003;2709:125–34.

[31] Aharon M, Elad M, Bruckstein A. K-SVD: an algorithm for designing overcomplete dictionaries for sparse representation. IEEE Transactions on Signal Processing Nov. 2006;54(11):4311–22.

[32] Sun X, Qu Q, Nasrabadi NM, Tran TD. Structured priors for sparse-representation-based hyperspec-tral image classification. IEEE Geoscience and Remote Sensing Letters 2014;11(4):1235–9.

[33] Simon N, Friedman J, Hastie T, Tibshirani R. A sparse group Lasso. Journal of Computational and Graphical Statistics 2013;22(2):231–45.

[34] Pham D, Venkatesh S. Joint learning and dictionary construction for pattern recognition. In: Proceed-ings of IEEE conference on computer vision and pattern recognition (CVPR); 2008. p. 1–8.

[35] Jiang Z, Lin Z, Davis L. Learning a discriminative dictionary for sparse coding via label consistent K-SVD. In: Proceedings of IEEE conference on computer vision and pattern recognition (CVPR); 2011. p. 1697–704.

[36] Zhang G, Jiang Z, Davis L. Online semi-supervised discriminative dictionary learning for sparse rep-resentation. In: Proceedings of IEEE Asian conference on computer vision (ACCV); 2012. p. 259–73.

[37] Tomasi C, Manduchi R. Bilateral filtering for gray and color images. In: Proceedings of the IEEE international conference on computer vision (ICCV); 1998. p. 839–46.

[38] Wang Qi, Meng Zhaotie, Li Xuelong. Locality adaptive discriminant analysis for spectral-spatial classi-fication of hyperspectral images. IEEE Geoscience and Remote Sensing Letters 2017;14(11):2077–81.

[39] Lee H, Battle A, Raina R, Ng AY. Efficient sparse coding algorithms. In: Advances in neural infor-mation processing systems (NIPS); 2007. p. 801–8.

[40] Wang Y, Chen S, Zhou Z. New semi-supervised classification method based on modified clustering assumption. IEEE Transactions on Neural Network May 2012;23(5):689–702.

[41] Li J, Bioucas-Dias J, Plaza A. Semisupervised hyperspectral image segmentation using multinomial logistic regression with active learning. IEEE Transactions on Geoscience and Remote Sensing Nov. 2010;48(11):4085–98.

[42] Marial J, Bach F, Ponce J, Sapiro G. Online dictionary learning for sparse coding. In: Proceeding of international conference on machine learning (ICML); 2009. p. 689–96.

# 深度 $\ell_0$ 编码器：模型展开示例[⊖]

Zhangyang Wang

## 3.1 引言

稀疏信号近似在过去十年中得到了广泛的应用。稀疏近似模型表明，一个自然信号可以从一个适当给定的字典中仅用几个原子来近似，其中与字典原子相关的权值称为稀疏编码。事实证明，稀疏编码有很强大的功能，它既对噪声有很强的鲁棒性，又对高维数据有很强的可扩展性，可以应用于多种信号处理应用，如信源编码[1]、去噪[2]、信源分离[3]、模式分类[4]和聚类[5]。

我们对基于 $\ell_0$ 的稀疏近似问题特别感兴趣，它是稀疏编码[6]的基本形式。非凸 $\ell_0$ 问题是一个棘手的问题，通常通过最小化替代度量（如 $\ell_1$ 范数）来解决，从而得到更易于处理的计算方法。但是，理论上和实践上都发现，在许多情况下，我们仍然会优选求解 $\ell_0$ 稀疏近似。

近年来，深度学习在许多特征学习问题中得到了广泛的关注[7]。深度学习的优点在于由多个非线性变换组成，从而产生更加抽象和更具描述性的嵌入表示。在梯度下降法的帮助下，它还可以随着训练样本的数量在时间和空间上线性缩放。

稀疏近似和深度学习之间存在一定的联系[8]。它们的类似方法最近在文献 [9]、[10]、[11]、[12] 中得到了应用。通过将稀疏编码模型转换成深度网络，我们可以期望更快的推理、更强的学习能力和更好的可扩展性。网络形式也促进了任务驱动优化的集成。

在本章中，我们研究了两种典型的基于 $\ell_0$ 的稀疏近似问题：$\ell_0$ 正则化问题和 $M$ 稀疏问题。我们在固体（solid）迭代算法[13]上，通过引入新的神经元和池化函数，将它们构建为前馈神经网络[8]，称为深度 $\ell_0$ 编码器。我们研究了它们在图像分类和聚类中的应用，在这两种情况下，模型都是以任务驱动的端到端方式进行优化的。我们在数值实验中得到了令人印象深刻的结果。

---

⊖ Reprinted，with permission，from Wang，Zhangyang，Ling，Qing，and Huang，Thomas S. "Learning deep $\ell_0$ encoders"，AAAI (2016).

## 3.2　相关工作

### 3.2.1　基于 $\ell_0$ 和 $\ell_1$ 的稀疏近似

在给定基本原子字典的情况下，找到信号的最稀疏或最小 $\ell_0$ 范数表示是许多应用领域中的重要问题。考虑一个数据样本 $x \in \mathbb{R}^{m \times 1}$，使用学习字典 $D = [d_1, d_2, \cdots, d_p]$，将该样本编码为稀疏编码 $a \in \mathbb{R}^{p \times 1}$，其中 $d_i \in \mathbb{R}^{m \times 1}, i = 1, 2, \cdots, p$ 是学习原子。稀疏编码是通过求解 $\ell_0$ 正则化问题获得的（$\lambda$ 为常数）：

$$a = \arg \min_a \frac{1}{2} \| x - Da \|_F^2 + \lambda \| a \|_0 \tag{3.1}$$

另一种方法是，通过求解 $M$ 稀疏问题，可以显式地对解的非零系数的数量施加约束：

$$a = \arg \min_a \| x - Da \|_F^2 \quad \text{s. t.} \quad \| a \|_0 \leqslant M \tag{3.2}$$

不幸的是，这些优化问题通常是难以处理的，因为随着候选基向量数量的增加，局部最小值的数量也会存在组合增加。一种可能的补救方法是使用凸替代度量（例如 $\ell_1$ 范数）来代替 $\ell_0$ 范数，从而导致更易于处理的优化问题。例如（3.1）可放宽为：

$$a = \arg \min_a \frac{1}{2} \| x - Da \|_F^2 + \lambda \| a \|_1 \tag{3.3}$$

它创建了一个单峰优化问题，可以通过线性规划技术解决。缺点是我们现在引入了最终目标和目标函数[14]之间的不匹配。在一定条件下，最小 $\ell_1$ 范数解等于最小 $\ell_0$ 范数[6]解。但在实践中，$\ell_1$ 近似值的使用往往远远超出这些条件，因此具有相当大的启发性。所以，我们通常得到的解决方案并不是精确地最小化原来的 $\ell_0$ 范数。

也就是说，$\ell_1$ 近似值在许多稀疏编码问题中实际工作得很好。然而，在某些应用中，我们打算控制非零元素的确切数量，如基选择[14]，其中 $\ell_0$ 近似是必不可少的。除此之外，$\ell_0$ 近似值在许多方面都适合用于性能问题。在压缩感知的文献中，经验证据[15]表明，使用迭代重加权 $\ell_1$ 方案来近似 $\ell_0$ 解通常可以提高信号恢复的质量。在图像增强中，文献 [16] 表明，$\ell_0$ 数据保真度更适合重建被脉冲噪声破坏的图像。为了使图像平滑，文献 [17] 的作者利用 $\ell_0$ 梯度最小化来全局控制有多少非零梯度以一种结构稀疏管理的方式来近似突出的结构。最近的工作[18]表明，$\ell_0$ 稀疏子空间聚类可以完全表征最小子空间结构的集合，而不需要额外的分离条件——这些条件却是 $\ell_1$ 对应物所需要的。

### 3.2.2　$\ell_1$ 近似的网络实现

在文献 [8] 中，我们提出了一种前馈神经网络，如图 3.1 所示，能够有效地近似输入信号 $x$ 的基于 $\ell_1$ 的稀疏码 $a$；对于给定的字典 $D$，事先求解（3.3）得到稀疏码 $a$。网络具有有限个阶段，每个阶段更新中间稀疏码 $z^k (k = 1, 2)$ 的根据为：

$$z^{k+1} = s_\theta (Wx + Sz^k) \tag{3.4}$$

其中 $s_\theta$ 是逐元素的收缩函数（$u$ 是向量，$u_i$ 是其第 $i$ 个元素，$i = 1, 2, \cdots, p$），

$$[s_\theta(\boldsymbol{u})]_i = \text{sign}(\boldsymbol{u}_i)(|\boldsymbol{u}_i| - \theta_i)_+ \tag{3.5}$$

参数化编码器命名为 LISTA（learned ISTA），是迭代收缩和阈值算法（ISTA）的自然网络实现。LISTA 使用反向传播算法从训练数据中学习了所有参数 $\boldsymbol{W}$、$\boldsymbol{S}$ 和 $\theta$[19]。这样，在固定的少量阶段之后，可以获得基本的稀疏代码的良好近似。

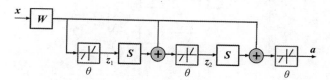

图 3.1    具有两个时间展开阶段的 LISTA 网络[8]

在文献［10］中，作者利用了快速可训练回归量的类似思想，构造了学习稀疏模型的前馈网络近似。这种以过程为中心的观点后来在文献［11］中得到了扩展，从而为结构化的、稀疏的、鲁棒的低秩模型开发了一个有原则的、学习确定性的、固定复杂度的追踪过程，代替了迭代近端梯度下降算法。最近，文献［9］进一步总结了问题级和基于模型的"深度展开"的方法，并开发了新的体系结构作为马尔可夫随机场和非负矩阵分解的推理算法。我们的工作和之前的想法是一样的，但是研究了未探索的 $\ell_0$ 问题并获得了进一步的见解。

## 3.3    深度 $\ell_0$ 编码器

### 3.3.1    深度 $\ell_0$ 正则化编码器

为了解决（3.1）中的优化问题，我们在文献［13］中推导出迭代硬阈值（IHT）算法，即

$$\boldsymbol{a}^{k+1} = h_{\lambda^{0.5}}(\boldsymbol{a}^k + \boldsymbol{D}^{\mathrm{T}}(\boldsymbol{x} - \boldsymbol{D}\boldsymbol{a}^k)) \tag{3.6}$$

其中 $\boldsymbol{a}^k$ 表示第 $k$ 次迭代的中间结果，而 $h_\theta$ 是由下式给出的逐元素式硬阈值运算符：

$$[h_{\lambda^{0.5}}(\boldsymbol{u})]_i = \begin{cases} 0, & |\boldsymbol{u}_i| < \lambda^{0.5} \\ \boldsymbol{u}_i, & |\boldsymbol{u}_i| \geqslant \lambda^{0.5} \end{cases} \tag{3.7}$$

式（3.6）可改写为：

$$\boldsymbol{a}^{k+1} = h_\theta(\boldsymbol{W}\boldsymbol{x} + \boldsymbol{S}\boldsymbol{a}^k)$$
$$\boldsymbol{W} = \boldsymbol{D}^{\mathrm{T}}, \ \boldsymbol{S} = \boldsymbol{I} - \boldsymbol{D}^{\mathrm{T}}\boldsymbol{D}, \ \theta = \lambda^{0.5} \tag{3.8}$$

并表示为图 3.2 中的框图，它概述了一种求解（3.6）的循环网络形式。

通过将图 3.2 进行时间展开和截断为固定数量的 $K$ 次迭代（默认情况下，本章中的 $K=2$）⊖，我们在图 3.3 中获得了前馈网络结构，其中 $\boldsymbol{W}$、$\boldsymbol{S}$ 和 $\theta$ 在两个阶段之

---

⊖    我们测试了较大的 $K$ 值（3 或 4）。在某些情况下，它们确实带来了性能改进，但同时也增加了复杂性。

间共享，称为深度 $\ell_0$ 正则化编码器。此外，$\boldsymbol{W}$、$\boldsymbol{S}$ 和 $\theta$ 都是要学习的，而不是直接从任何预先计算的 $\boldsymbol{D}$ 构造而成。尽管（3.8）中的方程不再直接应用于求解深度 $\ell_0$ 正则化编码器，但它们通常可以用于后者的高质量初始化。

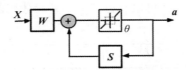

图 3.2  求解（3.6）的方框图

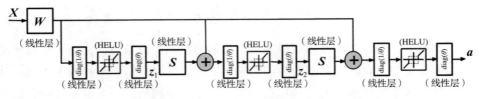

图 3.3  有两个时间展开阶段的深度 $\ell_0$ 正则化编码器

注意，激活阈值 $\theta$ 不太容易更新。我们将（3.5）重写为 $[h_\theta(\boldsymbol{u})]_i = \theta_i h_1(\boldsymbol{u}_i/\theta_i)$。这表明具有可训练阈值的原始神经元可以分解为两个线性缩放层，再加上一个单位硬阈值神经元，我们后来将其称为硬阈值线性单元（HELU）。两个缩放图层的权重分别是由 $\theta$ 和其元素逐项倒数定义的对角矩阵。

**关于 HELU 的讨论**。受到 LISTA 的启发，深度 $\ell_0$ 正则化编码器的不同点在于 HELU 神经元。与经典的神经函数如 logistic、sigmoid、ReLU[20] 以及 LISTA 中的软收缩和阈值操作（3.5）相比，HELU 不会对大的值进行惩罚，但会对小的值施加强（理论上是无限的）惩罚。因此，HELU 倾向于生成高度稀疏的解决方案。

可以将 LISTA（3.5）的神经元形式看作 ReLU 的双侧平移变体，它是连续的、分段线性的。与此相反，HELU 是一种不连续的函数，在现有的深度网络神经元中很少发生。正如文献［21］所指出的，HELU 具有可数的许多不连续点，因此（Borel）是可测量的，在这种情况下，网络的普遍近似能力不会受到影响。然而，实验提醒我们，这种间断神经元的算法学习能力（使用流行的一阶方法）是有问题的，而且训练通常是困难的。出于计算方面的考虑，我们在网络训练期间将 HELU 替换为以下连续和分段线性函数 $\mathrm{HELU}_\sigma$：

$$[\mathrm{HELU}_\sigma(\boldsymbol{u})]_i = \begin{cases} 0, & |\boldsymbol{u}_i| \leqslant 1-\sigma \\ \dfrac{(\boldsymbol{u}_i - 1 + \sigma)}{\sigma}, & 1-\sigma < \boldsymbol{u}_i < 1 \\ \dfrac{(\boldsymbol{u}_i + 1 - \sigma)}{\sigma}, & -1 < \boldsymbol{u}_i < \sigma - 1 \\ \boldsymbol{u}_i & |\boldsymbol{u}_i| \geqslant 1 \end{cases} \quad (3.9)$$

显然，当 $\sigma \to 0$ 时，$\text{HELU}_\sigma$ 变为 HELU。为了近似 HELU，我们倾向于选择非常小的 $\sigma$，同时避免使训练不适当。作为一种实用策略，我们会从一个适中的 $\sigma$（默认为 0.2）开始，然后在每次迭代将其除以 10。经过几次迭代后，$\text{HELU}_\sigma$ 会非常接近理想的 HELU。

在文献［22］中，作者介绍了一种理想的硬阈值函数用于解决稀疏编码，其公式与 HELU 相似。注意，文献［22］用 sigmoid 函数近似理想函数，它与我们的 HELU$_\sigma$ 近似有关。在文献［23］中，在网络中使用了类似的截断线性 ReLU。

### 3.3.2　深度 $M$ 稀疏 $\ell_0$ 编码器

式（3.1）中的 $\ell_0$ 正则化问题和深度 $\ell_0$ 正则化编码器都没有对解决方案的稀疏性级别进行明确控制。因此，我们将转向（3.2）中的 $M$ 稀疏问题，并得出以下迭代算法[13]：

$$a^{k+1} = h_M(a^k + D^\mathsf{T}(x - Da^k)) \tag{3.10}$$

式（3.10）与式（3.6）相似，只是 $h_M$ 现在是一个非线性算子，保留了 $M$ 个系数的 $M$ 个最大绝对值。按照与前一节相同的方法，迭代形式可以按时间展开并截断为深度 $M$ 稀疏编码器，如图 3.4 所示。为了处理 $h_M$ 操作，我们参考了深度网络中常用的池化（pooling）和反池化（unpooling）[24]的概念，并介绍了 $\max_M$ 池化和反池化对，如图 3.4 所示。

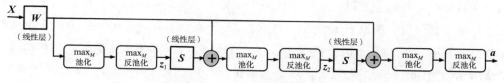

图 3.4　有两个时间展开阶段的深度 $M$ 稀疏自编码器

**关于 $\max_M$ 池化/反池化的讨论**。池化是卷积网络中常用的一种获取平移不变特征[7]的方法。但在其他形式的深度网络[25]中就不那么常见了。文献［24］中引入了反池化操作，将池化的值插入特征图的适当位置以便进行重构。

在我们提出的深度 $M$ 稀疏编码器中，使用池化和反池化操作构造 $R^m$ 到其子集 $S := \{s \in R^m \mid \|s\|_0 \leqslant M\}$ 的投影。$\max_M$ 池化和反池化函数被直观地定义为

$$[p_M, \mathbf{idx}_M] = \max_M \cdot \text{pooling}(u)$$

$$u_M = \max_M \cdot \text{unpooling}(p_M, \mathbf{idx}_M) \tag{3.11}$$

对于每个输入 $u$，池化映射 $p_M$ 记录最高的 $M$ 个最大值（与符号无关），开关 $\mathbf{idx}_M$ 记录它们的位置。相应的反池化操作获取 $p_M$ 中的元素，并将它们放在 $u_M$ 中被 $\mathbf{idx}_M$ 指定的位置，其余的元素设置为 0。得到的 $u_M$ 与 $u$ 的维数相同，但其中不超过 $M$ 个非零元素。在反向传播中，$\mathbf{idx}_M$ 中的每个位置都与整个误差信号一起传播。

### 3.3.3 理论属性

从文献 ［13］中可以看出，式（3.6）和（3.10）的迭代算法都保证不增加成本函数。在温和的条件下，它们的目标固定点是原问题的局部极小值。作为时间截断后的下一个步骤，深度编码器模型将采用随机梯度下降（SGD）算法进行求解，该算法在比本章算法更严格的几个假设条件下收敛于平稳点[26]⊖。然而，迭代算法和 SGD算法的纠缠使得整体收敛分析变得非常困难。

必须强调，在每个步骤中，反向传播过程只需要 $O(p)$[8]阶的操作。训练算法耗时 $O(Cnp)$（$C$ 为常数吸收周期、阶段数等）。测试过程完全是前馈的，因此通过求解式（3.1）或（3.2）大大快于传统推理方法。SGD 也很容易被并行化。

## 3.4 任务驱动的优化

我们通常希望联合优化所学习的稀疏码特性和目标任务，使它们相互增强。文献［27］通过向目标中添加可识别的正则化术语，将标签信息与每个字典项相关联。最近的工作[28-29]通过双层优化模型开发了任务驱动的稀疏编码，其中（基于 $\ell_1$ 的）稀疏编码作为低层约束，最小化面向任务的成本函数作为高层目标。上述稀疏编码方法比较复杂，计算量大。通过将提出的深度编码器与特定的任务驱动损失函数连接起来，在深度架构中实现端到端的任务驱动训练要方便得多。

在本章中，我们主要讨论了两个任务——分类和聚类，同时也要注意其他直接扩展，如半监督学习。假设有 $K$ 个类（或簇），并且 $\boldsymbol{\omega}=[\boldsymbol{\omega}_1,\cdots,\boldsymbol{\omega}_k]$ 作为损失函数的参数集，其中 $\boldsymbol{\omega}_j$ 对应于第 $j$ 个类（簇），$j=1,2,\cdots,K$。对于分类情况，自然的选择是众所周知的 softmax 损失函数。对于聚类情况，由于每个 $\boldsymbol{x}$ 的真实聚类标签未知，因此我们将样本 $\boldsymbol{x}$ 属于聚类 $j$ 的预测置信概率 $p_j$ 定义为 softmax 回归的可能性：

$$p_j = p(j|\boldsymbol{\omega},\boldsymbol{a}) = \frac{\mathrm{e}^{-\omega_j^{\mathrm{T}}a}}{\sum_{l=1}^{K}\mathrm{e}^{-\omega_l^{\mathrm{T}}a}} \tag{3.12}$$

$\boldsymbol{a}$ 的预测簇标签是达到最大值 $p_j$ 的簇 $j$。

## 3.5 实验

### 3.5.1 实现

提出的两个深度 $\ell_0$ 编码器是用 CUDA ConvNet 包[7]实现的。我们使用恒定的学习率 0.01，没有动量，批处理大小为 128。在实践中，如果模型初始化良好，则在使

---

⊖ 作为一个典型的例子，我们将 SGD 用在一个理论上不能保证收敛，但在实践中却表现良好的环境中。

用 12 路 Intel Xeon 2.67GHz CPU 和 1 个 GTX680 GPU 的工作站上，MNIST 数据集上的训练大约需要 1 个小时。我们的模型的训练效率与数据的大小近似呈线性关系。

虽然许多神经网络在没有预先训练的情况下，通过随机初始化可以很好地训练，但是如果训练数据足够的话，初始化不佳的网络会妨碍一阶方法（如 SGD）的有效性[30]。然而，对于所提出的模型，利用式（3.8）中稀疏编码和网络超参数之间的解析关系，在正确的模式下初始化模型要容易得多。

### 3.5.2 $\ell_0$ 稀疏近似的仿真

我们首先比较 $\ell_0$ 稀疏码近似下不同方法的性能。MNIST 数据集的前 60 000 个样本用于训练，后 10 000 个用于测试。每个 patch 的大小调整为 16×16，然后进行预处理以去除其均值并归一化其方差。标准差小的 patch 将被丢弃。在式（3.1）中使用稀疏系数 $\lambda = 0.5$，在式（3.2）中固定稀疏度 $M=32$。稀疏码的维数（字典大小）$p$ 是可变的。

我们的预测任务类似于文献［8］中的设置：首先从训练数据中学习字典，然后针对字典求解稀疏近似（3.3），最后将网络训练为从输入样本到已求解稀疏码的回归器。此处唯一的主要区别在于，与基于 $\ell_1$ 的问题不同，基于非凸 $\ell_0$ 的最小化只能达到（非唯一）局部最小值。为了提高稳定性，我们首先解决 $\ell_1$ 问题以获得 $\ell_0$ 问题的良好初始化，然后运行迭代算法（3.6）或（3.10）直到收敛。以下将获得的稀疏码称为"最优码"，并在训练和测试评价中使用（作为"真值"）。必须记住，我们并不是在试图为所有可能的输入向量生成近似的稀疏码，而只是针对从与我们的训练样本相同的分布中得出的输入向量生成近似的稀疏码。

我们将提出的深度 $\ell_0$ 编码器与不同迭代次数下的迭代算法进行比较。此外，我们在比较中使用基准编码器，它是一个全连接的前馈网络，由具有 ReLU 神经元的三个隐藏的尺寸为 $p$ 的隐藏层组成。因此，基准编码器的参数容量与深度 $\ell_0$ 编码器的参数容量相同⊖。我们将 dropout 应用于基准编码器，其中保留单元的概率为 0.9、0.9 和 0.5。提出的编码器不应用 dropout。

首先对深度 $\ell_0$ 编码器和基准编码器进行训练，然后在测试集上进行评价。我们计算出总的预测误差，即最优编码与预测编码之间的归一化平方误差，如表 3.1 和 3.2 所示。对于 $M$ 稀疏情况，我们还通过计算最优码和预测码之间不匹配的非零元素位置（所有样本的平均值），比较了表 3.3 中的非零支持的恢复情况。数值结果的直接结论如下：

- 由于深度编码器的体系结构带来了有效的正则化，因此提出的深度编码器具

---

⊖ 除了图 3.3 中的"diag($\theta$)"层外，每个层仅包含 $p$ 个自由参数。

有出色的泛化性能，该体系结构是从先前的特定问题公式（即式（3.1）和（3.2））派生而来的。具有相同参数复杂度的"通用体系结构"基准编码器似乎会过拟合训练集，并且泛化得更糟。

- 虽然深度编码器只展开两个阶段，但即使迭代器经过 10 次迭代，编码器的性能也要好于迭代器。同时，前者作为前馈可获得更快的推断。

- 深度 $\ell_0$ 编码器可获得极低的预测误差。可以解释的是，尽管迭代算法必须使用固定的 $\lambda$，但深度 $\ell_0$ 正则化编码器能够通过探索训练数据结构来自动"微调"该超参数（在从 $\lambda$ 初始化 $\mathrm{diag}(\theta)$ 之后）。

- 深度 $M$ 稀疏编码器能够以高精度找到非零支持。

表 3.1　各方法求解 $\ell_0$ 正则化问题（3.1）的预测误差（%）比较

| $p$ | 128 | 256 | 512 |
| --- | --- | --- | --- |
| 迭代次数（2） | 17.52 | 18.73 | 22.40 |
| 迭代次数（5） | 8.14 | 6.75 | 9.37 |
| 迭代次数（10） | 3.55 | 4.33 | 4.08 |
| 基准编码器 | 8.94 | 8.76 | 10.17 |
| 深度 $\ell_0$ 正则编码器 | 0.92 | 0.91 | 0.81 |

表 3.2　各方法求解 $M$ 稀疏问题（3.2）的预测误差（%）比较

| $p$ | 128 | 256 | 512 |
| --- | --- | --- | --- |
| 迭代次数（2） | 17.23 | 19.27 | 19.31 |
| 迭代次数（5） | 10.84 | 12.52 | 12.40 |
| 迭代次数（10） | 5.67 | 5.44 | 5.20 |
| 基准编码器 | 14.04 | 16.76 | 12.86 |
| 深度 $M$ 稀疏编码器 | 2.94 | 2.87 | 3.29 |

表 3.3　各方法求解 $M$ 稀疏问题（3.2）的平均非零支持误差比较

| $p$ | 128 | 256 | 512 |
| --- | --- | --- | --- |
| 迭代次数（2） | 10.8 | 13.4 | 13.2 |
| 迭代次数（5） | 6.1 | 8.0 | 8.8 |
| 迭代次数（10） | 4.6 | 5.6 | 5.3 |
| 深度 $M$ 稀疏编码器 | 2.2 | 2.7 | 2.7 |

### 3.5.3　在分类上的应用

由于任务驱动的模型是端到端训练的，因此不需要预先计算 $a$。对于分类，我们在 MNIST 数据集和 AVIRIS 印第安纳松树高光谱图像数据集上评价我们的方法（有关详细信息，请参见文献［31］）。我们将提出的两种深度编码器与其他两种稀疏编码方法进行比较：（1）文献［28］中任务驱动的稀疏编码（TDSC），遵循原始设置，并仔细调整了所有参数；（2）预先训练的 LISTA，然后进行带有 softmax 损失的监督调整。请注意，对于深度 $M$ 稀疏编码器，$M$ 事先未知，必须进行调整。令我们惊讶的是，$M$ 的微调可能会显著改善性能，下面将对其进行分析。表 3.4 和表 3.5 比较了总错误率。

表 3.4　MNIST 数据集上所有方法的分类错误率（%）比较

| $p$ | 128 | 256 | 512 |
|---|---|---|---|
| TDSC | 0.71 | 0.55 | 0.53 |
| 调谐的 LISTA | 0.74 | 0.62 | 0.57 |
| 深度 $\ell_0$ 正则编码器 | 0.72 | 0.58 | 0.52 |
| 深度 $M$ 稀疏编码器（$M$=10） | 0.72 | 0.57 | 0.53 |
| 深度 $M$ 稀疏编码器（$M$=20） | 0.69 | 0.54 | 0.51 |
| 深度 $M$ 稀疏编码器（$M$=30） | 0.73 | 0.57 | 0.52 |

表 3.5　AVIRIS 印第安纳松树数据集上所有方法的分类错误率（%）比较

| $p$ | 128 | 256 | 512 |
|---|---|---|---|
| TDSC | 15.55 | 15.27 | 15.21 |
| 调谐的 LISTA | 16.12 | 16.05 | 15.97 |
| 深度 $\ell_0$ 正则编码器 | 15.20 | 15.07 | 15.01 |
| 深度 $M$ 稀疏编码器（$M$=10） | 13.77 | 13.56 | 13.52 |
| 深度 $M$ 稀疏编码器（$M$=20） | 14.67 | 14.23 | 14.07 |
| 深度 $M$ 稀疏编码器（$M$=30） | 15.14 | 15.02 | 15.00 |

通常，提出的深度 $\ell_0$ 编码器提供了比基于深度 $\ell_1$ 的方法（调谐的 LISTA）更好的结果。TDSC 也产生了不错的结果，但是以推理的高复杂度为代价，即解决了传统的稀疏编码。我们特别感兴趣的是，当深度 $M$ 稀疏编码器提供特定的 $M$ 值时，它可以产生显著改善的结果⊖。尤其是在表 3.5 中，当 $M$=10 时，错误率比 $M$=30 时低 1.5% 左右。请注意，在 AVIRIS 印第安纳松树数据集中，训练数据量比 MNIST 小得多。通过这种方式，我们推测使训练过程完全依赖数据可能不够有效。取而代之的是，在较小的 $M$ 之前先设计出更强的稀疏性，这可以帮助学习更多的判别特征⊖。这种行为为我们提供了一个重要的提示，可以为深度网络施加合适的结构先验。

### 3.5.4　在聚类上的应用

对于聚类，我们在 COIL 20 和 CMU PIE 数据集上评价所提出的方法[32]。两种

---

⊖　为了获得对 $M$ 的良好估计，可能首先尝试对子集执行（无监督）稀疏编码。

⊖　有趣的是，AVIRIS 印第安纳松树数据集中共有 16 个类。当 $p$=128 时，每个类别平均有 8 个"原子"用于特定类别的表示。因此，$M$=10 大约与将稀疏码紧凑地集中在一类原子上的稀疏表示分类（SRC）原理[31]相符。

最先进的比较方法是文献［29］中提出的联合优化的稀疏编码和聚类方法，以及文献［33］中的图正则化深度聚类方法$^{\ominus}$。表 3.6 和表 3.7 比较了总错误率。

表 3.6　COIL 20 数据集上所有方法的聚类错误率（%）比较

| $p$ | 128 | 256 | 512 |
|---|---|---|---|
| ［29］ | 17.75 | 17.14 | 17.15 |
| ［33］ | 14.47 | 14.17 | 14.08 |
| 深度 $\ell_0$ 正则编码器 | 14.52 | 14.27 | 14.06 |
| 深度 $M$ 稀疏编码器（$M=10$） | 14.59 | 14.25 | 14.03 |
| 深度 $M$ 稀疏编码器（$M=20$） | 14.84 | 14.33 | 14.15 |
| 深度 $M$ 稀疏编码器（$M=30$） | 14.77 | 14.37 | 14.12 |

表 3.7　CMU PIE 数据集上所有方法的聚类错误率（%）比较

| $p$ | 128 | 256 | 512 |
|---|---|---|---|
| ［29］ | 17.50 | 17.26 | 17.20 |
| ［33］ | 16.14 | 15.58 | 15.09 |
| 深度 $\ell_0$ 正则编码器 | 16.08 | 15.72 | 15.41 |
| 深度 $M$ 稀疏编码器（$M=10$） | 16.77 | 16.46 | 16.02 |
| 深度 $M$ 稀疏编码器（$M=20$） | 16.44 | 16.23 | 16.05 |
| 深度 $M$ 稀疏编码器（$M=30$） | 16.46 | 16.17 | 16.01 |

注意，文献［33］中的方法将拉普拉斯正则化作为附加的先验，而其他方法则没有。因此，这种方法常常比其他方法表现得更好也就不足为奇了。即使没有利用任何图形信息，我们所提出的深度编码器也能获得非常接近的性能，在某些情况下性能优于文献［33］。在 COIL 20 数据集上，当 $p=512$ 时，深度 $M$ 稀疏（$M=10$）编码器达到最低的错误率，然后是深度 $\ell_0$ 正则化编码器。

在 CMU PIE 数据集上，深度 $\ell_0$ 正则化编码器可带来与文献［33］不相上下的精度，并且以明显的幅度优于所有深度 $M$ 稀疏编码器，这与其他情况不同。先前的工作发现，在 CMU PIE 上的稀疏近似存在重大误差[34]，我们也对此进行了验证。因此，对精确稀疏性进行硬编码甚至可能会影响模型性能。

**备注**。通过实验，我们在设计深度架构时获得了其他见解：

- 如果期望模型自己探索数据结构，并提供足够的训练数据，则深度 $\ell_0$ 正规编码器（及其对等编码器）可能是首选，因为它的所有参数（包括所需的稀疏度）都能充分地从数据中学习。
- 如果对数据结构具有一定的先验知识，包括但不限于确切的稀疏度，则应选择深度 $M$ 稀疏编码器或其他旨在最大程度地执行该先验知识的同类模型。当训练数据不足时，该方法可能特别有用。

---

$\ominus$　这两篇论文都在 soft-max 和 max-margin 两种损失下训练模型。为确保公平比较，我们采用前者，其损失函数的类型与我们相同。

我们希望以上见解可以为其他许多深度学习模型提供参考。

## 3.6　结论和关于理论属性的讨论

我们提出了深度 $\ell_0$ 编码器来解决 $\ell_0$ 稀疏近似问题。扎根于固态迭代算法的深度 $\ell_0$ 正则化编码器和深度 $M$ 稀疏编码器得到了发展，每种设计用于解决一种典型的公式，同时引入了新颖的 HELU 神经元和 $\max_M$ 池化/反池化。当应用于分类和聚类的特定任务时，模型以端到端的方式进行了优化。最新的深度学习工具使我们能够以高效的方式解决所考虑的问题。它们不仅在数值实验中提供了令人印象深刻的性能，而且对深度模型的设计具有重要的启发性。

尽管许多新工作遵循通过展开和截断迭代算法来构建前馈网络的想法，但作为快速可训练的回归器来近似稀疏编码模型的解决方案，从理论角度理解有效近似的进展却很缓慢。文献［35］研究了我们提出的深度 $\ell_0$ 编码器的收敛性。作者认为，当原始字典高度相关时，可以使用数据来训练字典的转换，从而改善其受限的等距特性（RIP）常数，并导致 IHT 容易失败。他们还表明允许权重跨层解耦是有益的。然而，尽管 IHT 在相当强的假设下线性收敛[36]，但文献［35］中的分析不能直接扩展到 ISTA。

另外，文献［37］试图通过重新分解字典的 Gram 矩阵来解释 LISTA 的机制，该字典试图以产生 1 个小扰动的基础将 Gram 矩阵近似对角化。他们将 LISTA 重新参数化为新的因式分解架构，该架构实现了与 LISTA 相似的加速增益。使用"间接"证明，文献［37］能够证明 LISTA 可以比 ISTA 收敛更快，但是仍然是亚线性的。文献［38］研究了类似的基于学习的模型，该模型受另一种求解 LASSO 的迭代算法——近似消息传递（AMP）——启发。文献［39］中提出了这个想法，用可学习的高斯去噪器代替 AMP 近端算子（软阈值）。但是，他们的主要理论工具——称为"状态演化"——不能直接用于分析 LISTA。

## 3.7　参考文献

[1] Donoho DL, Vetterli M, DeVore RA, Daubechies I. Data compression and harmonic analysis. Information Theory, IEEE Transactions on 1998;44(6):2435–76.

[2] Donoho DL. De-noising by soft-thresholding. Information Theory, IEEE Transactions on 1995;41(3):613–27.

[3] Davies M, Mitianoudis N. Simple mixture model for sparse overcomplete ICA. IEE Proceedings-Vision, Image and Signal Processing 2004;151(1):35–43.

[4] Wright J, Yang AY, Ganesh A, Sastry SS, Ma Y. Robust face recognition via sparse representation. TPAMI 2009;31(2):210–27.

[5] Cheng B, Yang J, Yan S, Fu Y, Huang TS. Learning with l1 graph for image analysis. TIP 2010;19(4).

[6] Donoho DL, Elad M. Optimally sparse representation in general (nonorthogonal) dictionaries via l1 minimization. Proceedings of the National Academy of Sciences 2003;100(5):2197–202.

[7] Krizhevsky A, Sutskever I, Hinton GE. ImageNet classification with deep convolutional neural net-

works. In: NIPS; 2012. p. 1097–105.

[8] Gregor K, LeCun Y. Learning fast approximations of sparse coding. In: ICML; 2010. p. 399–406.

[9] Hershey JR, Roux JL, Weninger F. Deep unfolding: model-based inspiration of novel deep architectures. arXiv preprint arXiv:1409.2574, 2014.

[10] Sprechmann P, Litman R, Yakar TB, Bronstein AM, Sapiro G. Supervised sparse analysis and synthesis operators. In: NIPS; 2013. p. 908–16.

[11] Sprechmann P, Bronstein A, Sapiro G. Learning efficient sparse and low rank models. In: TPAMI; 2015.

[12] Sun K, Wang Z, Liu D, Liu R. $L_p$-norm constrained coding with Frank–Wolfe network. arXiv preprint arXiv:1802.10252, 2018.

[13] Blumensath T, Davies ME. Iterative thresholding for sparse approximations. Journal of Fourier Analysis and Applications 2008;14(5–6):629–54.

[14] Wipf DP, Rao BD. l0-Norm minimization for basis selection. In: NIPS; 2004. p. 1513–20.

[15] Candes EJ, Wakin MB, Boyd SP. Enhancing sparsity by reweighted l1 minimization. Journal of Fourier Analysis and Applications 2008;14(5–6):877–905.

[16] Yuan G, Ghanem B. L0tv: a new method for image restoration in the presence of impulse noise. 2015.

[17] Xu L, Lu C, Xu Y, Jia J. Image smoothing via l0 gradient minimization. TOG, vol. 30. ACM; 2011. p. 174.

[18] Wang Y, Wang YX, Singh A. Clustering consistent sparse subspace clustering. arXiv preprint arXiv:1504.01046, 2015.

[19] LeCun YA, Bottou L, Orr GB, Müller KR. Efficient backprop. In: Neural networks: tricks of the trade. Springer; 2012. p. 9–48.

[20] Mhaskar HN, Micchelli CA. How to choose an activation function. In: NIPS; 1994. p. 319–26.

[21] Hornik K, Stinchcombe M, White H. Multilayer feedforward networks are universal approximators. Neural Networks 1989;2(5):359–66.

[22] Rozell CJ, Johnson DH, Baraniuk RG, Olshausen BA. Sparse coding via thresholding and local competition in neural circuits. Neural Computation 2008;20(10):2526–63.

[23] Konda K, Memisevic R, Krueger D. Zero-bias autoencoders and the benefits of co-adapting features. arXiv preprint arXiv:1402.3337, 2014.

[24] Zeiler MD, Taylor GW, Fergus R. Adaptive deconvolutional networks for mid and high level feature learning. In: ICCV. IEEE; 2011. p. 2018–25.

[25] Gulcehre C, Cho K, Pascanu R, Bengio Y. Learned-norm pooling for deep feedforward and recurrent neural networks. In: Machine learning and knowledge discovery in databases. Springer; 2014. p. 530–46.

[26] Bottou L. Large-scale machine learning with stochastic gradient descent. In: Proceedings of COMPSTAT'2010. Springer; 2010. p. 177–86.

[27] Jiang Z, Lin Z, Davis LS. Learning a discriminative dictionary for sparse coding via label consistent K-SVD. In: CVPR. IEEE; 2011. p. 1697–704.

[28] Mairal J, Bach F, Ponce J. Task-driven dictionary learning. TPAMI 2012;34(4):791–804.

[29] Wang Z, Yang Y, Chang S, Li J, Fong S, Huang TS. A joint optimization framework of sparse coding and discriminative clustering. In: IJCAI; 2015.

[30] Sutskever I, Martens J, Dahl G, Hinton G. On the importance of initialization and momentum in deep learning. In: ICML; 2013. p. 1139–47.

[31] Wang Z, Nasrabadi NM, Huang TS. Semisupervised hyperspectral classification using task-driven dictionary learning with Laplacian regularization. TGRS 2015;53(3):1161–73.

[32] Sim T, Baker S, Bsat M. The CMU pose, illumination, and expression (PIE) database. In: Automatic face and gesture recognition, 2002. Proceedings. Fifth IEEE international conference on. IEEE; 2002. p. 46–51.

[33] Wang Z, Chang S, Zhou J, Wang M, Huang TS. Learning a task-specific deep architecture for clustering. arXiv preprint arXiv:1509.00151, 2015.

[34] Yang J, Yu K, Huang T. Supervised translation-invariant sparse coding. In: Computer vision and pattern recognition (CVPR), 2010 IEEE conference on. IEEE; 2010. p. 3517–24.

[35] Xin B, Wang Y, Gao W, Wipf D, Wang B. Maximal sparsity with deep networks? In: Advances in

neural information processing systems; 2016. p. 4340–8.

[36] Blumensath T, Davies ME. Iterative hard thresholding for compressed sensing. Applied and Computational Harmonic Analysis 2009;27(3):265–74.

[37] Moreau T, Bruna J. Understanding trainable sparse coding with matrix factorization. In: ICLR; 2017.

[38] Borgerding M, Schniter P, Rangan S. AMP-inspired deep networks for sparse linear inverse problems. IEEE Transactions on Signal Processing 2017;65(16):4293–308.

[39] Metzler CA, Mousavi A, Baraniuk RG. Learned D-AMP: principled neural network based compressive image recovery. In: Advances in neural information processing systems; 2017. p. 1770–81.

# 单幅图像超分辨率：从稀疏编码到深度学习

Ding Liu，Thomas S. Huang

## 4.1 通过具有稀疏先验的深度网络实现可靠的单幅图像超分辨率⊖

### 4.1.1 引言

单幅图像超分辨率（SR）的目的是通过推断所有缺失的高频内容，从低分辨率（LR）输入图像中获得高分辨率（HR）图像。由于 LR 图像中的已知变量大大超过 HR 图像中的未知变量，SR 是一个高度不确定的问题，目前的技术对于许多实际应用来说还远远不能令人满意[1-2]，这些应用包括监控、医疗成像和消费者照片编辑等[3]。

为了使 SR 的求解规则化，人们利用了自然图像的各种先验值。分析性先验值（如双立方插值）对光滑区域有很好的作用，而基于边缘统计[4]和梯度[5]的图像模型可以恢复更清晰的结构。基于碎片的方法[6-8]利用了稀疏先验值，HR 碎片候选者是从 LR 图像本身不同位置和不同尺度的相似实例中恢复出来的[9-10]。

最近，受到深度学习[11]在其他计算机视觉任务中取得的成功的启发，人们开始将具有深度架构的神经网络用于图像 SR。在文献 ［12-13］ 中，多层协作自编码器堆叠在一起，用于自相似碎片的鲁棒匹配。研究者设计了深度卷积神经网络（CNN）[14]和反卷积网络[15]，以类似耦合稀疏编码[7]的方式直接学习从 LR 空间到 HR 空间的非线性映射。由于这些深度网络允许对 LR 输入和 HR 输出之间的所有模型组件进行端到端训练，因此已经观察到了相对浅层对应神经网络而言的显著改进。

文献 ［12，14］ 中的网络是用通用架构构建的，这意味着它们关于 SR 的所有知识都是从训练数据中学习的。另一方面，在基于深度学习的方法中，人们对于 SR 问题的领域专业知识（如自然图像先验和图像退化模型）基本上被忽略了。那么，是否可以利用领域专业知识来设计更好的深度模型架构，或者说是否可以利用深度学习来提高手工模型的质量，是值得研究的问题。

---

在本节中，我们利用深度学习的几个关键思想对传统的稀疏编码模型[6]进行了扩展，并表明领域专业技术与较强的学习能力在进一步提高 SR 性能方面是相辅相成的。首先，基于可学习迭代收缩和阈值算法（LISTA）[16]，我们实现了一个前馈神经网络，其中每层严格对应基于稀疏编码的图像 SR 的处理流程中的一个步骤。这样一来，稀疏表示的先验就有效地编码在我们的网络结构中；同时，稀疏编码的所有组成部分都可以通过反向传播进行联合训练。这种简单的模型被命名为基于稀疏编码的网络（SCN），与通用 CNN 模型[14]相比，其在恢复精度和人类感知方面都实现了明显的改进，但模型体积却很紧凑。此外，在正确理解各层物理含义的基础上，我们对 SCN 的参数初始化采用了更原则的方法，有助于提高优化速度和质量。

单个网络只能通过特定的缩放因子来执行图像 SR。在文献［14］中，针对不同的缩放因子训练不同的网络。在本节中，我们提出用多个 SCN 的级联（CSCN）来实现任意因子的 SR。这种方法受基于自相似性的 SR 方法[9]的启发，不仅增加了模型的缩放灵活性，而且减少了大缩放因子的伪影。此外，受图像去噪[17]的多通道方案的启发，我们证明了通过级联多个 SCN 来实现固定缩放因子的 SR，可以进一步增强SR 结果。SCN 的级联也可以从特别设计的多尺度成本函数的深度网络的端到端训练中获益。

在实际的 SR 场景中，真实的 LR 测量通常会出现各种类型的损坏，如噪声和模糊。有时，退化过程甚至过于复杂或不清晰。我们提出了几种使用 SCN 的方案来鲁棒地处理这种实际的 SR 情况。当退化机制未知时，我们只需要少量的真实训练数据就可以对通用 SCN 进行微调，并设法使我们的模型适应新的场景。当 LR 生成的正向模型明确时，我们提出了一种迭代 SR 方案，将 SCN 与基于退化机制的先验值的附加正则化结合起来。

主观评价对于 SR 技术来说是非常重要的，因为配备这种技术的商业产品通常是由终端用户进行主观评价的。为了将我们的模型与其他流行的 SR 方法进行全面比较，我们对这些方法进行了系统的主观评价，对评价结果进行统计分析，并对每种方法给出一个分数。

在下文中，我们首先在 4.1.2 节回顾相关文献，并在 4.1.3 节介绍 SCN 模型。然后在 4.1.4 节详细介绍 SCN 模型的级联方案。在 4.1.5 节讨论鲁棒性处理具有额外退化的图像的方法，如噪声和模糊。实现细节在 4.1.6 节中提供。4.1.7 节报告了广泛的实验结果，并在 4.1.8 中描述了主观评价。最后，在 4.1.9 节中给出结论和未来的工作。

## 4.1.2  相关研究

单幅图像超分辨率是指仅从一个 LR 观测值恢复 HR 图像的任务。全面的综述可以在文献［18］中找到。一般来说，现有的方法可以分为三类：基于插值的方法[19]、基于图像统计的方法[4,20]和基于样本的方法[6,21]。

基于插值的方法包括双线性、双三次插值和 Lanczos 滤波[19]，由于算法复杂度低，通常运行速度非常快。然而，这些方法的简单性导致 LR 特征空间与相应 HR 特征空间之间的复杂映射无法建模，从而产生过于平滑的不满意区域。

基于图像统计的方法利用统计边缘信息重建 HR 图像[4,20]。它们依赖于图像中边缘统计的先验值，同时又面临着丢失高频细节信息的缺点，特别是在大的上扩因子的情况下。

目前最流行、最成功的方法是建立在基于样本的学习技术上，其目的是通过大量有代表性的实例对来学习 LR 特征空间和 HR 特征空间之间的对应关系。这方面的先驱性工作包括文献［22］。

考虑到实例对的来源，这些方法可以进一步分为三类：基于自实例的方法[9-10]、基于外部实例的方法[6,21]和它们的联合方法[23]。基于自实例的方法只利用单一输入的 LR 图像作为参考，仅仅从 LR 图像中提取不同尺度的实例对来预测 HR 图像。这类方法通常对含有重复图案或纹理的图像效果良好，但缺乏输入图像以外的丰富图像结构，因此对其他类图像不能产生满意的预测。Huang 等人[24]通过建立处理几何变换的自字典来扩展这一思想。

基于外部实例的方法首先利用从大量外部数据集中提取的实例对，以学习 LR 特征空间和 HR 特征空间之间的通用图像特征，然后将学习到的映射应用于 SR。通常，从外部数据集中提取的代表性碎片会紧凑地体现在预训练的字典中。一种代表性的方法是基于稀疏编码的方法[6,7]。例如，在文献［7］中，分别针对 LR 特征空间和 HR 碎片特征空间训练了两个耦合字典，使得 LR 碎片在 LR 字典上和其对应的 HR 碎片在 HR 字典上共享相同的稀疏表示。虽然它能从外部数据集中捕捉到通用的 LR－HR 对应关系，并能恢复精细的细节和锐化的边缘，但在解决复杂的非线性优化问题时存在计算成本高的问题。

Timofte 等人[21,25]提出了 SR 的邻域嵌入方法，并将问题表述为具有 $\ell_2$ 范数正则化的最小二乘优化，与文献［6-7］相比，极大地降低了计算复杂度。邻域嵌入方法将 HR 碎片近似为低维流形中相似训练碎片的加权平均。

文献［26-27］为 SR 建立了不需要字典学习的随机森林。这种方法实现了快速的推理时间，但通常受制于巨大的模型规模。

### 4.1.3　基于稀疏编码网络的图像 SR

在本节中，我们首先介绍图像 SR 的稀疏编码的背景及其网络实现，然后说明我们提出的基于稀疏编码的网络的设计及其与以往模型相比的优势。

#### 4.1.3.1　使用稀疏编码的图像 SR

基于稀疏表示的 SR 方法[6]为双三次上扩 LR 图像中的每个局部碎片 $\boldsymbol{y} \in \mathbb{R}^{m_y}$ 到 HR 图像中的对应碎片 $\boldsymbol{x} \in \mathbb{R}^{m_x}$ 的变换建模。当使用原始像素以外的图像特征来表示碎片 $\boldsymbol{y}$ 时，其维度 $m_y$ 不一定与 $m_x$ 相同，假设 LR（HR）的碎片 $\boldsymbol{y}(\boldsymbol{x})$ 可以表示为相对于一个超完备的字典 $\boldsymbol{D}_y(\boldsymbol{D}_x)$ 的一些稀疏的线性系数 $\boldsymbol{\alpha}_y(\boldsymbol{\alpha}_x) \in \mathbb{R}^n$，这就是所谓的稀疏码。由于从 $\boldsymbol{x}$ 到 $\boldsymbol{y}$ 的退化过程几乎是线性的，如果字典 $\boldsymbol{D}_y$ 和 $\boldsymbol{D}_x$ 的定义正确，碎片对可以共享相同的稀疏码 $\boldsymbol{\alpha}_y = \boldsymbol{\alpha}_x = \boldsymbol{\alpha}$。因此，对于一个输入的 LR 碎片 $\boldsymbol{y}$，可以恢复 HR 碎片为

$$x = D_x \alpha, \quad \text{s. t.} \quad \alpha = \arg\min_z \parallel y - D_y z \parallel_2^2 + \lambda \parallel z \parallel_1 \tag{4.1}$$

其中，$\parallel \cdot \parallel_1$ 表示 $\ell_1$ 范数，它是凸的和易于稀疏性的，$\lambda$ 是正则化系数。

为了学习字典对 $(\boldsymbol{D}_y, \boldsymbol{D}_x)$，目标是使 $\boldsymbol{x}$ 和 $\boldsymbol{y}$ 的恢复误差最小化，因此文献 [7] 中的损失函数 $L$ 定义为：

$$L = \frac{1}{2}(\gamma \parallel x - D_x z \parallel_2^2 + (1-y) \parallel y - D_y z \parallel_2^2) \tag{4.2}$$

其中 $\gamma$（$0 < \gamma \leqslant 1$）平衡了两个重建误差。然后，通过最小化式（4.2）在所有训练 LR/HR 对上的经验期望值，可以找到最优的字典对 $\{\boldsymbol{D}_x^*, \boldsymbol{D}_y^*\}$，

$$\min_{D_x, D_y} \frac{1}{N} \sum_{i=1}^{N} L(D_x, D_y, x_i, y_i)$$

$$\text{s. t.} \quad z_i = \arg\min_{\alpha} \parallel y_i - D_y \alpha \parallel_2^2 + \lambda \parallel \alpha \parallel_1, \quad i = 1, 2, \cdots, N \tag{4.3}$$

$$\parallel D_x(\cdot, k) \parallel_2 \leqslant 1, \quad \parallel D_y(\cdot, k) \parallel_2 \leqslant 1, \quad k = 1, 2, \cdots, K$$

由于（4.2）中的目标函数是高度非凸的，通常在保持其中一个固定的情况下，交替学习字典对 $(\boldsymbol{D}_y, \boldsymbol{D}_x)$[7]。文献 [28，23] 的作者也将碎片级自相似性与字典对学习结合起来。

#### 4.1.3.2　稀疏编码的网络实现

稀疏编码与神经网络之间有着密切的联系，这在文献 [29，16] 中已经得到了很好的研究。文献 [16] 提出了一个如图 4.1 所示的前馈神经网络，以有效地逼近输入信号 $\boldsymbol{y}$ 的稀疏码 $\boldsymbol{\alpha}$，因为它是通过给定字典 $\boldsymbol{D}_y$ 并求解（4.1）得到的。该网络有有限数量的循环阶段，每个阶段都会根据下式更新中间稀疏码：

$$z_{k+1} = h_\theta(Wy + Sz_k) \tag{4.4}$$

其中，$h_\theta$ 是一个逐元素的收缩函数，定义为 $[h_\theta(\boldsymbol{a})]_i = \mathrm{sign}(a_i)(|a_i| - \theta_i)_+$，带正阈值 $\boldsymbol{\theta}$。

与迭代收缩和阈值算法（ISTA）[30,31]不同，该算法在网络参数（权重 $\boldsymbol{W}$、$\boldsymbol{S}$ 和阈值 $\boldsymbol{\theta}$）和稀疏编码参数（$\boldsymbol{D}_y$ 和 $\lambda$）之间找到了分析关系，文献 [16] 的作者使用一种称为可学习 ISTA（LISTA）的反向传播算法从训练数据中学习所有的网络参数。

通过这种方式，可以在固定数量的循环阶段内获得底层稀疏码的良好近似。

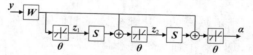

图 4.1　具有两个时间展开迭代阶段的 LISTA 网络，其输出 $\boldsymbol{\alpha}$ 是输入信号 $\boldsymbol{y}$ 的稀疏码的近似值。线性权值 $\boldsymbol{W}$、$\boldsymbol{S}$ 和收缩阈值 $\boldsymbol{\theta}$ 从数据中学习

### 4.1.3.3　SCN 的网络架构

鉴于稀疏编码能够用 LISTA 网络有效地实现，可以直接建立一个多层神经网络，模仿基于稀疏编码的 SR 方法的处理流程[6]。与大多数基于碎片的 SR 方法类似，我们的基于稀疏编码的网络（SCN）将双三次上扩的 LR 图像 $\boldsymbol{I}_y$ 作为输入，并输出完整的 HR 图像 $\boldsymbol{I}_x$。图 4.2 显示了主要的网络结构，下面将对各层进行描述。

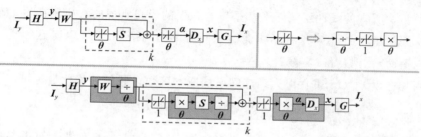

图 4.2　（左上图）提出的 SCN 模型具有一个补丁提取层 $\boldsymbol{H}$、一个用于稀疏编码的 LISTA 子网（用虚线框表示 $k$ 个循环阶段）、一个 HR 补丁恢复层 $\boldsymbol{D}_x$ 和一个补丁组合层 $\boldsymbol{G}$。（右上图）一个神经元，其阈值可调，分解为两个线性缩放层和一个单位阈值神经元。（下图）SCN 重组，单位阈值神经元和相邻的线性层合并在灰色框中

　　输入图像 $\boldsymbol{I}_y$ 首先要经过卷积层 $\boldsymbol{H}$，该层提取每个 LR 碎片的特征。在这一层中有 $m_y$ 个空间大小为 $s_y \times s_y$ 的滤波器，所以我们的输入碎片大小为 $s_y \times s_y$，其特征表示 $\boldsymbol{y}$ 有 $m_y$ 个维度。

　　然后将每个 LR 碎片 $\boldsymbol{y}$ 送入具有 $k$ 个循环阶段的 LISTA 网络中，得到其稀疏码 $\boldsymbol{\alpha} \in \mathbb{R}^n$。LISTA 的每一个阶段都由两个线性层（参数为 $\boldsymbol{W} \in \mathbb{R}^{n \times m_y}$，$\boldsymbol{S} \in \mathbb{R}^{n \times n}$）和一个具有激活函数 $h_{\boldsymbol{\theta}}$ 的非线性神经元层组成。在训练过程中，激活阈值 $\boldsymbol{\theta} \in \mathbb{R}^n$ 也要更新，这使得学习算法变得复杂。为了限制线性层的所有可调参数，我们采用一个简单的技巧，将激活函数重写为

$$\left[ h_{\boldsymbol{\theta}}(\boldsymbol{a}) \right]_i = \operatorname{sign}(a_i)\theta_i \left( \left| a_i \right| / \theta_i - 1 \right)_+ = \theta_i h_1 \left( a_i / \theta_i \right) \tag{4.5}$$

公式（4.5）表示原有的阈值可调的神经元可以分解为两个线性缩放层和一个单位阈值神经元，如图 4.2（右上）所示。两个缩放层的权重分别是由 $\boldsymbol{\theta}$ 及其逐元素的倒数定义的对角矩阵。

　　然后将稀疏码 $\boldsymbol{\alpha}$ 与 HR 字典 $\boldsymbol{D}_x \in \mathbb{R}^{m_x \times n}$ 在下一个线性层中相乘,重建大小为 $s_x \times s_x = m_x$ 的 HR 碎片 $\boldsymbol{x}$。

　　在最后一层 $\boldsymbol{G}$ 中,所有恢复的碎片都被放回 HR 图像 $\boldsymbol{I}_x$ 的相应位置。这是通过一个空间大小为 $s_g \times s_g$ 的 $m_x$ 个通道的卷积滤波器实现的。大小 $s_g$ 由每个空间方向上与同一像素重叠的相邻碎片的数量决定。滤波器将为不同碎片的重叠恢复分配适当的权重,并取其加权平均值作为 $\boldsymbol{I}_x$ 的最终预测值。

　　如图 4.2(下)所示,经过一些简单的层连接重组后,上述网络有一些相邻的线性层可以合并成一个单层。这有助于减少网络中的计算负荷和冗余参数。$\boldsymbol{H}$ 层和 $\boldsymbol{G}$ 层没有合并,因为我们对碎片 $\boldsymbol{y}$ 和 $\boldsymbol{x}$ 应用了额外的非线性归一化操作,这将在 4.1.6 节中详细介绍。

　　因此,在我们的网络中共有 5 个可训练层:2 个卷积层 $\boldsymbol{H}$ 和 $\boldsymbol{G}$,3 个线性层在图 4.2 中显示为灰色框。$k$ 个循环层共享相同的权重,因此在概念上被视为一个层。需要注意的是,所有的线性层实际上都是以卷积层的形式实现的,应用在每个碎片上的滤波器空间大小为 $1 \times 1$,这种结构类似于网络中的网络[32]。还要注意的是,这些层都只有权重而没有偏置(零偏置)。

　　采用均方误差(MSE)作为训练网络的成本函数,我们的优化目标可以表示为

$$\min_{\boldsymbol{\Theta}} \sum_i \| \mathrm{SCN}(\boldsymbol{I}_y^{(i)}; \boldsymbol{\Theta}) - \boldsymbol{I}_x^{(i)} \|_2^2 \qquad (4.6)$$

其中 $\boldsymbol{I}_y^{(i)}$ 和 $\boldsymbol{I}_x^{(i)}$ 构成第 $i$ 对 LR/HR 训练数据,SCN($\boldsymbol{I}_y$; $\boldsymbol{\Theta}$)表示使用参数集为 $\boldsymbol{\Theta}$ 的 SCN 模型预测的 $\boldsymbol{I}_y$ 的 HR 图像。所有的参数都是通过标准的反向传播算法进行优化的。虽然可以使用比 MSE 更与人类视觉感知相关的其他成本项,但我们的实验结果表明,简单地将 MSE 最小化会导致主观质量的改善。

#### 4.1.3.4　与以往模型相比的优势

　　我们的 SCN 的构建完全按照基于稀疏编码的 SR 方法[6]的每一步进行。如果按照文献 [6] 中学习的字典来设置网络参数,可以重现几乎相同的结果。但是,经过训练后,SCN 学习到的回归函数比较复杂,不能再转换成等效的稀疏编码模型。SCN 的优势来自它能够从头到尾联合优化所有的层参数;而在文献 [6] 中,有些变量是手动设计的,有些变量则是通过固定所有其他变量来单独优化的。

　　从技术上讲,我们的网络也是一个 CNN,它与文献 [14] 中提出的用于碎片提取和重建的 CNN 模型具有相似的层。关键的区别在于,我们有一个专门设计的 LIS-TA 子网络用于执行稀疏表示的先验;而在文献 [14] 中,使用了一个通用的 ReLU[33]来进行非线性映射。由于 SCN 是基于我们在稀疏编码方面的领域知识设计的,因此能够获得更好的滤波器响应解释,在训练中也有更好的方法来初始化滤波器参数。我们将在实验中看到,这些都有助于获得更好的 SR 结果、更快的训练速度和比普通 CNN 更小的模型规模。

### 4.1.4　用于可扩展 SR 的网络级联

在本节中，我们研究了两种不同的网络级联技术，以便在 SR 应用中充分利用 SCN 模型。

#### 4.1.4.1　用于固定缩放系数的 SR 的网络级联

首先，我们观察到，在式（4.6）中，通过级联为同一目标训练的多个 SCN 可以进一步提高 SR 结果，这是受文献［17］中多通道方案的启发。训练这些 SCN 的唯一区别是用其最新的 HR 估计值替换双三次插值输入，而目标输出保持不变。

第一个 SCN 作为一个函数逼近器来模拟从双三次插值上扩图像到实际真值图像的非线性映射。下面的 SCN 作为另一个函数逼近器，起点改为更好的估计：前一个 SCN 的输出。

换句话说，SCN 的级联作为一个整体，可以被看作一个新的深度网络，具有更强的学习能力。它能够更好地逼近 LR 输入到 HR 对应的映射，这些 SCN 可以联合训练，以追求更好的 SR 性能。

#### 4.1.4.2　用于可扩展 SR 的网络级联

与大多数从外部训练实例中学习的 SR 模型一样，前面讨论的 SCN 只能对图像进行固定系数的上扩。需要为每个缩放因子单独训练一个模型，以达到最佳性能，这限制了实际使用中的灵活性和可扩展性。克服这一困难的一种方法是将图像按固定比例反复放大，直到得到的 HR 图像达到所需的大小。这种做法在基于自相似性的方法中被普遍采用[9-10,12]，但在其他情况下，由于担心重复放大过程中的误差积累，这种做法不太受欢迎。

然而，在我们的案例中可观察到，为小缩放因子训练的 SCN 的级联可以产生比为大缩放因子训练的单个 SCN 更好的 SR 结果，特别是当目标缩放因子很大（大于 2）时。图 4.3 中的例子就说明了这一点。这里，一张输入图像以两种方式放大 4 倍：用单个 SCN×4 模型，通过处理流程 a-b-d；用两个 SCN×2 模型级联，通过处理流程 a-c-e。可以看出，图 4.3c 中第二个级联 SCN×2 的输入已经比 b 中单 SCN×4 的双三次插值输入更清晰，包含的伪影更少，这自然导致 e 中的最终结果比 d 中的更好。

为了更好地理解上述观察结果，我们可以将 SR 过程与通信系统做一个松散的类比。双三次插值就像一个噪声通道，图像通过它从 LR 域"传输"到 HR 域。而我们的 SCN 模型（或任何 SR 算法）就像一个接收器，它从嘈杂的观测值中恢复干净的信号。SCN 的级联就像一组中继站，在信号变得太弱而无法进一步传输之前增强信噪比。因此，只有当每个 SCN 能够恢复足够的有用信息，以补偿它所引入的新伪影和前一阶段放大的伪影时，级联才会发挥作用。

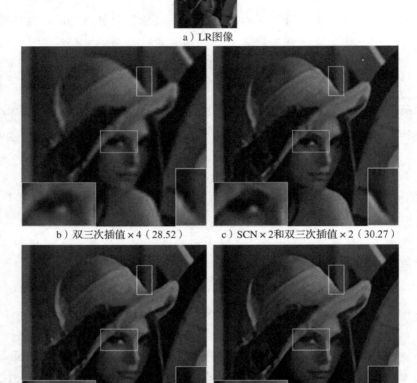

a）LR图像

b）双三次插值×4（28.52）　　c）SCN×2和双三次插值×2（30.27）

d）SCN×4（30.22）　　e）SCN×2和SCN×2（30.27）

图 4.3　Lena 图像放大 4 倍的 SR 结果。a-b-d 表示单个 SCN×4 模型的处理流程。a-c-e
表示两个级联 SCN×2 模型的处理流程。PSNR 在括号中给出

### 4.1.4.3　用于网络的训练级联

考虑上述两种级联技术，我们可以将所有 SCN 的级联视为一个深度网络
（CSCN），在这个网络中，同一实际真值的连续 SCN 的最终输出与下一个 SCN 的输
入之间用双三次插值连接。为了构建级联，除了将几个 SCN 分别就式（4.6）进行训
练堆叠外，我们还可以将所有 SCN 联合优化，如图 4.4 所示。在不失通用性的前提
下，我们假设在 4.1.4.2 节中的每个阶段都有相同的缩放因子 $s$。令 $\hat{I}_{j,k}(j>0,k>0)$
表示第 $k$ 个阶段的第 $j$ 个 SCN 的输出图像，总共放大了 $s^k$ 倍。在同一阶段，根据
MSE 成本，将 SCN 的每个输出与相关的实际真值图像 $I_k$ 进行比较，从而得到一个多
尺度目标函数：

$$\min_{\{\Theta_{j,k}\}} \sum_i \sum_j \sum_k \| \text{SCN}(\hat{I}_{j-1,k}^{(i)}; \Theta_{j,k}) - I_k^{(i)} \|_2^2 \tag{4.7}$$

其中 $i$ 表示数据索引，$j$ 和 $k$ 表示 SCN 索引。为简化记号，$\hat{\mathbf{I}}_{0,k}$ 表示在第 $k-1$ 阶段最终输出的双三次插值图像，共上扩 $s^{k-1}$ 倍。这种多尺度的目标函数充分利用了所有尺度的监督信息，与异质网络[34] 有着相似的思想。式（4.7）中的所有层参数 $\{\boldsymbol{\Theta}_{j,k}\}$ 都可以通过反向传播进行端到端优化。共享相同训练目标的 SCN 可以同时进行训练，发挥深度学习的优点。对于训练目标不同的 SCN，我们这里采用贪婪算法，从级联开始依次训练，这样就不需要关心双三次层的梯度。在未来的工作中会考虑通过双三次层或其可训练的代用层应用反向传播。

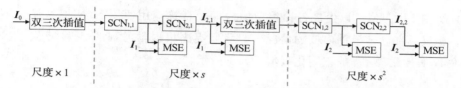

图 4.4　具有多尺度目标的 SCN 训练层级

### 4.1.5　真实场景下的鲁棒 SR

最近的大多数 SR 工作通过使用双三次插值对 HR 图像进行下缩生成 LR 图像，用于训练和测试[6,21]。然而，前向模型的这种假设在实践中可能并不总是成立。例如，真实的 LR 测量结果通常是模糊的，或者被噪声破坏。有时，LR 的生成机制可能很复杂，甚至未知。我们现在研究一个实际的 SR 问题，并使用通用 SCN，提出两种方法来处理这种非理想的 LR 测量。如果真实 LR 生成的底层机制未知或很复杂，我们提出了一种数据驱动的方法，通过有限数量的真实 LR 测量及其对应的 HR 来微调学习的通用 SCN。另一方面，如果真实的训练样本不可用，但 LR 的生成机制是清晰的，那么我们将这个反问题表述为正则化的 HR 图像重建问题，可以使用迭代方法解决。所提出的方法证明了我们的 SCN 模型在不同 SR 场景下的鲁棒性。在下文中，我们将详细阐述这两种方法的细节。

#### 4.1.5.1　通过微调实现数据驱动的 SR

深度学习模型可以通过重用原始神经网络中的中间表示，有效地从一个任务转移到另一个任务[35]。这种方法已经在一些高级视觉任务上被证明是成功的，即使新任务中的训练数据量有限[36]。

超分辨率算法的成功通常高度依赖于成像过程模型的准确性。当 LR 图像生成的底层机制未知时，我们可以利用深度学习模型的上述优点，以数据驱动的方式学习模型，使其适应特定的任务。具体来说，我们从通用的 SCN 模型开始训练，同时使用非常有限的新 SR 场景的训练数据，并设法使其适应新的 SR 场景，这种方式获得了可喜的结果。由此证明了 SCN 具有很强的学习非理想 LR 测量值与 HR 对应值之间复杂映射的能力，以及适应各种 SR 任务的高度灵活性。

### 4.1.5.2 正则化的迭代 SR

第二种方法考虑的情况是，真实 LR 图像的生成机制相对简单明了，说明如果我们用已知的退化过程合成 LR 图像，训练数据总是可用的。我们提出了一个迭代的 SR 方案，该方案结合了通用的 SCN 模型，并基于任务相关的先验（例如，去模糊的已知内核，或去噪的数据稀疏度）进行额外的正则化。在本节中，我们将处理模糊和噪声 LR 测量的细节作为例子，尽管迭代 SR 方法可以推广到其他实际的成像模型。

模糊图像上扩

真实的 LR 图像可以生成各种类型的模糊。直接应用通用 SCN 模型显然不是最优的。相反，在已知模糊内核的情况下，我们提出根据学习到的 SCN 直接上扩图像 $\widetilde{\boldsymbol{I}}_x$ 以估计 HR 图像 $\hat{\boldsymbol{I}}_x$ 的正则化版本，如下所示：

$$\hat{\boldsymbol{I}}_x = \arg \min_{\boldsymbol{I}} \| \boldsymbol{I} - \widetilde{\boldsymbol{I}}_x \|_2, \quad \text{s.t.} \, D \cdot B \cdot \boldsymbol{I} = \boldsymbol{I}_y^0 \tag{4.8}$$

其中 $\boldsymbol{I}_y^0$ 为原始模糊 LR 输入，运算符 $B$ 和 $D$ 分别为模糊和子采样。与之前的工作[6]类似，我们使用反向投影来迭代估计正则化 HR 输入，我们的模型可以在其上表现得更好。具体来说，在迭代 $i-1$ 处给定正则化估计值 $\hat{\boldsymbol{I}}_x^{i-1}$，我们通过使用双三次插值进行子采样来估计一个不太模糊的 LR 图像 $\boldsymbol{I}_y^{i-1}$。由学习到的 SCN 进行上扩 $\widetilde{\boldsymbol{I}}_x^i$，作为第 $i$ 次迭代的正则器，具体如下：

$$\hat{\boldsymbol{I}}_x^i = \arg \min_{\boldsymbol{I}} \| \boldsymbol{I} - \widetilde{\boldsymbol{I}}_x^i \|_2^2 + \| D \cdot B \cdot \boldsymbol{I} - \boldsymbol{I}_y^0 \|_2^2 \tag{4.9}$$

在这里，我们使用惩罚方法来形成一个无约束问题。上扩后的 HR 图像 $\widetilde{\boldsymbol{I}}_x^i$ 可以计算为 SCN $(\boldsymbol{I}_y^{i-1}, \boldsymbol{\Theta})$。重复同样的过程直到收敛。作为样例，我们已将所提出的迭代方案应用于由高斯模糊和子采样生成的 LR 图像。经验性能在 4.1.7 节中进行了说明。

带噪声的图像上扩

噪声是图像采集中无处不在的导致损坏的原因。最先进的图像去噪方法通常采用碎片相似度[37]、碎片稀疏度[38,17]或二者兼而有之[39]等先验值作为图像恢复中的正则器。在本节中，我们提出了一种正则化的噪声图像上扩方案，用于专门处理噪声 LR 图像，以获得改进的 SR 质量。虽然在我们提出的方案中，任何去噪算法都可以使用，但这里我们应用空间相似性结合变换域图像碎片的群稀疏性作为正则器[39]，形成正则化迭代 SR 问题作为样例。

类似于 4.1.5.2 节中的方法，我们从去噪 LR 图像中迭代估计噪声较小的 HR 图像。在迭代 $i-1$ 处给定去噪 LR 估计值 $\hat{\boldsymbol{I}}_y^{i-1}$，我们使用学习到的通用 SCN 直接对其进行上扩，得到 HR 图像 $\hat{\boldsymbol{I}}_x^{i-1}$。然后使用双三次插值对其进行子采样，生成 LR 图像 $\widetilde{\boldsymbol{I}}_y^i$，该图像用于 LR 图像去噪的第 $i$ 次迭代中的保真项。重复同样的过程直到收敛。迭代 LR 图像去噪问题的公式如下：

$$\{\hat{\boldsymbol{I}}_y^i, \{\hat{\boldsymbol{\alpha}}_i\}\} = \arg\min_{\boldsymbol{I},\{\boldsymbol{\alpha}_i\}} \| \boldsymbol{I} - \tilde{\boldsymbol{I}}_y^i \|_2^2 + \sum_{j=1}^{N} \{ \| W_{3D} G_j \boldsymbol{I} - \boldsymbol{\alpha}_j \|_2^2 + \tau \| \boldsymbol{\alpha}_j \|_0 \} \quad (4.10)$$

其中，算子 $G_j$ 产生三维向量化张量，它将 LR 图像 $\boldsymbol{I}$ 中的第 $j$ 个重叠碎片与其邻域内的空间相似碎片通过块匹配进行分组[39]。在三维稀疏化变换 $W_{3D}$ 的域中，碎片组的代码是稀疏的，这是由 $\ell_0$ 范数惩罚来强制执行的[40]。权重 $\tau$ 控制了稀疏度水平，通常取决于 $\tilde{\boldsymbol{I}}_y^i$ 中剩余的噪声水平[40-41]。

在式（4.10）中，我们使用碎片群稀疏性作为去噪正则器。三维稀疏变换 $W_{3D}$ 是常用的分析变换之一，如离散余弦变换（DCT）或小波。最先进的 BM3D 去噪算法[39]就是基于这样的方法，但通过更复杂的工程阶段进一步改进。为了达到最佳的实用 SR 质量，我们在 4.1.7 节演示了使用 BM3D 作为正则器的经验性能比较。此外，我们提出的迭代方法是一个通用的实用 SR 框架，不是专门针对 SCN 的。可以方便地将其扩展到其他 SR 方法，这些方法在第 $i$ 次迭代中生成 $\tilde{\boldsymbol{I}}_y^i$。这些方法的性能比较在 4.1.7 节中给出。

### 4.1.6　实现细节

我们主要根据稀疏编码[7]中使用的相应设置来确定 SCN 每层的节点数。除非另有说明，我们使用输入 LR 碎片大小 $s_y = 9$，LR 特征维度 $m_y = 100$，字典大小 $n = 128$，输出 HR 碎片大小 $s_x = 5$，碎片聚合滤波器大小 $s_g = 5$。所有卷积层的步幅都是 1，每个 LR 碎片 $y$ 通过其均值和方差进行归一化处理，同样的均值和方差用于还原最终的 HR 碎片 $x$，我们从每张图像中裁剪 $56 \times 56$ 个区域，获得固定大小的输入样本到网络中，产生大小为 $44 \times 44$ 的输出。

为了减少参数的数量，我们将 LR 碎片提取层 $\boldsymbol{H}$ 实现为两层的组合：第一层有 4 个可训练的滤波器，每个滤波器由第二层移到 25 个固定位置。同样，碎片组合层 $\boldsymbol{G}$ 也分为固定层和可训练层，固定层用于对齐重叠碎片中的像素，可训练层的权重用于组合重叠的像素。这样一来，这两层的参数数量减少了一个数量级，而且在性能上没有明显的损失。

我们采用标准的随机梯度下降算法来训练网络，迷你批大小为 64。基于对各层在稀疏编码中的作用的理解，我们使用类似哈尔的梯度滤波器来初始化层 $\boldsymbol{H}$，并使用均匀权重来初始化层 $\boldsymbol{G}$，其余三个线性层都与稀疏编码中的字典对 $(\boldsymbol{D}_x, \boldsymbol{D}_y)$ 有关。为了初始化它们，我们首先用高斯噪声随机设置 $\boldsymbol{D}_x$ 和 $\boldsymbol{D}_y$，然后按照 ISTA[30] 的方法找到相应的层权重：

$$w_1 = C \cdot \boldsymbol{D}_y^{\mathrm{T}}$$
$$w_2 = \boldsymbol{I} - \boldsymbol{D}_y^{\mathrm{T}} \boldsymbol{D}_y$$
$$w_3 = \frac{1}{CL} \boldsymbol{D}_x \quad (4.11)$$

其中，$w_1$、$w_2$、$w_3$ 表示 $H$ 层之后三层的权重，$L$ 为 $D^T yD_y$ 最大特征值的上界，$C$ 为归一化前的阈值。我们根据经验设定 $L=C=5$。

所提出的模型都是使用 CUDA ConvNet 包[11] 在一个配备 12 个 Intel Xeon 2.67GHz CPU 和 1 个 GTX680 GPU 的工作站上进行训练的。训练一个 SCN 通常需要不到一天的时间。需要注意的是，这个包是为分类网络定制的，其效率可以针对我们的 SCN 模型进一步优化。

在测试中，为了使输出样本覆盖整个图像，我们对输入样本进行重叠裁剪，并通过反射扩展原始图像的边界。需要注意的是，为了保证比较的公平性，我们按照文献［14］的方法进行了去除图像边框的处理，以保证客观评价。我们的方法只对亮度通道进行处理，对色度通道采用双三次插值，因为它们的高频成分对人眼来说不太明显。为了使用 CSCN 实现任意缩放因子，我们将一幅图像反复放大 2 倍，直到它至少与所需尺寸一样大。然后，如果需要的话，使用双三次插值将其降级到目标分辨率。

在 4.1.7.2 节报告最佳结果时，我们也使用了图像分类中常用的多视角测试策略。对于基于碎片的图像 SR，当多个重叠碎片的预测结果被平均时，多视角测试被隐含使用。在这里，除了对重叠的碎片进行采样外，我们还通过对碎片进行翻转和转置来增加更多的视角。这样的策略可以提高一般算法的 SR 性能，但计算成本却很高。

### 4.1.7 实验

我们使用与文献［21］相同的数据和协议来评价和比较模型的性能，这些数据和协议在 SR 文献中被普遍采用。所有的模型都是从一个包含 91 张图像的训练集中学习的，并在 Set5[42]、Set14[43] 和 BSD100[44] 上进行测试，这三个数据集分别包含 5 张、14 张和 100 张图像。我们还在其他不同的更大数据集上进行了训练，并观察到边际性能变化（约 0.1dB）。原始图像通过双三次插值缩小尺寸，生成 LR-HR 图像对，用于训练和评价。训练数据经过了平移、旋转和缩放的增强。

#### 4.1.7.1 算法分析

我们首先在图 4.5 中可视化第一层 $H$ 中学习的四个滤波器。滤波器模式与初始的一阶和二阶梯度算子变化不大。一些额外的小系数以高度结构化的形式引入，可以捕捉更丰富的高频细节。

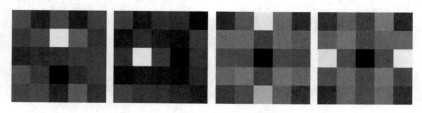

图 4.5　第一层 $H$ 中的四个学习滤波器

图 4.6 中，在 Set5 上测量了几个网络在训练期间的性能。我们的 SCN 比稀疏编码（SC）[7]有明显的改进，因为它能更有效地利用数据进行端到端训练。根据式（4.11）初始化的 SCN 比随机初始化的同一模型收敛得更快、更好，这说明对基于稀疏编码的 SCN 的理解可以帮助其优化。我们还训练了一个与 SCN 大小相同的 CNN 模型[14]，但发现其收敛速度要慢很多。根据文献 [14]，训练一个 CNN 需要 $8 \times 10^8$ 次反向传播（这里相当于 $12.5 \times 10^6$ 个迷你批）。为了达到与 CNN 相同的性能，我们的 SCN 只需要不到 $1\%$ 的反向传播。

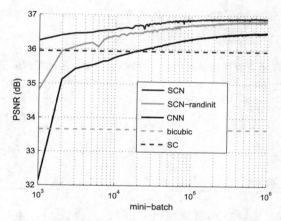

图 4.6  使用不同方法训练时 Set5 上 ×2 SR 的 PSNR 变化：SCN；随机初始化的 SCN；
CNN。水平虚线显示了双三次插值和稀疏编码（SC）的基准

SCN 的网络大小主要由字典大小 $n$ 决定，除了默认值 $n=128$ 外，我们还尝试了其他大小，并在图 4.7 中绘制了它们与网络参数数量的性能关系图。如表 4.1 所示，随着 $n$ 从 128 降到 64，SCN 的 PSNR 并没有下降太多，但模型大小和计算时间可以明显减少。图 4.7 也显示了不同大小的 CNN 的性能。最小的 SCN 在只使用 $20\%$ 左右参数的情况下，可以达到比文献 [45] 中最大模型（CNN-L）更高的 PSNR。

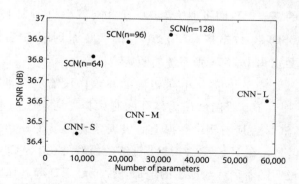

图 4.7  不同网络大小中使用 SCN 和 CNN 在 Set5 上 ×2 SR 的 PSNR

表 4.1　SCN 使用不同的字典大小 $n$ 将 "baby" 图像从 256 × 256 升级到 512 × 512 所需的时间

| $n$ | 64 | 96 | 128 | 256 | 512 |
|---|---|---|---|---|---|
| 时间（s） | 0.159 | 0.192 | 0.230 | 0.445 | 1.214 |

我们对 SCN 进行了不同数量的循环阶段 $k$ 的测试，发现将 $k$ 从 1 增加到 3 只能提高不到 0.1dB 的性能。作为速度和精度之间的权衡，我们在整个章节中使用 $k=1$。

在表 4.2 中，比较了 4.1.4.2 节中可扩展 SR 的级联的不同网络结构（每行中）在不同的缩放因子（每列）下的情况。SCN×$a$ 表示在没有任何级联技术的情况下，用固定的缩放因子 $a$ 训练的模型。对于固定的 $a$，我们将 SCN×$a$ 作为基本模块，并将其应用于不同上扩系数的图像超分辨率。

表 4.2　Set5 上不同网络级联方案的 PSNR，按每列不同缩放因子进行评价

| 缩放因子 | ×1.5 | ×2 | ×3 | ×4 |
|---|---|---|---|---|
| SCN×1.5 | 40.14 | 36.41 | 30.33 | 29.02 |
| SCN×2 | **40.15** | **36.93** | 32.99 | 30.70 |
| SCN×3 | 39.88 | 36.76 | 32.87 | 30.63 |
| SCN×4 | 39.69 | 36.54 | 32.76 | 30.55 |
| CSCN | **40.15** | **36.93** | **33.10** | **30.86** |

可以看出，SCN×2 对于小缩放因子（1.5）的性能与特定尺度模型一样好，对于大缩放因子（3 和 4）的性能要好得多。需要注意的是，SCN×1.5 的级联并不能带来很好的结果，因为通过多次重复的上扩，伪影很快就会被放大。因此，我们使用 SCN×2 作为 CSCN 的默认构件，在没有歧义的情况下，放弃×2 的记号。表 4.2 的最后一行显示，使用式（4.7）中的多尺度目标训练的 CSCN 可以进一步提高缩放因子 3 和 4 的 SR 结果，因为级联中的第二个 SCN 被训练成对第一个 SCN 产生的伪影具有鲁棒性。

如文献［45］所示，训练数据量在深度学习领域起着重要作用。为了评价不同数据量对训练 CSCN 的影响，我们将训练集从一个相对较小的 91 张图像集（Set91）[21] 改为另外两个集：BSD500 数据集（BSD200）的 200 张训练图像中的 199 张[44]⊖，以及 ILSVRC2013 数据集中 7500 张图像的子集[71]。

在每个数据集上训练一个完全相同架构的模型，没有任何级联，另外从 ILSVRC2013 数据集中加入 100 张图像作为额外的测试集。从表 4.3 中可以观察到，在 BSD200 上训练的 CSCN 在所有测试数据上的表现始终优于在 Set91 上训练的同类模型，约为 0.1dB。但是，在 ILSVRC2013 上训练的模型与在 BSD200 上训练的模型的性能略有不同，这说明随着训练数据量的增加，性能趋于饱和。ILSVRC2013 中图像

---

⊖　由于 200 张训练图像中有一张与 Set5 中的一张图像重合，我们将其从训练集中排除。

质量较差，可能是进一步提高性能的障碍。因此，我们的方法对训练数据是鲁棒的，并且可以从更大的训练图像集中略微受益。

表 4.3　不同训练集对单视角 SCN 上扩 ×2 的 PSNR 的影响

| 训练集 | 测试集 | | | |
|---|---|---|---|---|
| | Set5 | Set14 | BSD100 | ILSVRC（100） |
| Set91 | 36.93 | 32.56 | 31.40 | 32.13 |
| BSD200 | **36.97** | **32.69** | **31.55** | 32.27 |
| ILSVRC（7.5k） | 36.84 | 32.67 | 31.51 | **32.31** |

### 4.1.7.2　与最新技术的比较

我们将提出的 CSCN 与其他最近的 SR 方法在 Set5、Set14 和 BSD100 的所有图像上对不同的缩放因子进行比较。表 4.4 显示了调整后的锚定邻域回归（A+）[25]、CNN[14]、用更大的模型大小和更多的数据训练的 CNN（CNN-L）[45]、提出的 CSCN 和我们的多视角测试（CSCN-MV）的 PSNR 和结构相似度（SSIM）[46]。我们没有列出其他性能比 A+ 或 CNN-L 差的方法[7,21,43,47,24]。

表 4.4　不同方法对三个试验数据集的 PSNR（SSIM）比较。最后一行显示了我们最好的模型相对于其他所有最好的模型的性能增益

| 数据集 | Set5 | | | Set14 | | | BSD100 | | |
|---|---|---|---|---|---|---|---|---|---|
| 上扩 | ×2 | ×3 | ×4 | ×2 | ×3 | ×4 | ×2 | ×3 | ×4 |
| A+[25] | 36.55 | 32.59 | 30.29 | 32.28 | 29.13 | 27.33 | 30.78 | 28.18 | 26.77 |
| | (0.9544) | (0.9088) | (0.8603) | (0.9056) | (0.8188) | (0.7491) | (0.8773) | (0.7808) | (0.7085) |
| CNN[14] | 36.34 | 32.39 | 30.09 | 32.18 | 29.00 | 27.20 | 31.11 | 28.20 | 26.70 |
| | (0.9521) | (0.9033) | (0.8530) | (0.9039) | (0.8145) | (0.7413) | (0.8835) | (0.7794) | (0.7018) |
| CNN-L[45] | 36.66 | 32.75 | 30.49 | 32.45 | 29.30 | 27.50 | 31.36 | 28.41 | 26.90 |
| | (0.9542) | (0.9090) | (0.8628) | (0.9067) | (0.8215) | (0.7513) | (0.8879) | (0.7863) | (0.7103) |
| CSCN | 37.00 | 33.18 | 30.94 | 32.65 | 29.41 | 27.71 | 31.46 | 28.52 | 27.06 |
| | (0.9557) | (0.9153) | (0.8755) | (0.9081) | (0.8234) | (0.7592) | (0.8891) | (0.7883) | (0.7167) |
| CSCN-MV | 37.21 | 33.34 | 31.14 | 32.80 | 29.57 | 27.81 | 31.60 | 28.60 | 27.14 |
| | (0.9571) | (0.9173) | (0.8789) | (0.9101) | (0.8263) | (0.7619) | (0.8915) | (0.7905) | (0.7191) |
| 我们的模型的增益 | 0.55 | 0.59 | 0.65 | 0.35 | 0.27 | 0.31 | 0.24 | 0.19 | 0.24 |
| | (0.0029) | (0.0083) | (0.0161) | (0.0034) | (0.0048) | (0.0106) | (0.0036) | (0.0042) | (0.0088) |

从表 4.4 可以看出，CSCN 在 PSNR 和 SSIM 方面的表现始终优于前面所有方法，而且在多视角测试下，结果还可以进一步提高。CNN-L 通过增加模型参数和训练数据，比 CNN 有所提高。但是，它仍然不如 CSCN，因为 CSCN 的训练规模更小，数据集更小。显然，CSCN 较好的模型结构使其在提高性能时对模型容量和训练数据的依赖性较小。由于级联结构，我们的模型一般在大的缩放因子上更有优势。在 Set5 上可观察到比其他两个测试集更大的性能提升，因为 Set5 与训练集有更多相似的统

计数据。

　　图 4.8 比较了稀疏编码（SC）[7]、CNN 和 CSCN 生成的 SR 结果的视觉质量。我们的方法产生的图像模式具有更锐利的边界和更丰富的纹理，并且没有其他两种方法中可观察到的环形伪影。

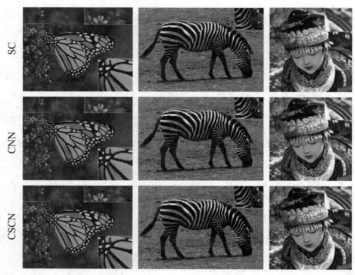

图 4.8　SC[7]（第一行）、CNN[14]（第二行）和我们的 CSCN（第三行）给出的 SR 结果。图像从左到右：“王蝶”图像上扩×3，“斑马”图像上扩×3，“漫画”图像上扩×3

　　图 4.9 显示了“芯片”图像的 SR 结果，比较了更多的方法，包括基于自相似的方法（SE）[10] 和深度网络级联（DNC）[12]。SE 和 DNC 可以在该图像上生成非常锐利的边缘，但由于缺乏自相似的斑点，也会在角落和精细结构上引入伪影和模糊。相反，CSCN 方法可以恢复字符的所有结构，不会产生任何失真。

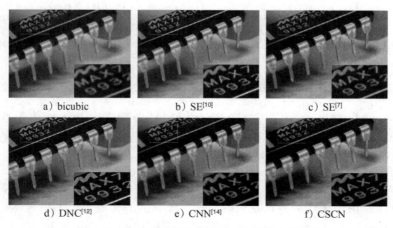

图 4.9　采用不同方法将“芯片”图像上扩×4

### 4.1.7.3　真实 SR 场景的鲁棒性

我们在 4.1.5 节评价了所提出的实用 SR 方法的性能，提供了上述两种方法的几个实验的经验结果。

**通过微调实现数据驱动的 SR**

4.1.5.1 节中提出的方法是数据驱动的，因此通用 SCN 很容易适应特定的任务，只需少量的训练样本。我们展示了该方法在放大低 DPI 重噪扫描文档图像的应用中的性能。首先，我们通过扫描 150DPI 和 300DPI 两种设置下的文档，获得几对 LR 和 HR 图像。然后，我们只使用一对扫描图像进行几次迭代，对通用 CSCN 模型进行微调。图 4.10 说明了 150DPI 扫描图像的上扩图像的可视化。由图 4.10 中的 SR 结果可知，适配前的 CSCN 对 LR 测量的损坏非常敏感，因此图 b 中的放大文本比最近邻的上扩图像（a）中的损坏要严重得多。然而，调整后的 CSCN 模型几乎去除了所有的伪影，可以恢复 c 中清晰的文本，在在线扫描图书的质量提升和遗留文档的修复等实际应用中具有广阔的前景。

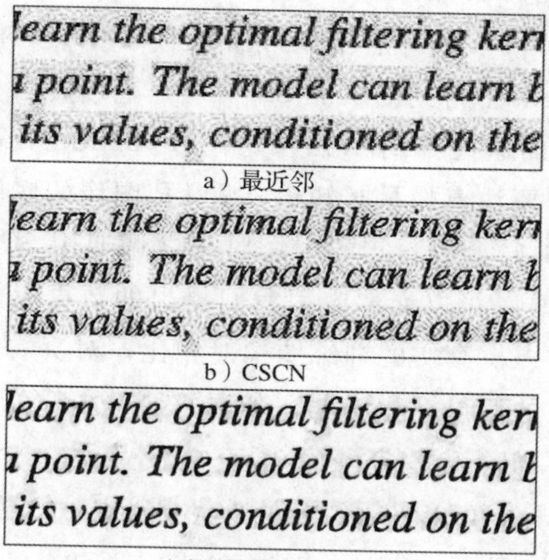

a）最近邻

b）CSCN

c）调整后的CSCN

图 4.10　低 DPI 扫描文档使用不同方法上扩×4

**正则化迭代 SR**

现在我们展示对模糊和有噪声的 LR 图像应用实用的 SR 后的实验结果，使用 4.1.5.2 节中提出的正则化迭代方法。我们首先考虑 4.1.5.2 节中提出的方法在模糊图像上的 SR 性能，与其他几种最近的方法[48-50]进行比较，使用相同的测试图像和设置。所有这些方法都是为模糊的 LR 输入而设计的，而我们的模型是在锐利的 LR 输入上训练的。如表 4.5 所示，我们的模型取得了比其他模型更好的结果。注意，我们的模型的速度也比传统的基于稀疏编码的方法快很多。

表 4.5 不同模糊核的 LR 图像上扩 ×3 的 PSNR

| 模糊核 | 高斯 $\sigma = 1.0$ | | | 高斯 $\sigma = 1.6$ | | |
|---|---|---|---|---|---|---|
| 方法 | CSR[48] | NLM[49] | SCN | CSR[48] | GSC[50] | SCN |
| Butterfly | 27.87 | 26.93 | **28.70** | 28.19 | 25.48 | **29.03** |
| Parrots | 30.17 | 29.93 | **30.75** | 30.68 | 29.20 | **30.83** |
| Parthenon | 26.89 | — | **27.06** | 27.23 | 26.44 | **27.40** |
| Bike | 24.41 | 24.38 | **24.81** | 24.72 | 23.78 | **25.11** |
| Flower | 29.14 | 28.86 | **29.50** | 29.54 | 28.30 | **29.78** |
| Girl | **33.59** | 33.44 | 33.57 | **33.68** | 33.13 | 33.65 |
| Hat | 31.09 | 30.81 | **31.32** | 31.33 | 30.29 | **31.62** |
| Leaves | 26.99 | 26.47 | **27.45** | 27.60 | 24.78 | **27.87** |
| Plants | 33.92 | 33.27 | **34.35** | 34.00 | 32.33 | **34.53** |
| Raccoon | **29.09** | — | 28.99 | **29.29** | 28.81 | 29.16 |
| 平均值 | 29.32 | 29.26 | **29.65** | 29.63 | 28.25 | **29.90** |

为了测试对有噪声的 LR 图像进行上扩的性能,我们对 LR 输入图像在 4 个不同的噪声水平 ($\sigma = 5, 10, 15, 20$) 下模拟附加高斯噪声作为有噪声的输入图像。我们比较了以下算法在 Set5 中得到的实际 SR 结果:直接使用 SCN,我们提出的使用 BM3D 作为去噪正则器的迭代 SCN 方法 (迭代 BM3D-SCN),以及使用额外的噪声训练对的微调 SCN。需要注意的是,知道真实 LR 图像的底层损坏模型 (如噪声分布或模糊核),就可以随时合成真实的训练对来微调通用 SCN。换句话说,一旦迭代 SR 方法是可行的,总是可以交替应用我们提出的数据驱动方法进行 SR。然而,反之则不然。因此,与提供真实的训练图像对相比,对真实测量的损坏模型的了解可以被认为是一个更强的假设。相应地,当这两种方法都可以应用时,对这两种方法的 SR 性能进行了评价。我们还提供了直接使用另一个通用 SR 模型 (CNN-L[45]) 的方法,以及涉及 CNN-L 的类似迭代 SR 方法 (迭代 BM3D-CNN-L) 的结果。

实际的 SR 结果列在表 4.6 中。可以看到,使用我们提出的正则化迭代 SR 方法在所有噪声水平上都提高了 PSNR。提出的迭代 BM3D-SCN 比直接使用 SCN 的方法实现了更高的 PSNR。随着噪声水平的增加,迭代 BM3D-SCN 和直接使用 SCN 之间的性能差距 (在 SR PSNR 方面) 变得更大。比较迭代 BM3D-CNN-L 和直接使用 CNN-L 时,也可以得到类似的观察结果。与微调 SCN 的方法相比,迭代 BM3D-SCN 方法表现出更好的经验性能,平均提高了 0.3dB。迭代 BM3DCNN-L 方法提供的结果与迭代 BM3D-SCN 方法相当,说明我们提出的正则化迭代 SCN 方案很容易扩展到其他 SR 方法中,能够有效地处理有噪声的 LR 测量。

表 4.6　在 Set5 中直接使用 SCN、直接使用 CNN-L、对新的噪声训练数据进行微调后的 SCN、BM3D 和 SCN 的迭代方法、BM3D 和 CNN-L 的迭代方法对 Set5 中有噪声 LR 图像进行上扩的 PSNR 值

| $\sigma$ | 5 | 10 | 15 | 20 |
|---|---|---|---|---|
| 直接使用 SCN | 30.23 | 25.11 | 21.81 | 19.45 |
| 直接使用 CNN-L | 30.47 | 25.32 | 21.91 | 19.46 |
| 微调 SCN | 33.03 | 31.00 | 29.46 | 28.44 |
| 迭代 BM3D-SCN | **33.51** | **31.22** | **29.65** | **28.61** |
| 迭代 BM3D-CNN-L | 33.42 | 31.16 | 29.62 | 28.59 |

图 4.11 展示了使用上述方法对有噪声的 LR 图像进行上扩的例子。微调 SCN 和迭代 BM3D-SCN 都能显著抑制附加的噪声，而直接 SCN 的 SR 结果中却出现了许多由噪声引起的伪影。值得注意的是，微调 SCN 方法在恢复纹理方面表现较好，而迭代 BM3D-SCN 方法在光滑区域的表现较好。

　　　a）直接使用SCN，　　　　　b）微调SCN，　　　　　c）迭代BM3D-SCN，
　　　　PSNR=24.00dB　　　　　　PSNR=27.54dB　　　　　　PSNR=27.86dB

图 4.11　"building" 图像被 $\sigma=10$ 的加性高斯噪声破坏，之后用不同的方法上扩×2

### 4.1.8　主观评价

　　主观感知是除定量评价外，评价商用 SR 技术的一个重要指标。为了更全面地比较各种 SR 方法，量化主观感知，我们利用一个在线平台对几种方法[23]的 SR 结果进行主观评价，包括双三次插值、SC[7]、SE[10]、自样本回归（SER）[51]、CNN[14] 和 CSCN。请每位参与者对不同方法的 SR 结果进行多次配对比较。每对中显示的 SR 图像的 SR 方法是随机选择的。当实际真值 HR 图像可以作为参考时，也将其包括在内。对于每一对，参与者需要选择感知质量较好的那一个。我们的评价网页⊖快照如

---

⊖　参见 www.ifp.illinois.edu/~wang308/survey。

图 4.12 所示。

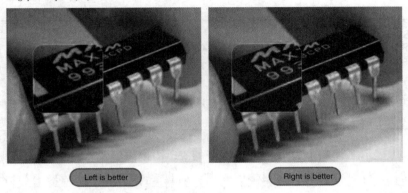

图 4.12    基于 Web 的图像质量评价的用户界面，其中两幅图像并排显示，通过在相应区
域上移动鼠标可以放大局部细节

具体来说，有 6 张不同缩放系数的图片的 SR 结果："kid"×4、"chip"×4、
"statue"×4、"lion"×3、"temple"×3 和 "train"×3。图像如图 4.13 所示。然
后将所有的视觉比较结果汇总成 7 种方法（包括实际真值图像）的 7×7 的获胜矩阵。
根据这些结果计算出 Bradley-Terry[52] 模型，并根据该模型估算出每种方法的主观得
分。在 Bradley-Terry 模型中，假设一个对象 $X$ 比 $Y$ 更受青睐的概率为

图 4.13    主观评价中使用的 6 幅图像

$$p(X > Y) = \frac{e^{s_X}}{e^{s_X} + e^{s_Y}} = \frac{1}{1 + e^{s_Y - s_X}} \tag{4.12}$$

其中 $s_X$ 和 $s_Y$ 是 $X$ 和 $Y$ 的主观得分，所有对象的得分 $s$ 可以通过最大化逐对比较观测
值的对数似然值来共同估计：

$$\max_{s} \sum_{i,j} w_{ij} \log\left(\frac{11}{1 + e^{s_j - s_i}}\right) \tag{4.13}$$

其中，$w_{ij}$ 是获胜矩阵 $\boldsymbol{W}$ 中第 $(i,j)$ 个元素，即方法 $i$ 优于方法 $j$ 的次数。我们采用
Newton-Raphson 方法求解式（4.13），并将真值方法的得分设为 1，以避免尺度的模

糊性。

　　现在我们描述一下详细的实验结果。共有 270 名参与者在 6 张不同缩放因子的图像上做了 720 组配对比较，如图 4.13 所示。虽然不是每个参与者都完成了所有的比较，但他们的部分反应仍然是有用的。

　　图 4.14 是 6 种 SR 方法的估价得分，其中真值的得分归一化为 1。正如所料，所有 SR 方法的得分都比真值低很多，这说明 SR 问题的挑战很大。

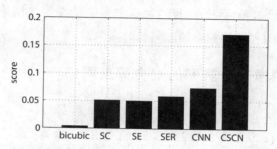

图 4.14　不同方法的主观 SR 质量分数，包括双三次、SC[7]、SE[10]、SER[51]、CNN[14] 和我们提出的 CSCN。真值结果得分为 1

　　双三次插值的效果明显差于其他 SR 方法。所提出的 CSCN 方法在很大程度上优于其他以往较好的方法，显示出其优越的视觉质量。需要注意的是，一些图像对之间的视觉差异是非常微妙的。尽管如此，人类受试者在看到并排的两幅图像时，还是能够感知到这种差异，从而做出一致的评分。CNN 模型在主观评价中的表现会比在 PSNR 比较中的表现差。这说明 CSCN 产生的图像外观具有视觉吸引力，这应该归功于稀疏表示的正则化，而这无法像 CNN 那样仅仅通过最小化重建误差就轻易学到。

### 4.1.9　结论和未来工作

　　我们结合稀疏表示和深度网络的优势，提出了一种新的图像 SR 方法，在数量和质量上比现有的深、浅 SR 模型有了很大的改进。除了产生出色的 SR 结果外，稀疏编码形式的领域知识还有利于训练速度和模型的紧凑性。此外，我们研究了固定和增量缩放因子的网络级联，以提高 SR 性能。此外，我们还讨论了处理非理想 LR 测量时对实际 SR 场景的鲁棒性。更一般而言，我们的观察与最近对 CNN 所做的其他扩展是一致的，这些扩展具有更好的领域知识，适用于不同的任务。

　　在未来的工作中，我们将把 SCN 模型应用到其他可使用稀疏编码的问题上。我们还将探索深度网络在低级和高级视觉任务中的交互作用，如文献 [53]。另一个有趣的探索方向是视频超分辨率[54]，即从低分辨率视频序列中推断出高分辨率视频序列的任务。这个问题最近在研究界和工业界都引起了越来越多的关注。从研究的角度来看，这个问题具有挑战性，因为视频信号在时间和空间两个维度上都有变化。同时，随着 HDTV 等高清显示器在市场上的盛行，人们越来越需要将低质量的视频序列转换为高清晰度，以便在高清显示器上播放时能够提供愉悦的视觉体验。

视频 SR 有两种关系：帧内空间关系和帧间时间关系。基于神经网络的模型已经成功证明了空间关系的强大建模能力。相较于帧内空间关系，帧间时间关系对于视频 SR 来说更为重要，因为对视觉系统的研究表明，人类的视觉系统对运动更为敏感[55]。因此，视频 SR 算法必须捕捉和模拟运动信息对视觉感知的影响。稀疏先验值已经被证明对视频 SR 有用[56]。我们将在未来尝试在深度网络模型中采用稀疏编码域知识，从而利用连续 LR 视频帧之间的时间关系。

## 4.2 学习单幅图像超分辨率的混合深度网络[⊖]

### 4.2.1 引言

单幅图像 SR 的主要困难在于退化过程中大量信息的丢失。由于 LR 图像中的已知变量通常大大超过 HR 图像中的已知变量，因此这个问题是一个高度不确定的问题。

文献中提出了大量的单幅图像 SR 方法，包括基于插值的方法[57]、基于边缘模型的方法[4]和基于样本的方法[58,9,6,21,45,24]。由于前两种方法通常会在大的上扩系数下出现修复性能的急剧下降，所以基于样本的方法最近引起了各界的极大关注。它通常借助稀疏表示法[6,23]、随机森林[26]等，以逐个碎片的方式学习 LR 图像到 HR 图像的映射。邻域嵌入法[58,21]和基于神经网络的方法[45]是该类方法的两个代表。

文献［58，42］中提出了邻域嵌入法，该方法基于 LR/HR 碎片对在低维非线性流形中具有相似的局部几何形状的假设，将 HR 碎片作为具有与 LR 特征空间中相同权重的局部邻域的加权平均值来估计。首先通过将每个 LR 碎片表示为本地邻域的加权平均值来获取编码系数，然后通过编码系数与相应的训练 HR 碎片相乘来估计 HR 对应的碎片。文献［21］利用锚定邻域回归（Anchored Neighborhood Regression，ANR）来改进邻域嵌入法，它将学习到的字典原子作为一组锚点，将特征空间分割成若干簇，然后为每个碎片簇学习一个回归器。已经证明，这种方法比文献［21］中全局回归的对应方法更优越。学习 SR 回归器混合的其他变体可以在文献［25，59，60］中找到。

近来，基于神经网络的模型由于其模型容量大，且采用端到端学习策略，摆脱了手工制作的特征，表现出对单幅图像 SR 的强大能力[12,45,61]。

---

在本节中，我们提出了一种通过学习混合神经网络实现单幅图像 SR 的方法，结合了邻域嵌入方法和基于神经网络的方法的优点。整个图像信号空间可以划分为若干个子空间，我们为每个子空间中的图像信号专门设计了一个 SR 模块，与通用模型相比，这种协同作用可以更好地捕捉 LR 图像信号与其对应 HR 的复杂关系。为了发挥基于神经网络方法的端到端学习策略的优势，我们选择神经网络作为 SR 推理模块，将这些模块纳入统一的网络中，并在网络中设计一个分支来预测每个 SR 模块中 HR 估计的像素级权重，然后再自适应地聚合形成最终的 HR 图像。

通过大量的实验，对不同的网络架构进行了系统的分析，重点分析了 SR 性能与各种网络架构之间的关系，展示了利用混合 SR 模型的好处。在大量的测试图像上，比较了我们提出的方法与目前流行的其他方法，其在模型设计选择上更加灵活的同时，实现了优越的性能。

本节内容组织如下。4.2.2 节对所提出的方法进行了详细的介绍和说明，4.2.3 节提供了实施细节。4.2.4 节描述了我们的实验结果，深入分析了不同的网络架构，并对我们的方法与当前其他 SR 方法的性能进行了定量和定性的比较。最后，4.2.5 节总结并讨论了未来的工作。更详细的工作可以在文献 [62] 中找到。

## 4.2.2　所提出的方法

在我们的方法中，LR 图像作为输入，有几个 SR 推理模块 $\{B_i\}_{i=1}^N$。其中的每一个模块 $B_i$ 都是专门用来推断某一类图像碎片，并应用在 LR 输入图像上以预测 HR 估计。我们还设计了一个自适应的权重模块 $T$，在像素级自适应地组合 SR 推理模块的 HR 估计值。当我们选择神经网络作为 SR 推理模块时，所有的组件都可以纳入统一的神经网络并联合学习。

最终估计的 HR 图像是由所有 SR 推理模块的估计值自适应聚合而成的。通过网络的多分支设计，超分辨率的性能比单分支有所提高，这将在 4.2.4 节中展示。我们的方法概述如图 4.15 所示。

下面详细介绍网络架构。

**SR 推理模块**。以 LR 图像为输入，每个 SR 推理模块都是为了更好地捕捉某一类 LR 图像信号与其对应 HR 的复杂关系，同时预测 HR 估计值。为了推理的准确性，我们选择文献 [61] 中最新的基于稀疏编码的网络（SCN）作为 SR 推理模块，该网络采用可学习迭代收缩和阈值算法（LISTA）将稀疏先验隐含在神经网络中，密切模仿基于稀疏编码的图像 SR 方法[7]。SCN 的架构如图 4.2 所示。需要注意的是，SR 推理模块的设计并不局限于 SCN，其他所有基于神经网络的 SR 模型（如 SRCNN[45]）也可以作为 SR 推理模块。$B_i$ 的输出作为对最终 HR 帧的估计。

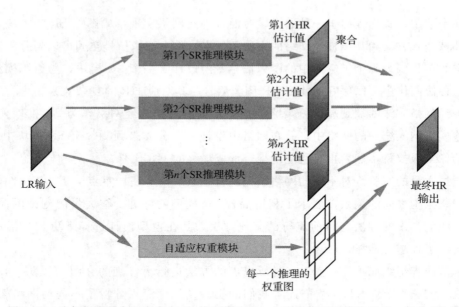

图 4.15    我们提出的方法由多个 SR 推理模块和一个自适应权重模块组成。每个 SR 推
理模块都致力于对某类图像局部模式进行推理，并独立地应用于 LR 图像来
预测一个 HR 估计值。这些估计值通过自适应权重模块的像素级聚合权重进
行自适应组合，以形成最终的 HR 图像

**自适应权重模块**。该模块的目标是对来自每个 SR 推理模块的 HR 估计的选择性
进行建模。我们建议为每个 HR 估计分配像素化的聚合权重，同样，这个模块的设计
也是开放的，可以在神经网络域进行任何操作。考虑到计算成本和效率，我们在这个
模块中只利用了三个卷积层，并且在滤波器响应上应用 ReLU 来引入非线性。该模块
最后输出所有 HR 估计的像素级权重图。

**聚合**。将每个 SR 推理模块的输出与自适应权重模块的相应权重图进行逐像素的
相乘，然后将这些乘积相加，形成最终的估计 HR 帧。如果我们用 $\boldsymbol{y}$ 表示 LR 输入图
像，用参数为 $\theta_w$ 的函数 $W(\boldsymbol{y};\theta_w)$ 表示自适应权重模块的行为，用参数为 $\theta_{B_i}$ 的函数
$F_{B_i}(\boldsymbol{y};\theta_{B_i})$ 表示 SR 推理模块 $B_i$ 的输出，那么最终估计的 HR 图像 $F(\boldsymbol{y};\boldsymbol{\Theta})$ 可以表示为：

$$F(\boldsymbol{y};\boldsymbol{\Theta}) = \sum_{i=1}^{N} W_i(\boldsymbol{y};\theta_w) \odot F_{B_i}(\boldsymbol{y};\theta_{B_i}) \tag{4.14}$$

其中 $\odot$ 表示逐点乘法。

在训练中，我们的模型试图将目标 HR 帧和预测输出之间的损失最小化：

$$\min_{\boldsymbol{\Theta}} \sum_j \parallel F(\boldsymbol{y}_j;\boldsymbol{\Theta}) - \boldsymbol{x}_j \parallel_2^2 \tag{4.15}$$

其中 $F(\boldsymbol{y};\boldsymbol{\Theta})$ 代表模型的输出，$\boldsymbol{x}_j$ 是第 $j$ 张 HR 图像，$\boldsymbol{y}_j$ 是对应的 LR 图像，$\boldsymbol{\Theta}$ 是模
型中所有参数的集合。

如果我们将式（4.14）插入式（4.15），那么成本函数可以展开为：

$$\min_{\theta_w, \{\theta_{B_i}\}_{i=1}^N} \sum_j \left\| \sum_{i=1}^{N} W_i(\boldsymbol{y}_j; \theta_w) \odot F_{B_i}(\boldsymbol{y}_j; \theta_{B_i}) - \boldsymbol{x}_j \right\|_2^2 \qquad (4.16)$$

### 4.2.3    实现细节

我们按照文献［21］中的协议进行实验。不同的基于学习的方法使用文献中不同的训练数据。我们选择了文献［6］中提出的 91 张图片，与文献［25-26，61］保持一致。这些训练数据经过平移、旋转和缩放，提供了大约 800 万个 56×56 像素的训练样本。

我们的模型在三个基准数据集上进行了测试，分别是 Set5[42]、Set14[43] 和 BSD100[44]。通过双三次插值对实际真值图像进行降维，生成 LR-HR 图像对进行训练和测试。

遵循文献［21，61］中的惯例，我们将每幅彩色图像转换为 YCbCr 颜色空间，并只用我们的模型处理亮度通道；对色度通道采用双三次插值，因为人类的视觉系统对强度的细节比对颜色更敏感。

每个 SR 推理模块都采用 SCN 的网络结构，而自适应权重模块中 3 个卷积层滤波器的空间大小均为 5×5，滤波器数量分别设为 32、16 和 $N$，即 SR 推理模块的数量。

我们的网络是在一台配有 12 个 Intel Xeon 2.67GHz CPU 和一个 Nvidia TITAN X GPU 的机器上进行训练的。对于自适应权重模块，我们采用 $10^{-5}$ 的恒定学习率，并从高斯分布初始化权重；而对于 SR 推理模块，我们坚持使用文献［61］中的学习率和初始化方法。采用标准的梯度下降算法来训练网络，批大小为 64，动量为 0.9。

训练模型的上扩系数为 2。对于较大的上扩系数，我们采用文献［61］中的模型级联技术，多次应用×2 模型，直到生成的图像至少达到所需的大小。如有必要，则通过双三次插值将所得图像缩小到目标分辨率。

### 4.2.4    实验结果

在本节中，我们首先分析了所提出的模型的架构，然后将其与其他几个最近的 SR 方法进行比较。最后，我们对提出的方法和其他相关方法进行了运行时分析。

#### 4.2.4.1    网络架构分析

在本节中，我们研究了不同数量的 SR 推理模块与 SR 性能之间的关系。为了便于分析，我们在减少各推理模块容量的同时，增加推理模块的数量，使模型总容量大致一致，因此比较公平。由于所选择的 SR 推理模块 SCN[61] 非常接近基于稀疏编码的 SR 方法，所以我们可以通过降低稀疏表示的嵌入式字典大小 $n$（即 SCN 中的滤波器数量）来降低每个推理模块的模块容量。我们比较了以下几种情况：

- 1 个推理模块，其 $n=128$，相当于文献［61］中 SCN 的结构，表示为 SCN（$n=128$）。请注意，在这种情况下，不需要包含自适应权重模块。
- 2 个推理模块，$n=64$，表示为 MSCN-2（$n=64$）。
- 4 个推理模块，$n=32$，表示为 MSCN-4（$n=32$）。

测量平均 PSNR 和 SSIM[46]，定量比较这些模型在不同上扩因子（×2，×3，×4）下在 Set5、Set14 和 BSD100 上的 SR 性能，结果显示在表 4.7 中。

表 4.7    不同网络架构中 ×2、×3 和 ×4 上扩因子在 Set5、Set14 和 BSD100 中的 PSNR（单位：dB）和 SSIM 比较

| 基准 | | SCN（$n=128$） | MSCN-2（$n=64$） | MSCN-4（$n=32$） |
| --- | --- | --- | --- | --- |
| Set5 | ×2 | 36.93/0.9552 | 37.00/0.9558 | 36.99/0.9559 |
| | ×3 | 33.10/0.9136 | 33.15/0.9133 | 33.13/0.9130 |
| | ×4 | 30.86/0.8710 | 30.92/0.8709 | 30.93/0.8712 |
| Set14 | ×2 | 32.56/0.9069 | 32.70/0.9074 | 32.72/0.9076 |
| | ×3 | 29.41/0.8235 | 29.53/0.8253 | 29.56/0.8256 |
| | ×4 | 27.64/0.7578 | 27.76/0.7601 | 27.79/0.7607 |
| BSD100 | ×2 | 31.40/0.8884 | 31.54/0.8913 | 31.56/0.8914 |
| | ×3 | 28.50/0.7885 | 28.56/0.7920 | 28.59/0.7926 |
| | ×4 | 27.03/0.7161 | 27.10/0.7207 | 27.13/0.7216 |

可以观察到，MSCN-2（$n=64$）通常优于原始 SCN 网络，即 SCN（$n=128$），MSCN-4（$n=32$）比 MSCN-2（$n=64$）略微提高了性能，可以达到最好的 SR 性能。这证明了我们的方法的有效性，即每个 SR 推理模型都能比单一的通用推理模型更好地对自己的一类图像信号实现超分辨率。

为了进一步分析自适应权重模块，我们选取了几张输入图片，分别是 butterfly、zebra、barbara，将网络中每个 SR 推理模块的四个权重图可视化。此外，我们在每个像素处记录所有权重图中最大权重的索引，并生成一个最大标签图。这些结果显示在图 4.16 中。

图 4.16    前四行给出了 MSCN-4 中每个 SR 推理模块的 HR 估计的权重图。最后一行显示了记录每个像素处所有权重图中最大权重的索引的映射图（最大标签图）。图像从左到右：butterfly 图像上扩 ×2，zebra 图像上扩 ×2，barbara 图像上扩 ×2

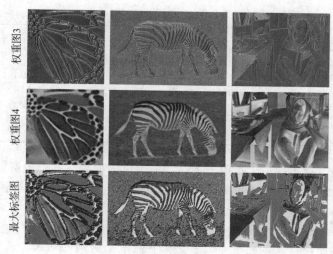

图 4.16 （续）

从这些可视化可以看出，权重图 4 在许多均匀区域表现出高响应，因此主要对 HR
预测的低频区域有贡献。相反，权重图 1、2 和 3 在具有各种边缘和纹理的区域有很大
的响应，并且还原了 HR 预测的高频细节。这些权重图揭示了这些子网络在构建最终的
HR 预测时以互补的方式工作。在最大标签图中，图像的相似结构和模式通常具有相同
的标签，说明这种相似的纹理和模式更倾向于被同一推理模型实现超分辨。

#### 4.2.4.2　与最新技术的比较

我们对 Set5、Set14 和 BSD100 中的所有图像进行了不同上扩因子（×2、×3 和
×4）的实验，对我们自己的方法和一些最新的图像 SR 方法进行了定量和定性的比较。
表 4.8 显示了调整后的锚定邻域回归（A+）[25]、SRCNN[45]、RFL[26]、SelfEx[24] 和我
们提出的模型 MSCN-4（$n=128$）的 PSNR 和 SSIM，MSCN-4（$n=128$）模型由四个
SCN 模块组成，$n=128$。还包括文献［61］中没有多视角测试的单一通用 SCN，即
SCN（$n=128$），作为基准进行比较。请注意，除了 SRCNN[45] 使用来自 ImageNet 的
395 909 张图像作为训练数据外，所有方法都使用相同的 91 张图像[6] 进行训练。

表 4.8　不同方法对三个试验数据集的不同上扩因子的 PSNR（SSIM）比较。最后一行显
示了我们的模型优于其他所有模型的性能增益

| 数据集 | Set5 | | | Set14 | | | BSD100 | | |
|---|---|---|---|---|---|---|---|---|---|
| 上扩 | ×2 | ×3 | ×4 | ×2 | ×3 | ×4 | ×2 | ×3 | ×4 |
| A+[25] | 36.55 | 32.59 | 30.29 | 32.28 | 29.13 | 27.33 | 31.21 | 28.29 | 26.82 |
| | (0.9544) | (0.9088) | (0.8603) | (0.9056) | (0.8188) | (0.7491) | (0.8863) | (0.7835) | (0.7087) |
| SRCNN[45] | 36.66 | 32.75 | 30.49 | 32.45 | 29.30 | 27.50 | 31.36 | 28.41 | 26.90 |
| | (0.9542) | (0.9090) | (0.8628) | (0.9067) | (0.8215) | (0.7513) | (0.8879) | (0.7863) | (0.7103) |
| RFL[26] | 36.54 | 32.43 | 30.14 | 32.26 | 29.05 | 27.24 | 31.16 | 28.22 | 26.75 |
| | (0.9537) | (0.9057) | (0.8548) | (0.9040) | (0.8164) | (0.7451) | (0.8840) | (0.7806) | (0.7054) |
| SelfEx[24] | 36.49 | 32.58 | 30.31 | 32.22 | 29.16 | 27.40 | 31.18 | 28.29 | 26.84 |
| | (0.9537) | (0.9093) | (0.8619) | (0.9034) | (0.8196) | (0.7518) | (0.8855) | (0.7840) | (0.7106) |

（续）

| 数据集 | Set5 | | | Set14 | | | BSD100 | | |
|---|---|---|---|---|---|---|---|---|---|
| 上扩 | ×2 | ×3 | ×4 | ×2 | ×3 | ×4 | ×2 | ×3 | ×4 |
| SCN[61] | 36.93 | 33.10 | 30.86 | 32.56 | 29.41 | 27.64 | 31.40 | 28.50 | 27.03 |
| | (0.9552) | (0.9144) | (0.8732) | (0.9074) | (0.8238) | (0.7578) | (0.8884) | (0.7885) | (0.7161) |
| MSCN-4 | 37.16 | 33.33 | 31.08 | 32.85 | 29.65 | 27.87 | 31.65 | 28.66 | 27.19 |
| | (0.9565) | (0.9155) | (0.8740) | (0.9084) | (0.8272) | (0.7624) | (0.8928) | (0.7941) | (0.7229) |
| 我们的模型的增益 | 0.23 | 0.23 | 0.22 | 0.29 | 0.24 | 0.23 | 0.25 | 0.16 | 0.16 |
| | (0.0013) | (0.0011) | (0.0008) | (0.0010) | (0.0034) | (0.0046) | (0.0044) | (0.0056) | (0.0068) |

　　可以观察到，在不同的上扩因子下，我们提出的模型在三个数据集上都实现了最佳的 SR 性能。由于多个推理模块的强大功能，它比 SCN($n=128$) 的性能好，后者在所有数据集上获得了第二好的结果，约 0.2dB。

　　我们在图 4.17 中比较了各种方法中 SR 结果的视觉质量。为了便于视觉上的比较，边界框内的区域被放大并显示出来。我们提出的模型 MSCN-4($n=128$) 能够恢复更清晰的边缘，并且在 SR 推断中产生较少的伪影。

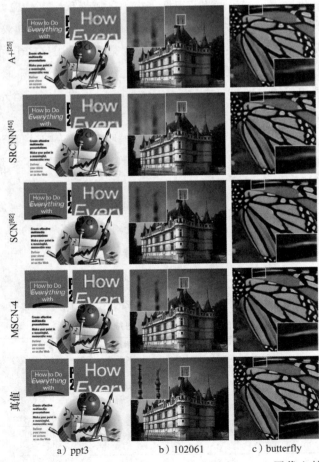

图 4.17　不同方法之间 SR 结果的视觉比较。从左到右：ppt3 图像上扩 ×3，102061
图像上扩 ×3，butterfly 图像上扩 ×4

### 4.2.4.3 运行时分析

推理时间是 SR 算法除了 SR 性能之外的一个重要因素。本节分析了提出的方法的 SR 性能与推理时间的关系。具体来说，我们测量了方法中不同网络架构在 Set14 上且上扩因子为 ×2 时的平均推理时间。图 4.18 中显示了推理时间成本与 PSNR 值的关系，其中包括了目前其他几种 SR 方法[24-26,45]作为参考（SRCNN 的推理时间来自 CPU 的公共慢速实现）。可以看到，一般情况下，我们的网络模块越多，需要的推理时间越多，SR 效果越好。通过调整网络结构中 SR 推理模块的数量，可以实现 SR 性能和计算复杂度之间的权衡。但是，与之前的其他 SR 方法相比，我们最慢的网络在推理时间方面仍然具有优势。

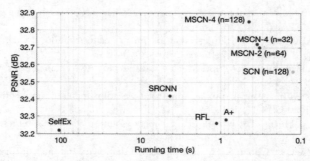

图 4.18    针对我们的方法和其他 SR 方法的不同网络架构，在 Set14 上且上扩因子为 ×2 情况下，平均 PSNR 和平均推理时间的比较。SRCNN 使用的是 CPU 的公共慢速实现

## 4.2.5 结论和未来工作

在本节中，我们提出联合学习混合深度网络来处理单幅图像超分辨率，每个网络作为 SR 推理模块来处理某一类图像信号。设计了一个自适应权重模块来预测 HR 估计的像素级聚合权重。对各种网络架构的 SR 性能和推理时间进行了分析，验证了我们提出的模型设计的有效性。大量的实验表明，我们提出的模型能够实现出色的 SR 性能，同时具有更高的设计灵活性。

最近的 SR 方法增加了网络深度，以提高 SR 精度[63-67]。Kim 等人[63]提出了一个具有残差架构的非常深的 CNN 来实现突出的 SR 性能，利用了更广泛的上下文信息与更大的模型容量。Kim 等人[64]设计了另一个网络，该网络具有递归架构与跳过连接，用于图像 SR 以提升性能，同时只利用少量的模型参数。Tai 等人[65]发现，很多残差 SR 学习算法都是基于全局残差学习或局部残差学习，这对于很深的模型来说是不够的。相反，他们提出了一种同时应用全局和局部学习的模型，同时通过递归学习保持参数效率。最近，Tong 等人[67]提出利用密集连接网络（DenseNet）[68]代替 ResNet[69]作为图像 SR 的构建模块。除了开发更深的网络外，我们还证明了增加网络内部的并行分支数量也可以达到同样的目的。

未来将探索这种图像超分辨率的方法以推进关于其他高级视觉任务的研究[53]。虽然近年来视觉识别研究取得了巨大的进展，但大多数模型都是在高质量（HQ）视觉数据上进行训练、应用和评价的，如 LFW[70] 和 ImageNet[71] 基准。然而，在许多新兴的应用中，如自动驾驶、智能视频监控和机器人，视觉传感和分析的性能可能会在复杂的非约束场景（如有限的分辨率）中受到严重损坏。因此，图像超分辨率可以为特征增强提供一种解决方案，以提高高级视觉任务的性能[72]。

## 4.3　参考文献

[1] Baker S, Kanade T. Limits on super-resolution and how to break them. IEEE TPAMI 2002;24(9):1167–83.

[2] Lin Z, Shum HY. Fundamental limits of reconstruction-based superresolution algorithms under local translation. IEEE TPAMI 2004;26(1):83–97.

[3] Park SC, Park MK, Kang MG. Super-resolution image reconstruction: a technical overview. IEEE Signal Processing Magazine 2003;20(3):21–36.

[4] Fattal R. Image upsampling via imposed edge statistics. In: ACM transactions on graphics (TOG), vol. 26. ACM; 2007. p. 95.

[5] Aly HA, Dubois E. Image up-sampling using total-variation regularization with a new observation model. IEEE TIP 2005;14(10):1647–59.

[6] Yang J, Wright J, Huang TS, Ma Y. Image super-resolution via sparse representation. IEEE TIP 2010;19(11):2861–73.

[7] Yang J, Wang Z, Lin Z, Cohen S, Huang T. Coupled dictionary training for image super-resolution. IEEE TIP 2012;21(8):3467–78.

[8] Gao X, Zhang K, Tao D, Li X. Image super-resolution with sparse neighbor embedding. IEEE TIP 2012;21(7):3194–205.

[9] Glasner D, Bagon S, Irani M. Super-resolution from a single image. In: ICCV. IEEE; 2009. p. 349–56.

[10] Freedman G, Fattal R. Image and video upscaling from local self-examples. ACM Transactions on Graphics 2011;30(2):12.

[11] Krizhevsky A, Sutskever I, Hinton GE. ImageNet classification with deep convolutional neural networks. In: NIPS; 2012. p. 1097–105.

[12] Cui Z, Chang H, Shan S, Zhong B, Chen X. Deep network cascade for image super-resolution. In: ECCV. Springer; 2014. p. 49–64.

[13] Wang Z, Yang Y, Wang Z, Chang S, Han W, Yang J, et al. Self-tuned deep super resolution. In: CVPR workshops; 2015. p. 1–8.

[14] Dong C, Loy CC, He K, Tang X. Learning a deep convolutional network for image super-resolution. In: ECCV. Springer; 2014. p. 184–99.

[15] Osendorfer C, Soyer H, van der Smagt P. Image super-resolution with fast approximate convolutional sparse coding. In: Neural information processing. Springer; 2014. p. 250–7.

[16] Gregor K, LeCun Y. Learning fast approximations of sparse coding. In: ICML; 2010. p. 399–406.

[17] Wen B, Ravishankar S, Bresler Y. Structured overcomplete sparsifying transform learning with convergence guarantees and applications. IJCV 2015;114(2):137–67.

[18] Yang CY, Ma C, Yang MH. Single-image super-resolution: a benchmark. In: ECCV; 2014. p. 372–86.

[19] Duchon CE. Lanczos filtering in one and two dimensions. Journal of Applied Meteorology 1979;18(8):1016–22.

[20] Sun J, Xu Z, Shum HY. Gradient profile prior and its applications in image super-resolution and enhancement. IEEE Transactions on Image Processing 2011;20(6):1529–42.

[21] Timofte R, De V, Gool LV. Anchored neighborhood regression for fast example-based super-resolution. In: ICCV. IEEE; 2013. p. 1920–7.

[22] Freeman WT, Jones TR, Pasztor EC. Example-based super-resolution. IEEE Computer Graphics and Applications 2002;22(2):56–65.

[23] Wang Z, Yang Y, Wang Z, Chang S, Huang TS. Learning super-resolution jointly from external and internal examples. IEEE TIP 2015;24(11):4359–71.

[24] Huang JB, Singh A, Ahuja N. Single image super-resolution from transformed self-exemplars. In: CVPR. IEEE; 2015. p. 5197–206.

[25] Timofte R, De Smet V, Van Gool L. A+: adjusted anchored neighborhood regression for fast super-resolution. In: ACCV. Springer; 2014. p. 111–26.

[26] Schulter S, Leistner C, Bischof H. Fast and accurate image upscaling with super-resolution forests. In: CVPR; 2015. p. 3791–9.

[27] Salvador J, Pérez-Pellitero E. Naive Bayes super-resolution forest. In: Proceedings of the IEEE international conference on computer vision; 2015. p. 325–33.

[28] Wang Z, Wang Z, Chang S, Yang J, Huang T. A joint perspective towards image super-resolution: unifying external- and self-examples. In: Applications of computer vision (WACV), 2014 IEEE winter conference on. IEEE; 2014. p. 596–603.

[29] Kavukcuoglu K, Ranzato M, LeCun Y. Fast inference in sparse coding algorithms with applications to object recognition. arXiv preprint arXiv:1010.3467, 2010.

[30] Daubechies I, Defrise M, De Mol C. An iterative thresholding algorithm for linear inverse problems with a sparsity constraint. Communications on Pure and Applied Mathematics 2004;57(11):1413–57.

[31] Rozell CJ, Johnson DH, Baraniuk RG, Olshausen BA. Sparse coding via thresholding and local competition in neural circuits. Neural Computation 2008;20(10):2526–63.

[32] Lin M, Chen Q, Yan S. Network in network. arXiv preprint arXiv:1312.4400, 2013.

[33] Nair V, Hinton GE. Rectified linear units improve restricted Boltzmann machines. In: ICML; 2010. p. 807–14.

[34] Chang S, Han W, Tang J, Qi GJ, Aggarwal CC, Huang TS. Heterogeneous network embedding via deep architectures. In: ACM SIGKDD. ACM; 2015.

[35] Le QV. Building high-level features using large scale unsupervised learning. In: ICASSP; 2013. p. 8595–8.

[36] Oquab M, Bottou L, Laptev I, Sivic J. Learning and transferring mid-level image representations using convolutional neural networks. In: CVPR; 2014. p. 1717–24.

[37] Buades A, Coll B, Morel JM. A non-local algorithm for image denoising. In: CVPR; 2005.

[38] Aharon M, Elad M, Bruckstein A. K-SVD: an algorithm for designing overcomplete dictionaries for sparse representation. IEEE TSP 2006;54(11):4311–22.

[39] Dabov K, Foi A, Katkovnik V, Egiazarian K. Image denoising by sparse 3D transform-domain collaborative filtering. IEEE TIP 2007;16(8):2080–95.

[40] Wen B, Ravishankar S, Bresler Y. Video denoising by online 3d sparsifying transform learning. In: ICIP; 2015.

[41] Ravishankar S, Wen B, Bresler Y. Online sparsifying transform learning – part i: algorithms. IEEE Journal of Selected Topics in Signal Process 2015;9(4):625–36.

[42] Bevilacqua M, Roumy A, Guillemot C, Morel MLA. Low-complexity single-image super-resolution based on nonnegative neighbor embedding. In: BMVC. BMVA Press; 2012.

[43] Zeyde R, Elad M, Protter M. On single image scale-up using sparse-representations. In: Curves and surfaces. Springer; 2012. p. 711–30.

[44] Martin D, Fowlkes C, Tal D, Malik J. A database of human segmented natural images and its application to evaluating segmentation algorithms and measuring ecological statistics. In: ICCV, vol. 2. IEEE; 2001. p. 416–23.

[45] Dong C, Loy CC, He K, Tang X. Image super-resolution using deep convolutional networks. TPAMI 2015.

[46] Wang Z, Bovik AC, Sheikh HR, Simoncelli EP. Image quality assessment: from error visibility to structural similarity. IEEE TIP 2004;13(4):600–12.

[47] Kim KI, Kwon Y. Single-image super-resolution using sparse regression and natural image prior. IEEE TPAMI 2010;32(6):1127–33.

[48] Dong W, Zhang L, Shi G. Centralized sparse representation for image restoration. In: ICCV; 2011. p. 1259–66.

[49] Zhang K, Gao X, Tao D, Li X. Single image super-resolution with non-local means and steering kernel regression. IEEE TIP 2012;21(11):4544–56.

[50] Lu X, Yuan H, Yan P, Yuan Y, Li X. Geometry constrained sparse coding for single image super-resolution. In: CVPR; 2012. p. 1648–55.

[51] Yang J, Lin Z, Cohen S. Fast image super-resolution based on in-place example regression. In: CVPR; 2013. p. 1059–66.

[52] Bradley RA, Terry ME. Rank analysis of incomplete block designs: I. The method of paired comparisons. Biometrika 1952:324–45.

[53] Wang Z, Chang S, Yang Y, Liu D, Huang TS. Studying very low resolution recognition using deep networks. In: CVPR. IEEE; 2016. p. 4792–800.

[54] Liu D, Wang Z, Fan Y, Liu X, Wang Z, Chang S, et al. Learning temporal dynamics for video super-resolution: a deep learning approach. IEEE Transactions on Image Processing 2018;27(7):3432–45.

[55] Dorr M, Martinetz T, Gegenfurtner KR, Barth E. Variability of eye movements when viewing dynamic natural scenes. Journal of Vision 2010;10(10):28.

[56] Dai Q, Yoo S, Kappeler A, Katsaggelos AK. Sparse representation-based multiple frame video super-resolution. IEEE Transactions on Image Processing 2017;26(2):765–81.

[57] Morse BS, Schwartzwald D. Image magnification using level-set reconstruction. In: CVPR 2001, vol. 1. IEEE; 2001.

[58] Chang H, Yeung DY, Xiong Y. Super-resolution through neighbor embedding. In: CVPR, vol. 1. IEEE; 2004. p. 275–82.

[59] Dai D, Timofte R, Van Gool L. Jointly optimized regressors for image super-resolution. In: Eurographics, vol. 7; 2015. p. 8.

[60] Timofte R, Rasmus R, Van Gool L. Seven ways to improve example-based single image super resolution. In: CVPR. IEEE; 2016.

[61] Wang Z, Liu D, Yang J, Han W, Huang T. Deep networks for image super-resolution with sparse prior. In: ICCV; 2015. p. 370–8.

[62] Liu D, Wang Z, Nasrabadi N, Huang T. Learning a mixture of deep networks for single image super-resolution. In: ACCV. Springer; 2016. p. 145–56.

[63] Kim J, Lee JK, Lee KM. Accurate image super-resolution using very deep convolutional networks. In: CVPR. IEEE; 2016.

[64] Kim J, Lee JK, Lee KM. Deeply-recursive convolutional network for image super-resolution. In: CVPR; 2016.

[65] Tai Y, Yang J, Liu X. Image super-resolution via deep recursive residual network. In: CVPR; 2017.

[66] Fan Y, Shi H, Yu J, Liu D, Han W, Yu H, et al. Balanced two-stage residual networks for image super-resolution. In: Computer vision and pattern recognition workshops (CVPRW), 2017 IEEE conference on. IEEE; 2017. p. 1157–64.

[67] Tong T, Li G, Liu X, Gao Q. Image super-resolution using dense skip connections. In: ICCV; 2017.

[68] Huang G, Liu Z, Weinberger KQ, van der Maaten L. Densely connected convolutional networks. In: Proceedings of the IEEE conference on computer vision and pattern recognition; 2017.

[69] He K, Zhang X, Ren S, Sun J. Deep residual learning for image recognition. In: Proceedings of the IEEE conference on computer vision and pattern recognition; 2016. p. 770–8.

[70] Huang GB, Mattar M, Berg T, Learned-Miller E. Labeled faces in the wild: a database for studying face recognition in unconstrained environments. In: Workshop on faces in real-life images: detection, alignment, and recognition; 2008.

[71] Deng J, Dong W, Socher R, Li LJ, Li K, Fei-Fei L. ImageNet: a large-scale hierarchical image database. In: Computer vision and pattern recognition, 2009. CVPR 2009. IEEE conference on. IEEE; 2009. p. 248–55.

[72] Liu D, Cheng B, Wang Z, Zhang H, Huang TS. Enhance visual recognition under adverse conditions via deep networks. arXiv preprint arXiv:1712.07732, 2017.

# 从双层稀疏聚类到深度聚类

Zhangyang Wang

## 5.1 稀疏编码和可判别聚类的联合优化框架⊖

### 5.1.1 引言

聚类的目的是将数据划分为相似对象的组（簇集），其在许多现实世界的数据挖掘应用中发挥着重要作用。为了以无监督的方式学习数据集的隐藏模式，可以将现有的聚类算法描述为生成式或判别式。生成式聚类算法以其在特征空间中的几何属性来模拟类别，或作为数据的统计过程，例子包括 K 均值[1]和高斯混合模型（GMM）聚类[2]，它们假定底层类别分布的参数形式。判别式聚类技术不是明确地对类别进行建模，而是寻找类别之间的界限或区别。由于所做的假设较少，这些方法在实践中强大而灵活。例如，最大边际聚类[3-5]旨在寻找能够以最大边际将数据从不同类别中分离出来的超平面。信息论聚类[6-7]将所有样本的条件熵最小化。最近许多判别聚类式方法都取得了令人非常满意的性能[5]。

此外，许多聚类方法在聚类之前从输入数据中提取判别性特征。主成分分析（PCA）特征是一种常见的选择，但不一定具有判别性[8]。文献［9］探讨了基于核的聚类方法，以寻找输入数据的隐性特征表示。在文献［10］中，通过求解线性判别分析（LDA）问题，选择特征来优化所用分区算法的判别能力。最近，稀疏码已经被证明对噪声具有鲁棒性，并且能够处理高维数据[11]。此外，$\ell$-graph[12]通过将每个数据点与其他数据进行稀疏的局部重建来构建图。根据构建的图矩阵进行谱聚类[13]。在文献［14-15］中，将字典学习与聚类过程相结合，使用 Lloyd's-type 算法，迭代地将数据重新分配到聚类中，然后优化与每个聚类相关的字典。在文献［8］中，学习了明确保留局部数据流形结构的稀疏码。他们的结果表明，对几何信息进行编码将显著提高学习性能。文献［16］进一步考虑了聚类和流形结构的联合优化。但文献［8,16］中的聚类步骤与上述判别式聚类方法没有关联。

---

⊖ Reprinted, with permission, from Wang, Zhangyang, Yang, Yingzhen, Chang, Shiyu, Li, Jinyan, Fong, Simon, and Huang, Thomas S. "A joint optimization framework of sparse coding and discriminative clustering", IJCAI (2015).

在本节中，我们提出了联合优化特征提取和判别性聚类的方法，在这种方法中，它们将相互加强。我们将稀疏代码作为提取的特征，并分别基于熵最小化[6]和最大边际[3]聚类这两种具有代表性的判别性聚类方法来开发损失函数，然后在提出的框架基础上建立任务驱动的双层优化模型[17-18]。稀疏编码步骤被表述为低级约束，其中图正则化被强制执行以保留局部的流形结构[8]。面向聚类的成本函数被认为是要最小化的上层目标。开发了随机梯度下降算法来解决这两个双层模型。在几个流行的真实数据集上的实验验证了这种联合优化框架带来的明显的性能提升。

### 5.1.2 模型表示

#### 5.1.2.1 带图正则化的稀疏编码

稀疏码已被证明是聚类的有效特征。在文献［12］中，作者提出，一个样本对另一个样本的重建贡献是这两个样本之间相似性的良好指标。因此，重建系数（稀疏码）可以用来构成谱聚类的相似度图。$\ell_1$-graph 分别对每个数据点进行稀疏表示，而不考虑整个数据的几何信息和流形结构。进一步的研究表明，图正则化的稀疏表示在各种聚类和分类任务中产生了优越的结果[8,19]。在本节中，我们采用图正则化稀疏码作为聚类的特征。

我们假设所有的数据样本 $\boldsymbol{X}=[\boldsymbol{x}_1,\boldsymbol{x}_2,\cdots,\boldsymbol{x}_n](\boldsymbol{x}_i\in\mathbb{R}^{m\times1},i=1,2,\cdots,n)$ 都被编码成相应的稀疏码 $\boldsymbol{A}=[\boldsymbol{a}_1,\boldsymbol{a}_2,\cdots,\boldsymbol{a}_n]$，$\boldsymbol{a}_i\in\mathbb{R}^{p\times1},i=1,2,\cdots,n$，使用学习字典 $\boldsymbol{D}=[\boldsymbol{d}_1,\boldsymbol{d}_2,\cdots,\boldsymbol{d}_p]$，其中 $\boldsymbol{d}_i\in\mathbb{R}^{m\times1},i=1,2,\cdots,p$ 是学习的原子。此外，给定一个逐对相似度矩阵 $\boldsymbol{W}$，根据流形假设，捕捉数据几何结构的稀疏表示应最小化以下目标：

$$\frac{1}{2}\sum_{i=1}^{n}\sum_{j=1}^{n}\boldsymbol{W}_{ij}\parallel\boldsymbol{a}_i-\boldsymbol{a}_j\parallel_2^2=\mathrm{Tr}(\boldsymbol{A}\boldsymbol{L}\boldsymbol{A}^{\mathrm{T}})$$

其中 $\boldsymbol{L}$ 是由 $\boldsymbol{W}$ 构造的图拉普拉斯矩阵，在本节中，选择 $\boldsymbol{W}$ 作为高斯核，$\boldsymbol{W}_{ij}=\exp\left(-\frac{\parallel\boldsymbol{x}_i-\boldsymbol{x}_j\parallel_2^2}{\delta^2}\right)$，其中 $\delta$ 是通过交叉验证选择的控制参数。

图正则化稀疏码是通过求解以下凸优化得到的：

$$\boldsymbol{A}=\arg\min_{\boldsymbol{A}}\frac{1}{2}\parallel\boldsymbol{X}-\boldsymbol{D}\boldsymbol{A}\parallel_F^2+\lambda\sum_i\parallel\boldsymbol{a}_i\parallel_1+\alpha\mathrm{Tr}(\boldsymbol{A}\boldsymbol{L}\boldsymbol{A}^{\mathrm{T}})+\lambda_2\parallel\boldsymbol{A}\parallel_F^2 \quad(5.1)$$

请注意，$\lambda_2>0$ 是证明目标函数可微分性的必要条件（参见 5.1.6 节的定理 5.2）。然而，设置 $\lambda_2=0$ 被证明在实践中效果很好，因此这里默认省略 $\lambda_2\parallel\boldsymbol{A}\parallel_F^2$ 这项（微分性证明除外）。

显然，稀疏编码 $\boldsymbol{A}$ 的效果很大程度上取决于字典 $\boldsymbol{D}$ 的质量，字典学习方法（如 K-SVD 算法[20]）在稀疏编码文献中应用广泛。在聚类方面，文献［12,19］的作者通过直接从数据样本中选择原子来构建字典。Zheng 等[8]学习的字典可以很好地重建输入数据。但是，它不一定能带来聚类的判别特征。相比之下，我们将结合聚类任务对 $D$ 进行优化。

#### 5.1.2.2　双层优化公式

联合框架的目标成本函数可以用以下两层优化来表示：

$$\min_{\boldsymbol{D},\boldsymbol{w}} \quad C(\boldsymbol{A},\boldsymbol{w})$$

$$\text{s.t.} \quad \boldsymbol{A} = \arg\min_{\boldsymbol{A}} \frac{1}{2} \| \boldsymbol{X} - \boldsymbol{D}\boldsymbol{A} \|_F^2 + \lambda \sum_i \| \boldsymbol{a}_i \|_1 + \alpha \mathrm{Tr}(\boldsymbol{A}\boldsymbol{L}\boldsymbol{A}^{\mathrm{T}}) \qquad (5.2)$$

其中 $C(\boldsymbol{A},\boldsymbol{w})$ 是评价聚类损失的成本函数。它可以根据不同的聚类原则进行不同的表述，其中的两个原则将在 5.1.3 节讨论和解决。

双层优化[21] 在理论和应用方面都得到了研究。在文献 [21] 中，作者提出了跨耦合信号空间学习字典的一般双层稀疏编码模型。另一种类似的表述在文献 [17] 中也有研究，用于一般回归任务。

### 5.1.3　面向聚类的成本函数

假设有 $K$ 个聚类，令 $\boldsymbol{w} = [\boldsymbol{w}_1, \cdots, \boldsymbol{w}_K]$ 是损失函数的参数集，其中 $\boldsymbol{w}_i$ 对应第 $i$ 个聚类，$i = 1, 2, \cdots, K$。我们引入两种形式的损失函数，每种损失函数都是由一种代表性的判别聚类方法衍生出来的。

#### 5.1.3.1　熵最小化损失

编码器模型参数的互信息最大化有效地定义了一个判别性的无监督优化框架。该模型的参数化类似于条件训练的分类器，但簇集的分配是未知的[7]。在文献 [22, 6] 中，作者采用信息论框架作为低密度分离假设的实现，将条件熵最小化。作者将逻辑后验概率代入最小条件熵原理，得到了逻辑聚类算法，相当于找到了一个标签策略，使数据聚类的总熵最小化。

由于每个 $\boldsymbol{x}_i$ 的真实聚类标签是未知的，我们引入样本 $\boldsymbol{x}_i$ 属于簇集 $j$ 的预测置信概率 $p_{ij}, i = 1, 2, \cdots, N, j = 1, 2, \cdots, K$，设其为多项式对数（softmax）回归的似然值：

$$p_{ij} = p(j \,|\, \boldsymbol{w}, \boldsymbol{a}_i) = \frac{1}{1 + \mathrm{e}^{-j\boldsymbol{w}^{\mathrm{T}}\boldsymbol{a}_i}} \qquad (5.3)$$

所有数据的损失函数可以相应地定义为类似熵的形式：

$$C(\boldsymbol{A},\boldsymbol{w}) = -\sum_{i=1}^n \sum_{j=1}^K p_{ij} \log p_{ij} \qquad (5.4)$$

$\boldsymbol{a}_i$ 的预测聚类标签是它达到最大似然概率 $p_{ij}$ 的聚类 $j$。与支持向量机（SVM）相比，逻辑回归可以更容易地处理多类问题。接下来我们需要研究的是式 (5.2) 的可微分性。

**定理 5.1**　式 (5.4) 中定义的目标 $C(\boldsymbol{A},\boldsymbol{w})$ 在 $\boldsymbol{D} \times \boldsymbol{w}$ 上是可微分的。

证明：设 $X \in \mathcal{X}$, $D \in \mathcal{D}$。在式（5.4）中，将目标函数 $C(A, w)$ 简记为 $C$。只需利用 $\mathcal{X}$ 的紧凑性，以及 $C$ 可两次微分的事实，就很容易证明 $C$ 相对于 $w$ 的可微分性。

因此，我们将着重于证明 $C$ 相对于 $D$ 是可微分的，这比较困难，因为 $A$ 和 $a_i$ 并不是处处可微分的。在不失一般性的前提下，为了简化下面的推导，我们用向量 $a$ 代替 $A$。在某些情况下，我们可以等价地将 $a$ 表示为 $a(D, w)$，以强调函数的依赖性。根据 5.1.6 节的定理 5.2，并给定一个小的扰动 $E \in \mathbb{R}^{m \times p}$，可以得出

$$C(a(D+E), w) - C(a(D), w) = \nabla_z C_w^{\mathrm{T}}(a(D+E) - a(D)) + O(\|E\|_F^2)$$

$$(5.5)$$

其中，项 $O(\|E\|_F^2)$ 是基于 $a(D, x)$ 是均匀的 Lipschitz 且 $\mathcal{X} \times \mathcal{D}$ 是紧凑的这一事实。这样就可以证明

$$C(a(D+E), w) - C(a(D), w) = \mathrm{Tr}(E^{\mathrm{T}} g(a(D+E), w)) + O(\|E\|_F^2) \quad (5.6)$$

其中 $g$ 具有算法 5.1 中给出的形式。这表明 $C$ 在 $D$ 上是可微分的。□

在可微分性证明的基础上，我们能够使用投影一阶随机梯度下降（SGD）算法来解决（5.1），其详细步骤在算法 5.1 中进行了概述。在高层次的概述中，它由一个外随机梯度下降循环组成，该循环对训练数据进行增量采样。它利用每个样本来逼近分类器参数 $w$ 和字典 $D$ 的梯度，然后用其来更新它们。

---

**算法 5.1**  求解式（5.2）的随机梯度下降算法，其中 $C$ ($A$, $w$) 如式（5.4）中所定义

---

输入：$X$, $\sigma$；$\lambda$；$D_0$ 和 $w_0$（初始化字典和分类器参数）；ITER（迭代次数）；$t_0$, $\rho$（学习者）

1：根据 $X$ 和 $\sigma$ 构建矩阵 $L$

2：FOR  $t = 1$ 到 ITER，DO

3：绘制 $(X, Y)$ 中的一个子集 $(X_t, Y_t)$

4：图正则稀疏编码：计算 $A^*$

$$A^* = \arg\min_A \frac{1}{2} \|X - DA\|_F^2 + \lambda \sum_i \|a_i\|_1 + \mathrm{Tr}(ALA^{\mathrm{T}})$$

5：计算有效集 $S(A^*$ 的非零项$)$

6：计算 $\beta^*$：设 $\beta_{S^C}^* = 0$，并且 $\beta_S^* = (D_S^{\mathrm{T}} D_S + \lambda_2 I)^{-1} \nabla_{A_S}[C$ ($A$, $w$)$]$

7：确定学习率 $\rho_t = \min\left(\rho, \ \rho \dfrac{t_0}{t}\right)$

8：根据投影梯度步长更新 $D$ 和 $w$：

$$w = \prod_w [w - \rho_t \nabla_w C(A, w)]$$

$$D = \prod_D [D - \rho_t (\nabla_D (-D\beta^* A^{\mathrm{T}}) + (X_t - DA)\beta^{*\mathrm{T}})]$$

其中 $\prod_w$ 和 $\prod_D$ 分别是 $w$ 和 $D$ 在嵌入式空间中的正交投影

9：END FOR

输出：$D$ 和 $w$

---

### 5.1.3.2 最大边际损失

Xu 等[3]提出了最大边际聚类（MMC），借鉴了 SVM 理论的思想。他们的实验结果表明，MMC 技术往往可以获得比传统聚类方法更准确的结果。从技术上讲，MMC 只是通过隐式运行 SVM 找到一种标记样本的方法，所得到的 SVM 边际在所有可能的标记上都是最大化的[5]。然而，与监督大边际方法不同，监督大边际方法通常被表述为凸优化问题，而最大边际聚类则是一个非凸整数优化问题，求解难度更大。Li 等人[23]对原 MMC 问题进行了多次放宽，并将其重新表述为半定规划（SDP）问题。文献［5］中提出用切割平面最大边际聚类（CPMMC）算法来解决 MMC 问题，效率大大提高。

为了开发聚类的多类最大边际损失，我们参考文献［24］中经典的多类 SVM 公式。给定稀疏代码 $\boldsymbol{a}_i$ 包括待聚类的特征，我们将多类模型定义为

$$f(\boldsymbol{a}_i) = \underset{j=1,\cdots,K}{\arg\max} f^j(\boldsymbol{a}_i) = \underset{j=1,\cdots,K}{\arg\max}(\boldsymbol{w}_j^{\mathrm{T}}\boldsymbol{a}_i) \tag{5.7}$$

其中 $f^j$ 是第 $j$ 个簇集的原型，$\boldsymbol{w}_j$ 是其对应的权重向量。$\boldsymbol{a}_i$ 的预测簇集标签是权重向量中实现最大值 $\boldsymbol{w}^{\mathrm{T}}{}_j\boldsymbol{a}_i$ 的簇集。令 $\boldsymbol{w}=[\boldsymbol{w}_1,\cdots,\boldsymbol{w}_K]$，$\boldsymbol{a}_i$ 的多类最大边际损失定义为

$$C(\boldsymbol{a}_i,\boldsymbol{w}) = \max(0,1+f^{r_i}(\boldsymbol{a}_i)-f^{y_i}(\boldsymbol{a}_i))$$

$$\text{其中，} y_i = \underset{j=1,\cdots,K}{\arg\max} f^j(\boldsymbol{a}_i), \quad r_i = \underset{j=1,\cdots,K,j\neq y_i}{\arg\max} f^j(\boldsymbol{a}_i) \tag{5.8}$$

需要注意的是，在多类 SVM 分类器中，$y_i$ 是作为训练标签给出的，与训练多类 SVM 分类器不同的是，此聚类方案需要我们将 $y_i$ 作为一个变量进行联合估计。要最小化的整体最大边际损失是（$\lambda$ 为系数）

$$C(\boldsymbol{A},\boldsymbol{w}) = \frac{\lambda}{2}\parallel \boldsymbol{w}\parallel^2 + \sum_{i=1}^{n} C(\boldsymbol{a}_i,\boldsymbol{w}) \tag{5.9}$$

但如果要在与逻辑损失相同的框架下解决式（5.8）或（5.9），将涉及两个额外的问题，需要具体处理。

首先，式（5.8）形式的铰链损失是不可微分的，只有一个子梯度存在。这使得目标函数 $C(\boldsymbol{A},\boldsymbol{w})$ 在 $\boldsymbol{D}\times\boldsymbol{w}$ 上不可微分，定理 5.1 证明中的进一步分析无法应用。我们本可以使用平方铰链损失或修正的 Huber 损失来实现二次平滑的损失函数[25]。然而，正如我们在实验中检查的那样，二次平滑化损失在训练时间和稀疏度上不如铰链损失。另外，虽然理论上不能保证，但在我们所述的情况下，使用 $C(\boldsymbol{A},\boldsymbol{w})$ 的子梯度效果很好。

第二，鉴于 $\boldsymbol{w}$ 是固定的，应该注意 $y_i$ 和 $r_i$ 都是 $\boldsymbol{a}_i$ 的函数。因此，计算式（5.8）相对于 $\boldsymbol{a}_i$ 的导数将涉及扩展 $r_i$ 和 $y_i$，使得分析相当复杂。相反，我们借用弹性网解的规律性[17]的思想，即弹性网解的非零系数集对于小的扰动应该不会改变。同样，由于目标的连续性，假设在当前 $\boldsymbol{a}_i$ 上发生足够小的扰动不会改变 $y_i$ 和 $r_i$。因此在每次迭代中，我们可以直接用当前 $\boldsymbol{w}$ 和 $\boldsymbol{a}_i$ 预计算 $y_i$ 和 $r_i$，并固定它们进

行 $a_i$ 更新$^{\ominus}$。

鉴于以上两种方法，对于单个样本 $a_i$，如果铰链损失大于 0，则式（5.8）相对于 $w$ 的导数为：

$$
\Delta_i^j =
\begin{cases}
\lambda w_i^j - a_i, & j = y_i \\
\lambda w_i^j + a_i, & j = r_i \\
\lambda w_j^j, & \text{其他}
\end{cases}
\tag{5.10}
$$

其中 $\Delta_i^j$ 表示样本 $a_i$ 的导数的第 $j$ 个元素。如果铰链损失小于 0，则 $\Delta_i^j = \lambda w_i^j$。如果铰链损失大于 0，则式（5.8）关于 $a_i$ 的导数为 $w^{r_i} - w^{y_i}$，否则为 0。注意，上述推导可以用批处理方式进行。然后同样使用投影 SGD 算法求解，其步骤概述见算法 5.2。

---

**算法 5.2**　求解式（5.2）的随机梯度下降算法，其中 $C(A, w)$ 如式（5.9）中所定义

---

**输入**：$X$，$\sigma$；$\lambda$；$D_0$ 和 $w_0$（初始化字典和分类器参数）；ITER（迭代参数）；$t_0$，$\rho$（学习率）

1：根据 $X$ 和 $\sigma$ 构建矩阵 $L$

2：通过预聚类估计 $y_i$ 和 $r_i$ 的初始值，$i = 1, 2, \cdots, N$

3：FOR $t = 1$ 到 ITER，DO

4：与算法 5.1 中的第 4～7 步相同

5：根据式（5.9）中相对于 $a_i$ 和 $w$ 的导数，通过投影梯度步长更新 $D$ 和 $w$

6：使用目前的 $a_i$ 和 $w (i = 1, 2, \cdots, N)$ 更新 $y_i$ 和 $r_i$

7：END FOR

**输出**：$D$ 和 $w$

---

## 5.1.4　实验

### 5.1.4.1　数据集

我们在四个流行的真实数据集上进行聚类实验，表 5.1 总结了这些数据集。ORL 人脸数据库包含 40 个对象的 400 张面部图像，每个对象有 10 张大小为 $32 \times 32$ 像素的图像。这些图像是在不同时间拍摄的，光线和面部表情各不相同。被摄者均为直立的正面姿势，背景为深色的同质背景。MNIST 手写数字数据库共包括 7 万张图像，数字范围从 0 到 9。这些数字经过归一化处理，采用 $28 \times 28$ 像素的固定尺寸并进行了中心化处理。COIL20 图像库包含 20 个对象的 1440 张 $32 \times 32$ 像素的图像。每个对象有 72 张图像，这些图像是物体在转盘上旋转时相隔 5 度拍摄的。CMU-PIE 人脸数据库包含 68 个对象的 41 368 张人脸图像。对于每个对象，有 21 张尺寸为 $32 \times 32$ 像素的图像，其光照条件各不相同。

---

$\ominus$　为了避免歧义，如果 $y_i$ 和 $r_i$ 相同，即当前迭代中两个簇原型同时达到最大值，则忽略 $a_i$ 对应的梯度更新。

表 5.1　所有数据集的比较

| 名称 | 图像数量 | 类别 | 尺寸 |
|---|---|---|---|
| ORL | 400 | 10 | 1024 |
| MNIST | 70 000 | 10 | 784 |
| COIL20 | 1440 | 20 | 1024 |
| CMU-PIE | 41 368 | 68 | 1024 |

### 5.1.4.2　评价指标

我们应用两种广泛使用的测量方法来评价聚类方法的性能，即准确率和归一化互信息（NMI）[8,12]。假设 $x_i$ 的预测标签是 $\hat{y}_i$，它是由聚类方法产生的，$y_i$ 是实际真实标签。准确率定义为

$$A_{\mathrm{CC}} = \frac{I_{\Phi(\hat{y}_i) \neq y_i}}{n} \tag{5.11}$$

其中 $I$ 为指标函数，$\Phi$ 是最佳置换映射函数[26]。

另一方面，假设由预测标签 $\{\hat{y}_i\}_{i=1}^n$ 和 $\{y_i\}_{i=1}^n$ 得到的聚类分别是 $\hat{C}$ 和 $C$。$\hat{C}$ 和 $C$ 之间的互信息定义为

$$\mathrm{MI}(\hat{C}, C) = \sum_{\hat{c} \in \hat{C}, c \in C} p(\hat{c}, c) \log \frac{p(\hat{c}, c)}{p(\hat{c}) p(c)} \tag{5.12}$$

其中，$p(\hat{c})$ 和 $p(c)$ 分别为数据点属于簇 $\hat{C}$ 和 $C$ 的概率，$p(\hat{c}, c)$ 是数据点共同属于 $\hat{C}$ 和 $C$ 的概率。归一化互信息（NMI）定义为

$$\mathrm{NMI}(\hat{C}, C) = \frac{\mathrm{MIC}(\hat{C}, C)}{\max\{H(\hat{C}), H(C)\}} \tag{5.13}$$

其中 $H(\hat{C})$ 和 $H(C)$ 分别为 $\hat{C}$ 和 $C$ 的熵。NMI 取值范围为 $[0, 1]$。

### 5.1.4.3　比较实验

**比较方法**

我们在所有四个数据集上比较以下八种方法：

- KM，对输入数据进行 K 均值聚类。
- KM＋SC，首先通过 K-SVD 从输入数据中学习一个字典 $D$[20]。然后对 $D$ 上的图正则化稀疏码特征（5.1）进行 KM。
- EMC，熵最小化聚类，通过对输入数据进行最小化（5.4）。
- EMC ＋ SC，在预学习的 K-SVD 字典 $D$ 上对图正则化稀疏码进行 EMC。
- MMC，最大边际聚类[5]。
- MMC＋SC，在预学习的 K-SVD 字典 $D$ 上对图正则化稀疏码进行的 MMC。
- 联合 EMC，提出的联合优化（5.2），$C(A, w)$ 的定义见式（5.4）。
- 联合 MMC，提出的联合优化（5.2），$C(A, w)$ 的定义见式（5.9）。

首先将所有图像重塑为向量，然后应用 PCA，通过保留 98％ 的信息来降低数据

维度，这也是文献［8］中用来提高效率的方法。多类 MMC 算法是基于公开的 CPMMC 代码实现的，用于两类聚类[5]，遵循原论文中的多类情况描述。对于所有涉及图正则化稀疏编码的算法，图正则化参数 $\alpha$ 固定为 1，字典大小 $p$ 默认为 128。对于联合 EMC 和联合 MMC，我们将 ITER 设为 30，$\rho$ 设为 0.9，$t_0$ 设为 5，其他方法中的参数在交叉验证实验中尽力进行调整。

比较分析

表 5.2 列出了所有的对比结果（准确率和 NMI），从中我们可以得出以下结论：

- 联合 EMC 和联合 MMC 方法分别优于其"非联合"对应方法，如 EMC＋SC 和 MMC＋SC。例如，在 ORL 数据集上，联合 MMC 在准确率上超过 MMC＋SC 约 5％，在 NMI 上超过 7％。这表明，本节的关键贡献，即稀疏编码和聚类步骤的联合优化，确实带来了性能的提升。

- KM＋SC、EMC＋SC 和 MMC＋SC 在使用原始输入数据时的表现都优于同类方法，这验证了稀疏码是有助于提高聚类判别能力的有效特征。

- 联合 MMC 在所有情况下都获得了最好的性能，以显著的优势超过了其他数据集，包括联合 EMC。MMC＋SC 在后三个数据集中获得了第二好的性能（对于 ORL，排名第二的是联合 EMC）。上述事实揭示了最大边际损失（5.9）的力量。

表 5.2　所有数据集的精准率和 NMI 的比较

| | | KM | KM＋SC | EMC | EMC＋SC | MMC | MMC＋SC | 联合 EMC | 联合 MMC |
|---|---|---|---|---|---|---|---|---|---|
| ORL | Acc | 0.5250 | 0.5887 | 0.6011 | 0.6404 | 0.6460 | 0.6968 | 0.7250 | **0.7458** |
| | NMI | 0.7182 | 0.7396 | 0.7502 | 0.7795 | 0.8050 | 0.8043 | 0.8125 | **0.8728** |
| MNIST | Acc | 0.6248 | 0.6407 | 0.6377 | 0.6493 | 0.6468 | 0.6581 | 0.6550 | **0.6784** |
| | NMI | 0.5142 | 0.5397 | 0.5274 | 0.5671 | 0.5934 | 0.6161 | 0.6150 | **0.6451** |
| COIL20 | Acc | 0.6280 | 0.7880 | 0.7399 | 0.7633 | 0.8075 | 0.8493 | 0.8225 | **0.8658** |
| | NMI | 0.7621 | 0.9010 | 0.8621 | 0.8887 | 0.8922 | 0.8977 | 0.8850 | **0.9127** |
| CMU-PIE | Acc | 0.3176 | 0.8457 | 0.7627 | 0.7836 | 0.8482 | 0.8491 | 0.8250 | **0.8783** |
| | NMI | 0.6383 | 0.9557 | 0.8043 | 0.8410 | 0.9237 | 0.9489 | 0.9020 | **0.9675** |

改变聚类的数量

在 COIL20 数据集上，我们重新进行聚类实验，聚类数 $K$ 从 2 到 20 不等，采用 EMC＋SC、MMC＋SC、联合 EMC 和联合 MMC。对于每一个 $K$，除了 20 之外，在不同的随机选择的聚类上进行 10 次测试，通过对 10 次测试的平均，得到最终的分数。图 5.1 显示了聚类准确率和 NMI 测量值与聚类数量的关系。可以看出，两种联合方法的性能始终优于非联合方法。当 $K$ 增加时，联合方法的性能似乎下降较慢。

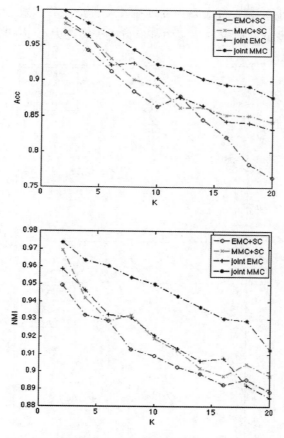

图 5.1 聚类精度和 NMI 测量值与聚类数 $K$ 的关系

### 初始化和参数

作为机器学习中的一个典型案例，我们在使用 SGD 的环境中理论上不能保证收敛，但在实践中表现良好。从实验中可观察到，$\boldsymbol{D}$ 和 $w$ 的初始化好坏会显著影响最终的结果。我们分别用 EMC＋SC 的 $\boldsymbol{D}$ 和 $w$ 解来初始化联合 EMC，用 MMC＋SC 的解来初始化联合 MMC。

前面我们根据经验设置了两个参数，分别是图正则化参数 $\alpha$ 和字典大小 $p$，当 $\alpha$ 变大时，正则化项会对稀疏码施加更强的平滑性约束。另外，虽然紧凑的字典在计算上更理想，但更多的冗余字典可能会导致更少的杂乱特征，从而可以更好地判别。我们研究了在不同的 $\alpha$ 和 $p$ 值下，在 ORL 数据集上 EMC ＋ SC、MMC ＋ SC、联合 EMC 和联合 MMC 的聚类性能如何变化。如图 5.2 和图 5.3 所示，我们观察到：

- 当 $\alpha$ 增大时，准确率结果将先增大后减小（峰值在 $\alpha=1$ 左右）。这可以解释为当 $\alpha$ 过小时，局部的流形信息没有得到充分的编码。另一方面，当 $\alpha$ 变得过大时，稀疏码被"过平滑"，判别能力降低。

• 增加字典大小 $p$ 起先会大幅提高准确率，然而，很快就会达到平台期。因此在实践中，我们在所有的实验中都保持中等字典大小 $p=128$。

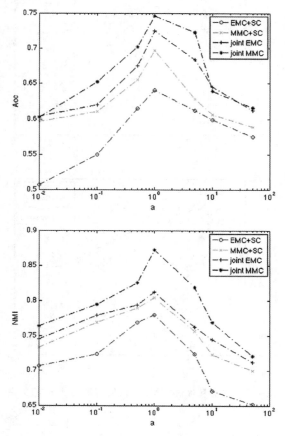

图 5.2　聚类精度和 NMI 测量值与 $\alpha$ 的参数选择

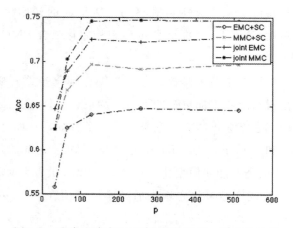

图 5.3　聚类准确率和 NMI 测量值与 $p$ 的参数选择

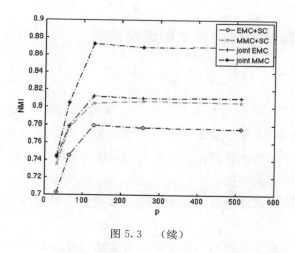

图 5.3    （续）

## 5.1.5    结论

我们提出了一种同时优化稀疏编码和可判别聚类的联合框架。我们采用图正则化的稀疏编码作为待学习的特征，分别通过熵最小化和最大边际原则设计了两个面向聚类的成本函数。制定任务驱动的双层优化，使稀疏编码和聚类两个步骤相互加强。在多个基准数据集上的实验验证了所提出的联合优化带来的显著性能提升。

## 5.1.6    附录

我们回顾一下文献 [17] 中的以下定理 5.2：

**定理 5.2（弹性网求解的规律性）**    考虑式（5.1）中的公式（我们可以去掉最后一项以获得精确的弹性网形式，而不影响可微分性结论）。假设 $\lambda_2 > 0$，且 $\mathcal{X}$ 是紧凑的。那么，

- $a$ 在 $\mathcal{X} \times \mathcal{D}$ 上是均匀的 Lipschitz 连续。
- 设 $D \in \mathcal{D}$，$\sigma$ 为正标量，$s$ 为 $\{-1, 0, 1\}^p$ 中的一个向量。定义 $K_s(D, \sigma)$ 为，对于所有 $j$，满足如下条件的向量 $x$ 的集合，其中 $j$ 取值范围为 $\{1, \cdots, p\}$，

$$|d_j^{\mathrm{T}}(x - Da) - \lambda_2 a[j]| \leqslant \lambda_1 - \sigma \quad , \quad s[j] = 0$$
$$s[j]a[j] \geqslant \sigma \quad , \quad s[j] \neq 0 \tag{5.14}$$

则存在 $\kappa > 0$ 与 $s$、$D$ 和 $\sigma$ 无关，所以，对于所有 $x \in K_s(D, \sigma)$，函数 $a$ 在 $B_{\kappa\sigma}(x) \times B_{\kappa\sigma}(D)$ 上可两次连续微分，其中 $B_{\kappa\sigma}(x)$ 和 $B_{\kappa\sigma}(D)$ 分别表示以 $x$ 和 $D$ 为中心的半径为 $\kappa\sigma$ 的开球。

## 5.2 学习用于聚类的任务特定的深度架构<sup>⊖</sup>

### 5.2.1 引言

虽然已经提出了许多经典的聚类算法，如 K 均值、高斯混合模型（GMM）聚类[2]、最大边际聚类[3]和信息论聚类[6]，但大多数算法只有在数据维度较低时才能很好地发挥作用。由于高维数据在低维嵌入中表现出密集的分组[27]，因此研究者有动力首先将原始数据投射到低维子空间[10]上，然后在特征嵌入上进行聚类。在众多的特征嵌入学习方法中，稀疏码[11]被证明是鲁棒高效的聚类特征，许多文献 [12,8] 都验证了这一点。

有效性和可扩展性是大数据场景下设计聚类算法的两个主要问题[28]。传统的稀疏编码模型依赖于迭代逼近算法，其固有的顺序结构以及与数据相关的复杂度和延迟，往往构成了计算效率的主要瓶颈[29]。这也导致了人们在试图联合优化无监督的特征学习和监督的任务驱动步骤时的困难[17]。这样的联合优化通常要依靠解决复杂的双层优化[30]，如文献 [31]，这构成了另一个效率瓶颈。更重要的是，为了有效地建模和表示规模越来越大的数据集，稀疏编码需要引用更大的字典[32]。由于稀疏编码的推理复杂度相对于字典大小的增加超过了线性增加[31]，所以基于稀疏编码的聚类工作的可扩展性被证明是相当有限的。

为了克服这些局限性，我们在聚类中引入深度学习这一工具，而在聚类中，深度学习一直缺乏关注。深度学习的优势是通过其巨大的学习容量、借助随机梯度下降（SGD）的线性可扩展性以及较低的推理复杂性来实现的[33]。前馈网络可以自然地与任务驱动的损失函数联合调整。另一方面，通用深度架构[34]在很大程度上忽略了特定问题的公式和先验知识。因此，人们在选择最优架构、解释其工作机制和初始化参数时可能会遇到困难。

在本节中，我们演示了如何将基于稀疏编码的流水线结合到深度学习模型中进行聚类。所提出的框架同时利用了稀疏编码和深度学习的优势。具体来说，特征学习层的灵感来自图正则化的稀疏编码推理过程，我们将迭代算法[29]重构成一个前馈网络，命名为 TAGnet。然后，这些层与任务特定的损失函数端到端进行联合优化。我们的技术新颖性和优点总结如下：

- 作为一个深度前馈模型，所提出的框架提供了极其高效的推理过程和对大规模数据的高扩展性。与传统的稀疏码相比，它可以学习更多的描述性特征。

- 我们发现，结合基于稀疏代码的聚类流水线[12,8]的专业知识，可以显著提高性能。此外，其极大地促进了模型的初始化和可解释性。

- 进一步在特征的层次上强制执行辅助聚类任务，我们开发了 DTAGnet，并在 CMU MultiPIE 数据集上观察到性能的进一步提升[35]。

### 5.2.2　相关研究

#### 5.2.2.1　聚类的稀疏编码

假设数据样本为 $X=\{x_1,x_2,\cdots,x_n\}$，其中 $x_i\in\mathbb{R}^{m\times1},i=1,2,\cdots,n$。它们被编码成稀疏码 $A=[a_1,a_2,\cdots,a_p]$，其中 $a_i\in\mathbb{R}^{m\times1},i=1,2,\cdots,n$，使用学习的字典 $D=[d_1,d_2,\cdots,d_p]$，其中 $d_i\in\mathbb{R}^{m\times1},i=1,2,\cdots,p$ 是学习的原子。通过求解下面的凸优化（$\lambda$ 为常数）问题，得到稀疏码：

$$A = \arg\min_A \frac{1}{2}\parallel X-DA \parallel_F^2 + \lambda\sum_i \parallel a_i \parallel_1 \tag{5.15}$$

在文献［12］中，作者提出可以利用稀疏码来构建相似度图以进行谱聚类[13]。此外，为了捕捉局部数据显现的几何结构，文献［8，19］中进一步提出了图正则化稀疏码，通过求解

$$A = \arg\min_A \frac{1}{2}\parallel X-DA \parallel_F^2 + \lambda\sum_i \parallel a_i \parallel_1 + \frac{\alpha}{2}\text{Tr}(ALA^\text{T}) \tag{5.16}$$

其中 $L$ 是图拉普拉斯矩阵，可以从预先选择的逐对相似度（亲和）矩阵 $P$ 构建。最近在文献［31］中，作者建议通过制定任务驱动的稀疏编码模型[17]，同时学习特征提取和判别聚类。他们证明，这种联合方法的性能始终优于非联合方法。

#### 5.2.2.2　聚类的深度学习

在文献［36］中，作者探讨了在图聚类中采用深度学习的可能性。他们首先通过自编码器（AE）对原始图进行非线性嵌入学习，然后在嵌入上采用 K 均值算法，得到最终的聚类结果。然而，它既没有利用更适合的深度架构，也没有进行任何针对任务的联合优化。文献［37］提出了一种非参数聚类的深度信念网络。作为一种生成式图模型，DBN 提供了更快的特征学习，但在学习聚类的判别性特征方面不如 AE 有效。在文献［38］中，作者将半负矩阵因子化（Semi-NMF）模型扩展为深度半 NMF 模型，其架构类似于堆栈式 AE。我们提出的模型与之前所有这些方法有实质性的区别，这是因为其独特的任务特定架构来源于稀疏编码领域的专业知识，以及与面向聚类的损失函数的联合优化。

### 5.2.3　模型表示

我们所提出的流水线由两部分组成。如图 5.4a 所示，它是以无监督的方式进行端到端训练的。它包括一个前馈架构，称为任务特定和图正则化网络（TAGnet），

以学习判别特征和面向聚类的损失函数。

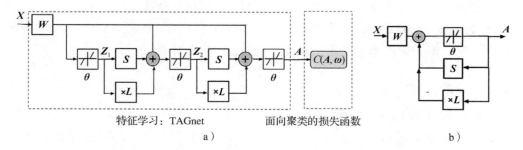

图 5.4　a）提出的流水线，包括用于特征学习的 TAGnet 网络，以及面向聚类的损失函数。参数 **W**、**S**、**θ** 和 **ω** 都是从训练数据中端到端学习的。b）求解式（5.17）

### 5.2.3.1　TAGnet：任务特定和图正则化网络

与通用深度架构不同，TAGnet 的设计方式是利用成功的基于稀疏代码的聚类流水线[8,31]。它的目的是学习在聚类标准下优化的特征，同时编码图约束（5.16）来规范目标解。TAGnet 由以下定理得出。

**定理 5.3**　由式（5.16）得最优稀疏码 **A** 为如下的固定点：

$$A = h_{\frac{\lambda}{N}}\left[\left(I - \frac{1}{N}D^{\mathrm{T}}D\right)A - A\left(\frac{\alpha}{N}L\right) + \frac{1}{N}D^{\mathrm{T}}X\right] \tag{5.17}$$

其中，$h_{\boldsymbol{\theta}}$ 是一个由 **θ** 参数化的逐元素收缩函数：

$$\left[h_{\boldsymbol{\theta}}(\boldsymbol{u})\right]_i = \mathrm{sign}(\boldsymbol{u}_i)(|\boldsymbol{u}_i| - \boldsymbol{\theta}_i)_+ \tag{5.18}$$

$N$ 是 $D^{\mathrm{T}}D$ 最大特征值的上界。

定理 5.3 概述了求解式（5.16）的迭代算法。在相当温和的条件下[39]，在 **A** 被初始化后，可以重复式（5.17）中的收缩和阈值过程，直到收敛。此外，迭代算法还可以用图 5.4b 的框图来表示，其中

$$W = \frac{1}{N}D^{\mathrm{T}}, \ S = I - \frac{1}{N}D^{\mathrm{T}}D, \ \boldsymbol{\theta} = \frac{\lambda}{N} \tag{5.19}$$

特别是，我们定义了一个新的运算符"$\times L$"：$A \rightarrow -\frac{\alpha}{N}AL$，其中输入 **A** 右乘前缀 **L**，并按常数 $-\alpha/N$ 缩放。

通过对图 5.4b 进行时间上的拆分和截断，将其迭代次数固定为 $K$（默认情况下 $K = 2$）<sup>⊖</sup>，得到图 5.4a 中的 TAGnet 形式；**W**、**S** 和 **θ** 都要从数据中联合学习，而 **S** 和 **θ** 是两个阶段的绑定权重<sup>⊖</sup>。需要注意的是，TAGnet 的输出 **A** 不一定与通过解（5.16）预测的稀疏码相同。相反，TAGnet 的目标是学习对聚类最优的判别性嵌入。

---

⊖　我们测试了更大的 $K$ 值（3 或 4），但它们并没有给聚类带来明显的性能提升。

⊖　出于好奇，我们还尝试了将两个阶段的 **W**、**S** 和 **θ** 作为独立变量的架构。我们发现，共享参数可以提高性能。

为了便于训练，进一步将式（5.18）改写为

$$[h_{\boldsymbol{\theta}}(\boldsymbol{u})]_i = \boldsymbol{\theta}_i \cdot \text{sign}(u_i)(|u_i|/\boldsymbol{\theta}_i - 1)_+ = \boldsymbol{\theta}_i h_1(u_i/\boldsymbol{\theta}_i) \tag{5.20}$$

式（5.20）表示可训练阈值的原始神经元可以分解为两个线性缩放层加上一个单位阈值神经元。两个缩放层的权重分别是由 $\boldsymbol{\theta}$ 及其逐元素的倒数定义的对角矩阵。

TAGnet 中一个值得注意的部分是每个阶段的 $\times L$ 分支。图拉普拉斯 $\boldsymbol{L}$ 可以事先计算出来。在前馈过程中，$\times L$ 分支将中间的 $\boldsymbol{Z}_k(k=1,2)$ 作为输入，并应用上面定义的"$\times L$"运算符。其输出与可学习 $\boldsymbol{S}$ 层的输出进行聚合。在反向传播中，$\boldsymbol{L}$ 不会被改变。在这样的方式下，图的正则化被有效地编码在 TAGnet 结构中作为一个先验。

（D）TAGnet 的一个亮点在于其非常有效和直接的初始化策略。在数据充足的情况下，很多最新的深度网络在不进行预训练的情况下，通过随机初始化就能很好地进行训练。然而，人们发现，在某些情况下，糟糕的初始化会阻碍一阶方法（如 SGD）的有效性[40]。然而，对于（D）TAGnet 来说，在正确的制度下初始化模型要容易得多。这得益于式（5.19）中定义的稀疏编码和网络超参数之间的分析关系：我们可以从相应的稀疏编码组件初始化深度模型，后者更容易获得。当训练数据有限时，这样的优势就变得更加重要。

### 5.2.3.2 面向聚类的损失函数

假设有 $K$ 个聚类，且 $\boldsymbol{\omega}=[\boldsymbol{\omega}_1,\cdots,\boldsymbol{w}_K]$ 作为损失函数的参数集，其中 $\boldsymbol{\omega}_i$ 对应第 $i$ 个簇，$i=1,2,\cdots,K$。在本节中，我们采用以下两种形式的面向聚类的损失函数。

损失函数的一种自然选择是从流行的 softmax 损失扩展而来，并采取类似熵的形式，如

$$C(\boldsymbol{A},\boldsymbol{\omega}) = -\sum_{i=1}^{n}\sum_{j=1}^{K} p_{ij}\log p_{ij} \tag{5.21}$$

其中 $p_{ij}$ 表示样本 $\boldsymbol{x}_i$ 属于聚类 $j$ 的概率，$i=1,2,\cdots,N,j=1,2,\cdots,K$，

$$p_{ij} = p(j|\boldsymbol{\omega},\boldsymbol{a}_i) = \frac{e^{-\boldsymbol{\omega}_j^T\boldsymbol{a}_i}}{\sum_{l=1}^{K} e^{-\boldsymbol{\omega}_j^T\boldsymbol{a}_i}} \tag{5.22}$$

在测试中，根据预测的 $p_{ij}$，利用最大似然准则确定输入 $\boldsymbol{a}_i$ 的预测簇标签。

文献［3］中提出了最大边际聚类（MMC）方法。MMC 通过隐式运行 SVM 找到了一种给样本贴标签的方法，得到的 SVM 边际将在所有可能的标签上最大化[5]。参照 MMC 的定义，作者[31]将最大边际损失设计为

$$C(\boldsymbol{A},\boldsymbol{\omega}) = \frac{\lambda}{2}\|\boldsymbol{\omega}\|^2 + \sum_{i=1}^{n} C(\boldsymbol{a}_i,\boldsymbol{\omega}) \tag{5.23}$$

在上述公式中，单个样品 $\boldsymbol{a}_i$ 的损失被定义为

$$C(\boldsymbol{a}_i,\boldsymbol{\omega}) = \max(0,1+f^{r_i}(\boldsymbol{a}_i) - f^{y_i}(\boldsymbol{a}_i))$$

$$其中，\quad y_i = \underset{j=1,\cdots,K}{\arg\max} f^j(\boldsymbol{a}_i), \quad r_i = \underset{j=1,\cdots,K,j\neq y_i}{\arg\max} f^j(\boldsymbol{a}_i) \tag{5.24}$$

其中 $f^j$ 是第 $j$ 个簇的原型。在测试中，输入 $\boldsymbol{a}_i$ 的预测簇标签由实现最大 $\boldsymbol{\omega}_j^T\boldsymbol{a}_i$ 的权重向量决定。

**模型的复杂性**。所提出的框架可以通过随机梯度下降（SGD）算法有效地处理大规模和高维数据。在每一步中，反向传播过程只需要 $O(p)$ 的运算[29]。训练算法需要 $O(Cnp)$ 时间（$C$ 是一个常数，取值与总的迭代数、阶段数等有关）。此外，SGD 易于并行化，因此可以使用 GPU 进行高效训练。

### 5.2.3.3  与现有模型的连接

稀疏编码与神经网络之间有着密切的联系。文献［29］提出了一种前馈神经网络，命名为 LISTA，以有效逼近输入信号 $\boldsymbol{x}$ 的稀疏码 $\boldsymbol{a}$，该稀疏码是通过预先求解式（5.15）得到的。LISTA 网络从训练数据中学习超参数作为一般的回归模型，利用反向传播对其预解的稀疏码进行学习。

LISTA 忽略了数据点之间有用的几何信息[8]，因此可将其看作图 5.4 中当 $\alpha=0$ 时 TAGnet 的特例（即去掉 $\times\boldsymbol{L}$ 分支）。此外，LISTA 的目的是近似从式（5.15）中预先获得的"最优"稀疏码，因此需要对 $\boldsymbol{D}$ 进行估计，并对 $\boldsymbol{A}$ 进行烦琐的预计算，作者没有挖掘其在监督和任务特定特征学习中的潜力。

## 5.2.4  深入观察：DTAGnet 的分层聚类

深度网络以其通过隐藏层学习语义丰富的表示的能力而闻名[41]。在本节中，我们将研究如何解释 TAGnet（图 5.4a）中的中间特征 $\boldsymbol{Z}_k (k=1,2)$，并进一步利用其改进模型以完成特定的聚类任务。与相关的非深度模型[31]相比，这样的层次聚类属性是深度的另一个独特优势。

我们的策略主要受深度监督网的算法框架[42]启发。如图 5.5 所示，我们提出的深度任务特定和图正则化网络（DTAGnet）通过将一个面向聚类的局部辅助损失 $C_k(\boldsymbol{Z}_k,\boldsymbol{\omega}_k)(k=1,2)$ 与每个阶段关联起来，带来了额外的深度反馈。这种辅助损失与整体 $C(\boldsymbol{A},\boldsymbol{\omega})$ 的形式相同，只是根据要执行的辅助聚类任务，预期的聚类数可能不同。DTAGnet 不仅从整体损失层反推错误，而且同时从辅助损失中反推错误。

在寻求目标聚类的最佳性能的同时，DTAGnet 还由两个明确针对聚类特定属性的辅助任务驱动。它在每个隐藏表示处强制约束，以直接做出良好的聚类预测。除了整体损失之外，辅助损失的引入又有力地推动了在每一个单独阶段获得判别性和合理性的特征。如在文献［42］的分类实验中所发现的，辅助损失既能起到特征正则化的作用，减少泛化误差，又能使收敛速度加快。我们在 5.2.5 节中也发现，每个 $\boldsymbol{Z}_k (k=1,2)$ 确实最适合其目标任务。

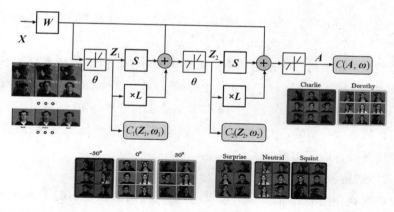

图 5.5　DTAGnet 架构，以 CMU MultiPIE 数据集为例。该模型能够同时学习姿势聚类（$Z_1$）、表情聚类（$Z_2$）和身份聚类（$A$）的特征。前两个属性与最后一个（整体）任务相关，并对其有帮助。部分图像来源参考文献［35］和［38］

文献［38］提出了一种深度半 NMF 模型来学习隐藏表示，根据不同的属性赋予自己聚类的解释。作者考虑了将面部图像映射到其身份的问题。面部图像还包含姿势和表情等属性，这些属性有助于识别被描绘的人。在他们的实验中，作者发现，通过进一步将这种映射因子化，使每个因子增加一层额外的抽象，深度模型可以自动学习潜在的中间表征，这些表征隐含在身份相关属性的聚类中。虽然有聚类解释，但这些隐藏的表征并没有在聚类意义上进行特别优化。相反，整个模型只对整体重建损失进行训练，之后使用 K 均值对学习到的特征进行聚类。因此，其聚类性能并不理想。我们的研究与文献［38］有着相似的观察和动机，但采用了更加针对任务的方式，将辅助聚类任务的优化与整体任务共同进行。

## 5.2.5　实验结果

### 5.2.5.1　数据集和测量

我们在三个公开的数据集上评价所提出的模型：

- MNIST[8]由总共 70 000 幅准二进制的手写数字图像组成，数字为 0 到 9。数字经过归一化处理后，形成 28×28 像素的固定尺寸图像并做中心化处理。
- CMU MultiPIE[35]包含 337 个被摄者在不同实验室条件下拍摄的约 75 万张图像。CMU MultiPIE 的一个独特属性在于，每张图像都带有身份、光照、姿势和表情属性的标记。这就是为什么文献［38］选择 CMU MultiPIE 来学习多属性特征（图 5.5）进行分层聚类。在实验中，我们按照文献［38］的方法，采用 147 个被摄者的 13 230 张图片子集，这些图片有 5 种不同的姿势和6 种不同的情绪。值得注意的是，我们并没有像文献［38］那样利用片状仿射翘曲来对这些图像进行预处理。

- COIL20[43]包含 20 个对象的 1440 幅 32×32 像素的灰度图像（每个对象 72 幅图像）。每个对象的图像相隔 5 度。

虽然本节只是利用图像数据集来评价所提出的方法，但该方法本身并不局限于图像主体，而是采用了两种广泛使用的测量方法，即准确率和归一化互信息（NMI）[8,12]来评价聚类性能。我们遵循许多聚类工作[8,19,31]的惯例，不区分训练和测试。我们在每个数据集的所有可用样本上训练模型，报告聚类性能作为测试结果。结果是 5 次独立运行的平均值。

### 5.2.5.2 实验设置

所提出的网络使用 cuda-convnet 包[34]实现。该网络默认情况下需要 $K=2$ 个阶段。我们对所有可训练层应用 0.01 的恒定学习率，且无动量。批大小为 128。特别是，为了将图正则化编码为先验，我们在模型训练过程中固定 $L$，将其学习率设置为 0。实验在一台工作站上运行，该工作站拥有 12 个英特尔 Xeon 2.67GHz CPU 和 1 个 GTX680 GPU。在 MNIST 数据集上，训练时间约为 1 小时。可观察到，模型的训练效率与数据近似线性缩放。

在实验中，我们设置 $\alpha$ 的默认值为 5，$p$ 的默认值为 128，$\lambda$ 通过交叉验证从 $[0.1,1]$ 中选择⊖。首先通过 K-SVD[20] 从 $X$ 中学习一个字典 $D$，然后根据式 (5.19) 对 $W$、$S$ 和 $\theta$ 进行初始化，同时 $L$ 也从 $P$ 中预先计算出来，其由高斯核 $P_{ij}=\exp\left(-\frac{\|x_i-x_j\|_2^2}{\delta^2}\right)$ 明确表示（$\delta$ 也是通过交叉验证选择的）。从初始（D）TAGnet 模型中得到输出 $A$ 后，可根据对 $A$（或 $Z_k$）实现最小化式 (5.21) 或 (5.23) 来初始化 $\omega$（或 $\omega_k$）。

### 5.2.5.3 比较实验和分析

任务特定深度架构的优势

我们将所提出的 TAGnet 加熵最小化损失（EML）（式（5.21））的模型表示为 TAGnet-EML，将 TAGnet 加最大边际损失（MML）（式（5.23））的模型表示为 TAGnet-MML。包括以下比较方法：

- 我们把所提出的联合模型的初始化称为它们的非联合（NJ）对应模型，分别表示为 NJ-TAGnet-EML 和 NJ-TAGnet-MML。
- 我们设计了一个基准编码器（BE），它是一个全连接的前馈网络，由三个维度为 $p$ 的隐藏层组成，并包含 ReLU 激活的神经元。很明显，BE 的参数复杂度与 TAGnet 相同⊜。BE 也同样采用 EML 或 MML 进行调优，分别表示为 BE-EML 或 BE-MML。我们打算验证我们的重要主张，即所提出的模型受益于任

---

⊖ $\alpha$ 和 $p$ 的默认值是从相关稀疏编码文献 [8] 中推断出来的，并在实验中得到验证。

⊜ 除了 $\theta$ 层，每个层只包含 $p$ 个自由参数，因此被忽略。

务特定的 TAGnet 架构，而不仅仅是通用深度模型的强大学习能力。

- 我们将所提出的模型与最接近的浅层模型，即文献［31］中的图正则化稀疏编码和判别聚类的联合优化方法进行比较。我们使用式（5.21）或（5.23）两种损失重新实现他们的工作，表示为 SC-EML 和 SC-MML（SC 是稀疏编码的简称）。由于文献［31］已经揭示了 SC-MML 优于 MMC 和 $\ell_{1\text{-graph}}$ 方法等经典方法，我们不再与其进行比较。
- 我们还将深度 Semi-NMF[38] 作为一种先进的基于深度学习的聚类方法。我们主要将我们的结果与他们在 CMU MultiPIE 上的报告性能进行比较⊖。

从表 5.3 的全部对比结果可以看出，所提出的针对任务的深度架构以明显的优势优于其他架构。底层的领域专业知识以更有原则的方式指导数据驱动的训练。相比之下，"通用架构"的基准编码器（BE-EML 和 BE-MML）似乎产生了更糟糕（甚至是最差）的结果。此外，很明显，所提出的端到端优化模型的性能优于它们的"非联合"对应模型。例如，在 MNIST 数据集上，TAGnet-MML 在准确率上超过 NJ-TAGnet-MML 约 4%，在 NMI 上超过 5%。

表 5.3　全部三个数据集的精准率和 NMI 的比较

|  |  | TAGnet-EML | TAGnet-MML | NJ-TAGnet-EML | NJ-TAGnet-MML | BE-EML | BE-MML | SC-EML | SC-VMML | Deep Semi-NMF |
|---|---|---|---|---|---|---|---|---|---|---|
| MNIST | Acc | 0.6704 | 0.6922 | 0.6472 | 0.5052 | 0.5401 | 0.6521 | 0.6550 | 0.6784 | / |
|  | NMI | 0.6261 | 0.6511 | 0.5624 | 0.6067 | 0.5002 | 0.5011 | 0.6150 | 0.6451 | / |
| CMU MultiPIE | Acc | 0.2176 | 0.2347 | 0.1727 | 0.1861 | 0.1204 | 0.1451 | 0.2002 | 0.2090 | 0.17 |
|  | NMI | 0.4338 | 0.4555 | 0.3167 | 0.3284 | 0.2672 | 0.2821 | 0.3337 | 0.3521 | 0.36 |
| COIL20 | Acc | 0.8553 | 0.8991 | 0.7432 | 0.7882 | 0.7441 | 0.7645 | 0.8225 | 0.8658 | / |
|  | NMI | 0.9090 | 0.9277 | 0.8707 | 0.8814 | 0.8028 | 0.8321 | 0.8850 | 0.9127 | / |

通过比较 TAGnet-EML/TAGnet-MML 和 SC-EML/SC-MML，我们得出了一个很有希望的结论：与传统的稀疏编码相比，采用参数化程度更高的深度架构可以获得更强大的特征学习能力。虽然类似的观点在很多其他领域都有很好的阐述[34]，但我们感兴趣的是两者之间的深入对比。图 5.6 绘制了 TAGnet-EML/TAGnet-MML 在 MNIST 数据集上的聚类准确率和 NMI 曲线，以及迭代次数。每个模型在一开始就做好初始化，每迭代 100 次计算聚类准确率和 NMI。一开始，深度模型的聚类性能甚至比稀疏编码方法略差，这主要是由于 TAGnet 的初始化取决于图正则化稀疏编码的截断近似。在经过少量的迭代后，深度模型的性能超过了稀疏编码模型，并继续单调上升，直到达到一个较高的平台。

---

⊖　在文献［38］中测试的各种组件数量下，我们选择其最佳情况（60 个组件）。

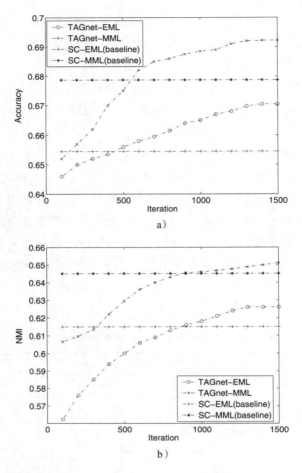

图 5.6　TAGnet-EML/TAGnet-MML 在 MNIST 上的准确率和 NMI 图，从初始化开
　　　　始，每 100 次迭代测试一次。SC-EML/SC-MML 的准确率和 NMI 也作为基准
　　　　绘制出来

图正则化的影响

在式（5.16）中，图正则化项对 $\alpha$ 较大的稀疏码施加了更强的平稳性约束。这也发生在 TAGnet 上。我们研究 TAGnet-EML/TAGnet-MML 的聚类性能如何受不同 $\alpha$ 值的影响。从图 5.7 中，我们观察到三个数据集上的总体趋势是相同的。当 $\alpha$ 值增大时，准确率/NMI 结果先上升后下降，$\alpha \in [5,10]$ 时出现峰值。一种解释是，当 $\alpha$ 过小时，局部的流形信息没有得到充分的编码（$\alpha = 0$ 时将完全禁用 TAGnet 的 $\times L$ 分支，将其还原为 LISTA 网络[29] 的损失微调）。另一方面，当 $\alpha$ 较大时，稀疏码会出现 "过平滑"，判别能力下降。需要注意的是，其他相关文献中也提到了类似的现象[8,31]。

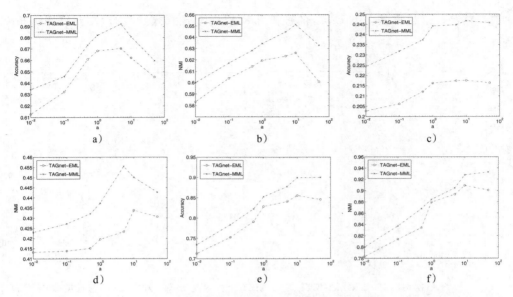

图 5.7　TAGnet-EML/TAGnet-MML 的聚类准确率和 NMI 图（$x$ 轴为对数比例）与 $\alpha$ 的参
数选择。图 a～b 采用 MNIST，图 c～d 采用 CMU MultiPIE，图 e～f 采用 COIL20

此外，对比图 5.7a～f，值得注意的是，我们可以观察到图正则化在其中三个数据集上的不同表现。COIL20 数据集对 $\alpha$ 的选择最为敏感，将 $\alpha$ 从 0.01 增加到 50，无论从准确率还是 NMI 来看，都能提高 10％以上。它验证了当训练样本有限时，图正则化的意义[19]。在 MNIST 数据集上，通过将 $\alpha$ 从 0.01 调整到 10，两个模型都获得了高达 6％的准确率和 5％的 NMI 增益。然而，与 COIL20 几乎总是倾向于较大的 $\alpha$ 不同，MNIST 数据集上的模型性能不仅趋于饱和，而且当 $\alpha$ 继续上升到 50 时，甚至明显受阻。CMU MultiPIE 数据集在两次测量中都有 2％左右的改善。它对 $\alpha$ 的敏感性不如其他两个数据集，这可能是由于原始图像的复杂变化使得图 $\boldsymbol{W}$ 对于底层的分形几何不可靠。我们怀疑，更复杂的图形可能有助于缓解这个问题，我们将在未来进行探索。

可扩展性和鲁棒性

在 MNIST 数据集上，我们利用 TAGnet-EML/TAGnet-MML 重新进行聚类实验，聚类数 $N_c$ 在 2～10 之间。图 5.8 显示，聚类准确率和 NMI 随聚类数的变化而变化。当任务规模发生变化时，聚类性能平稳过渡。

为了检验所提出的模型对噪声的鲁棒性，我们加入各种高斯噪声（其标准差 $s$ 的范围为 0（无噪声）到 0.3）来重新训练 MNIST 模型，图 5.9 表明 TAGnet-EML 和 TAGnet-MML 都具有一定的噪声鲁棒性。当 $s$ 小于 0.1 时，甚至没有明显的性能下降。虽然在所有的实验中，TAGnet-MML 的性能不断优于 TAGnet-EML（因为 MMC 众所周知的强判别能力[3]），但从图 5.9 中可以观察到，后者对噪声的鲁棒性比前者略高。这也许是由于 EML 的概率驱动损失形式（式（5.21））允许更多的灵活性。

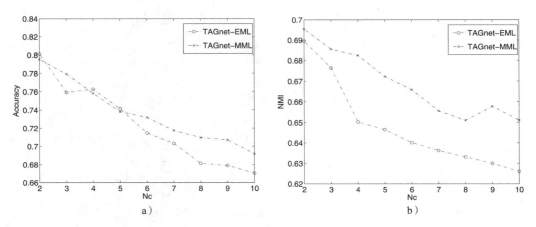

图 5.8  TAGnet-EML/TAGnet-EML 在 MNIST 上的聚类准确率和 NMI 图与聚类数 $N_c$（范围从 2 到 10）

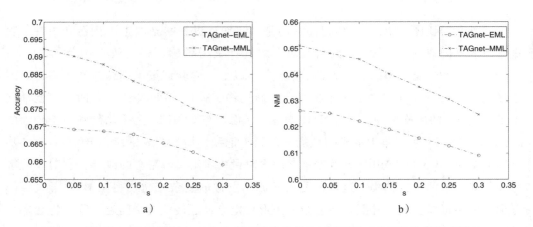

图 5.9  TAGnet-EML/TAGnet-MML 的聚类准确率和 NMI 图与 MNIST 上的噪声等级 $s$

### 5.2.5.4  MultiPIE 在 CMU MultiPIE 上进行分层聚类处理

正如观察到的那样，CMU MultiPIE 对于基本的身份聚类任务是非常具有挑战性的。然而，它还带有其他一些属性——姿势、表情和光照，这些属性在我们提出的 DTAGnet 框架中有所帮助。在本节中，我们在相同的 CMU MultiPIE 子集上应用了类似文献［38］的设置，将姿势聚类设置为第一阶段的辅助任务，将表情聚类设置为第二阶段的辅助任务$^{\ominus}$。这样，我们将 $C_1(\boldsymbol{Z}_1,\boldsymbol{\omega}_1)$ 锁定在 5 个聚类，将 $C_2(\boldsymbol{Z}_2,\boldsymbol{\omega}_2)$

---

$\ominus$  事实上，虽然号称适用于多种属性，但文献［38］只研究了姿势聚类的第一级特征，而没有考虑表情，因为它依靠扭曲技术对图像进行预处理，从而摆脱了大部分表情的变化。

锁定在 6 个聚类，最后将 $C(A, \omega)$ 锁定在 147 个聚类。

　　DTAGnet-EML/DTAGnet-MML 的训练遵循上述相同的过程，除了在阶段 $k(k=1,$ 2) 考虑任务 $C_k(Z_k, \omega_k)$ 的额外反向传播梯度。之后，我们分别对每个 $C_k(Z_k, \omega_k)$ 的目标任务进行测试。在 DTAGnet 中，每个辅助任务还与其中间特征 $Z_k$ 联合优化，这使我们的方法与文献［38］有很大区别。因此，不出意外的话，从表 5.4 可以看出，每个辅助任务的性能都比文献［38］有很大的提高⊖。最值得注意的是，整体身份聚类任务的性能明显提升，准确率提高了 7％ 左右。我们还测试了 DTAGnetEML/DTAGnet-MML，只保留 $C_1(Z_1, \omega_1)$ 或 $C_2(Z_2, \omega_2)$。实验验证，通过逐步增加辅助任务，整体任务不断受益。这些辅助任务在一起执行时，还可以相互加强。

**表 5.4　在 DTAGnet EML/DTAGnet MML 中合并辅助聚类任务的效果**（P，Pose；E，Expression；I，Identiy）

| 方法 | 阶段 I | | 阶段 II | | 整体 | |
|---|---|---|---|---|---|---|
| | 任务 | 准确率 | 任务 | 准确率 | 任务 | 准确率 |
| DTAGnet-EML | / | / | / | / | I | 0.2176 |
| | P | 0.5067 | / | / | I | 0.2303 |
| | / | / | E | 0.3676 | I | 0.2507 |
| | P | 0.5407 | E | 0.7027 | I | 0.2833 |
| DTAGnet-MML | / | / | / | / | I | 0.2347 |
| | P | 0.5251 | / | / | I | 0.2635 |
| | / | / | E | 0.3988 | I | 0.2858 |
| | P | 0.5538 | E | 0.4231 | I | 0.3021 |

　　人们可能会好奇，在性能提升中哪一个更重要：是深度任务特定的架构带来了额外的判别性特征学习，还是适当设计辅助任务，捕捉以属性为特征的内在数据结构。

　　为了回答这个重要问题，我们在 $C_1(Z_1, \omega_1)$ 或 $C_2(Z_2, \omega_2)$ 中改变目标聚类数，并重新进行实验。表 5.5 显示，更多的辅助任务，甚至是那些没有任何直接任务特定解释的任务（例如，将 Multi-PIE 子集划分为 4、8、12 或 20 个聚类几乎没有语义意义），仍然可能有助于获得更好的性能。可以理解的是，它们只是在从低到高、从粗到细的方案中促进了更多的判识性特征学习。事实上，这是对分类[42]中发现的结论的补充观察。另一方面，至少在这个特定的情况下，当辅助任务的目标簇数越来越接近真值时（这里是 5 和 6），模型似乎实现了最好的性能。我们猜测，适当"匹配"时，每一层中的每一个隐藏表示其实都最适合聚类感兴趣的层所对应的属性。整个模型可以类似于卷积网络[44]中几个相关的高级任务之间共享低级特征滤波器的问题，但上下文不同。

---

　　⊖　在文献［38］中，表 2 可说明，使用最适合的层特征，姿势聚类任务的最佳准确率落在 28％ 左右。

表 5.5    DTAGnet EML/DTAGnet MML 中辅助任务目标聚类数变化的影响

| 方法 | 阶段 I 聚类数 | 阶段 II 聚类数 | 整体准确率 |
|---|---|---|---|
| DTAGnet-EML | 4 | 4 | 0.2827 |
| | 8 | 8 | 0.2813 |
| | 12 | 12 | 0.2802 |
| | 20 | 20 | 0.2757 |
| DTAGnet-MML | 4 | 4 | 0.3030 |
| | 8 | 8 | 0.3006 |
| | 12 | 12 | 0.2927 |
| | 20 | 20 | 0.2805 |

因此，我们的结论是，即使没有明确的属性来构建一个有实际意义的层次聚类问题，深度监督也显示出对深度聚类模型的帮助。然而，当存在这些属性时，最好是利用这些属性，因为它们不仅能带来卓越的性能，而且能带来更清晰的可解释性模型。学习到的中间特征可以潜在地用于多任务学习[45]。

### 5.2.6    结论

在本节中，我们提出了一个基于深度学习的聚类框架。基于端到端的训练，它的特点是受稀疏编码领域专业知识的启发，采用任务特定的深度架构，然后在面向聚类的损失下进行优化。这样精心设计的架构可以带来更有效的初始化和训练，并显著优于相同参数复杂度的通用架构。通过对中间特征引入辅助聚类损失，可以进一步解释和增强该模型。大量的实验验证了所提出模型的有效性和鲁棒性。

## 5.3    参考文献

[1] Duda RO, Hart PE, Stork DG. Pattern classification. John Wiley & Sons; 1999.

[2] Biernacki C, Celeux G, Govaert G. Assessing a mixture model for clustering with the integrated completed likelihood. IEEE TPAMI 2000;22(7):719–25.

[3] Xu L, Neufeld J, Larson B, Schuurmans D. Maximum margin clustering. In: NIPS; 2004. p. 1537–44.

[4] Zhao B, Wang F, Zhang C. Efficient multiclass maximum margin clustering. In: Proceedings of the 25th international conference on Machine learning. ACM; 2008. p. 1248–55.

[5] Zhao B, Wang F, Zhang C. Efficient maximum margin clustering via cutting plane algorithm. In: SDM; 2008.

[6] Li X, Zhang K, Jiang T. Minimum entropy clustering and applications to gene expression analysis. In: CSB. IEEE; 2004. p. 142–51.

[7] Barber D, Agakov FV. Kernelized infomax clustering. In: Advances in neural information processing systems; 2005. p. 17–24.

[8] Zheng M, Bu J, Chen C, Wang C, Zhang L, Qiu G, et al. Graph regularized sparse coding for image representation. IEEE TIP 2011;20(5):1327–36.

[9] Zhang Li, Zhou Wei-da, Jiao Li-cheng. Kernel clustering algorithm. Chinese Journal of Computers 2002;6:004.

[10] Roth V, Lange T. Feature selection in clustering problems. In: NIPS; 2003.

[11] Wright J, Yang AY, Ganesh A, Sastry SS, Ma Y. Robust face recognition via sparse representation. IEEE TPAMI 2009;31(2):210–27.

[12] Cheng B, Yang J, Yan S, Fu Y, Huang TS. Learning with l1 graph for image analysis. IEEE TIP 2010;19(4).

[13] Ng AY, Jordan MI, Weiss Y, et al. On spectral clustering: analysis and an algorithm. NIPS 2002;2:849–56.

[14] Sprechmann P, Sapiro G. Dictionary learning and sparse coding for unsupervised clustering. In: Acoustics speech and signal processing (ICASSP), 2010 IEEE international conference on. IEEE; 2010. p. 2042–5.

[15] Chen YC, Sastry CS, Patel VM, Phillips PJ, Chellappa R. In-plane rotation and scale invariant clustering using dictionaries. IEEE Transactions on Image Processing 2013;22(6):2166–80.

[16] Yang Y, Wang Z, Yang J, Han J, Huang TS. Regularized $\ell_1$-graph for data clustering. In: Proceedings of the British machine vision conference; 2014.

[17] Mairal J, Bach F, Ponce J. Task-driven dictionary learning. IEEE TPAMI 2012;34(4):791–804.

[18] Wang Z, Nasrabadi NM, Huang TS. Semisupervised hyperspectral classification using task-driven dictionary learning with Laplacian regularization. IEEE Transactions on Geoscience and Remote Sensing 2015;53(3):1161–73.

[19] Yang Y, Wang Z, Yang J, Wang J, Chang S, Huang TS. Data clustering by Laplacian regularized $\ell_1$-graph. In: AAAI; 2014.

[20] Aharon M, Elad M, Bruckstein A. K-SVD: an algorithm for designing overcomplete dictionaries for sparse representation. IEEE TSP 2006.

[21] Yang J, Wang Z, Lin Z, Shu X, Huang T. Bilevel sparse coding for coupled feature spaces. In: CVPR. IEEE; 2012. p. 2360–7.

[22] Dai B, Hu B. Minimum conditional entropy clustering: a discriminative framework for clustering. In: ACML; 2010. p. 47–62.

[23] Li YF, Tsang IW, Kwok JT, Zhou ZH. Tighter and convex maximum margin clustering. In: International conference on artificial intelligence and statistics; 2009. p. 344–51.

[24] Crammer K, Singer Y. On the algorithmic implementation of multiclass kernel-based vector machines. The Journal of Machine Learning Research 2002;2:265–92.

[25] Lee CP, Lin CJ. A study on l2-loss (squared hinge-loss) multiclass SVM. Neural Computation 2013;25(5):1302–23.

[26] Lovász L, Plummer M. Matching theory, vol. 367. American Mathematical Soc.; 2009.

[27] Nie F, Xu D, Tsang IW, Zhang C. Spectral embedded clustering. In: IJCAI; 2009. p. 1181–6.

[28] Chang S, Han W, Tang J, Qi G, Aggarwal C, Huang TS. Heterogeneous network embedding via deep architectures. In: ACM SIGKDD; 2015.

[29] Gregor K, LeCun Y. Learning fast approximations of sparse coding. In: ICML; 2010. p. 399–406.

[30] Bertsekas DP. Nonlinear Programming 1999.

[31] Wang Z, Yang Y, Chang S, Li J, Fong S, Huang TS. A joint optimization framework of sparse coding and discriminative clustering. In: IJCAI; 2015.

[32] Lee H, Battle A, Raina R, Ng AY. Efficient sparse coding algorithms. In: NIPS; 2006. p. 801–8.

[33] Bengio Y. Learning deep architectures for ai. Foundations and Trends in Machine Learning 2009;2(1):1–127.

[34] Krizhevsky A, Sutskever I, Hinton GE. Imagenet classification with deep convolutional neural networks. In: NIPS; 2012. p. 1097–105.

[35] Gross R, Matthews I, Cohn J, Kanade T, Baker S. Multi-PIE. Image and Vision Computing 2010;28(5).

[36] Tian F, Gao B, Cui Q, Chen E, Liu TY. Learning deep representations for graph clustering. In: AAAI; 2014.

[37] Chen G. Deep learning with nonparametric clustering. arXiv preprint arXiv:1501.03084, 2015.

[38] Trigeorgis G, Bousmalis K, Zafeiriou S, Schuller B. A deep semi-NMF model for learning hidden representations. In: ICML; 2014. p. 1692–700.

[39] Beck A, Teboulle M. A fast iterative shrinkage-thresholding algorithm for linear inverse problems. SIAM Journal on Imaging Sciences 2009;2(1):183–202.

[40] Sutskever I, Martens J, Dahl G, Hinton G. On the importance of initialization and momentum in deep learning. In: ICML; 2013. p. 1139–47.

[41] Donahue J, Jia Y, Vinyals O, Hoffman J, Zhang N, Tzeng E, et al. DeCAF: a deep convolutional

activation feature for generic visual recognition. arXiv preprint arXiv:1310.1531, 2013.

[42] Lee CY, Xie S, Gallagher P, Zhang Z, Tu Z. Deeply-supervised nets. arXiv preprint arXiv:1409.5185, 2014.

[43] Nene SA, Nayar SK, Murase H, et al. Columbia object image library (COIL-20). Tech. rep.

[44] Glorot X, Bordes A, Bengio Y. Domain adaptation for large-scale sentiment classification: a deep learning approach. In: ICML; 2011. p. 513–20.

[45] Wang Y, Wipf D, Ling Q, Chen W, Wassail I. Multi-task learning for subspace segmentation. In: ICML; 2015.

# 信 号 处 理

Zhangyang Wang，Ding Liu，Thomas S. Huang

## 6.1 深度优化的压缩传感技术

### 6.1.1 背景

考虑一个信号 $x \in \mathbb{R}^d$，它在字典 $D \in \mathbb{R}^{d \times n}$ 上接纳一个稀疏表示 $\alpha \in \mathbb{R}^n$，且 $\|\alpha\|_0 \ll n$。压缩传感（CS）[1,2]揭示了一个惊人的事实，即在适当的 $D$ 上稀疏表示的信号，可以从比 Nyquist-Shannon 采样定理所要求的少得多的测量值中恢复出来。这意味着联合信号采样和压缩的潜力，并引发了许多新型器件的发展[3]。给定采样（或传感）矩阵 $P \in \mathbb{R}^{m \times d}$，其中 $m \ll d$，CS 从 $x$ 中采样 $y \in \mathbb{R}^m$，且

$$y = Px = PD\alpha \tag{6.1}$$

考虑到实际 CS 的情况下，$y$ 的采集和传输可能是有噪声的，通过求解凸问题（$\lambda$ 为常数），找到其稀疏表示形式 $\alpha$，就可以从其压缩形式 $y$ 中恢复出原始的 $x$：

$$\min_{\alpha} \lambda \|\alpha\|_1 + \frac{1}{2} \|y - PD\alpha\|^2 \tag{6.2}$$

只有明智地选择 $P$ 和 $D$，使 $x$ 可以在 $D$ 上有足够的稀疏表示，且 $P$ 和 $D$ 具有较低的互相干性，CS 才是可行的[4]。我们对 $D$ 的选择进行了研究。早期的文献对 $D$ 采用标准的正交变换，如离散余弦变换（DCT），其中 $d = n$，而对于更稀疏的 $x$ 来说，$d < n$ 的超完全字典成为主导，超完全 $D$ 可以是预先指定的函数集（超完全 DCT、小波等），也可以通过调整其内容来设计，以适应给定的信号实例集。近来，由于字典学习的发展，出现了强大的数据驱动方法，可从训练数据中学习 $D$，实现了性能的提高。

CS 中的另一个基本问题是如何选择 $P$，使 $x$ 可以高概率地被恢复。以前，随机投影矩阵被证明是一个很好的选择，因为它的列与任何基础 $D$ 几乎是不相干的，例如，文献［5-8］中研究了设计确定性投影矩阵的规则。Elad[5]最小化了 $t$ 平均互相干性，这是次优的。Xu 等[6]提出了基于 Welch 边界的求解器[9]。最近，文献［8］发展了一种基于 $\ell_\infty$ 的最小化度量。

虽然获取 CS 测量值比较简单（与 $P$ 相乘），但计算负荷被转移到了恢复过程中。方程（6.2）可以通过凸优化[10]或贪婪算法[11]来解决。它们的迭代性导致了固有的

顺序结构，从而导致了显著的延迟，造成了计算效率的重大瓶颈。最近，有人主张用前馈式深度神经网络取代迭代算法，以提高信号恢复的速度[12-13]。然而，现有的有限工作似乎在很大程度上忽略了经典的 CS 流水线：它们只是简单地应用数据驱动的深度模型，如"黑盒子"，通过回归将 $y$ 映射回 $x$（或等价于其稀疏表示 $\alpha$）。

### 6.1.2　压缩传感的端到端优化模型

假设我们给定一类目标信号 $X \in \mathbb{R}^{d \times t}$，其中每列 $x_i \in \mathbb{R}^d$ 代表一个输入信号。相应地，$Y \in \mathbb{R}^{m \times t}$ 和 $A \in \mathbb{R}^{n \times t}$ 分别表示 CS 样本 $y_i = PDx_i$ 的集合，以及它们的稀疏表示 $\alpha_i$。CS 在编码器端从输入信号 $X$ 中采样 $Y$，然后在解码器端从 $Y$ 中重建 $\hat{X}$，使 $\hat{X}$ 尽可能地接近 $X$。从概念上讲，这样的流水线分为以下四个阶段：

- 第 Ⅰ 阶段：表示。寻求 $X$ 关于 $D$ 的最稀疏表示 $A \in \mathbb{R}^{n \times t}$。
- 第 Ⅱ 阶段：测量。通过 $Y = PDA$ 从 $A$ 中获得 $Y$。
- 第 Ⅲ 阶段：恢复。通过解式（6.2）从 $Y$ 中恢复 $\hat{A}$。
- 第 Ⅳ 阶段：重构。重构 $\hat{X} = D\hat{A}$。

阶段 Ⅰ 和阶段 Ⅳ 通常通过设计变换对来实现。我们引入分析字典 $G \in \mathbb{R}^{n \times d}$，与合成字典 $D$ 联合，使 $X = DA$，$A = GX$。阶段 Ⅰ 和阶段 Ⅱ 属于编码器，在实际操作中通常合并为一步，$Y = PX$。在实际 CS 流水线中，$A$ 可以作为一个"辅助"变量，但为了强调 $X$ 固有的稀疏性先决条件，我们单独写出阶段 Ⅰ 和 Ⅱ，阶段 Ⅲ 和 Ⅳ 构成解码器。假设 $P$ 由编码器和解码器共享⊖。

据我们所知，CS 编码器和解码器的端到端联合优化是没有的。在训练阶段，给定训练数据 $X$，我们将整个 CS 流水线表示为

$$\min_{D, G, P} \quad \| X - D\hat{A} \|_F^2 + \gamma \| X - DGX \|_F^2$$

$$\text{s.t.} \quad \hat{A} \in \arg\min \frac{1}{2} \| Y - PD\hat{A} \|_F^2 + \lambda \| \hat{A} \|_1, Y = PX \tag{6.3}$$

方程（6.3）是一个双层的优化问题[14]。在下层，我们将阶段 Ⅱ 作为等式约束，阶段 Ⅲ 作为 $\ell_1$ 最小化。在上层，测量原始 $X$ 与重建 $D\hat{A}$ 之间的重建误差。此外，合成和分析字典对必须满足重建约束。它们的加权和是式（6.3）的要最小化的总体目标。将得到的 $D$、$G$、$P$ 应用于测试，输入 $x$ 经过阶段 Ⅰ 到 Ⅳ，最后进行重构。

许多经典的 CS 流水线使用固定的稀疏化变换对（如 DCT 和逆 DCT（IDCT））作为 $D$ 和 $G$，而 $P$ 是一些随机矩阵。最近，有一些模型变体试图学习一部分参数：

- 案例 Ⅰ：给定 $D$ 和 $G$，学习 $P$。这种方法在文献［6,8］中使用。作者对稀疏

---

⊖　实际 CS 系统传输随机采样矩阵的"种子"，与 CS 样本一起传输。SGD 的非凸收敛证明假设三次可微分的成本函数[14]。

化表示法 $\boldsymbol{\alpha}$ 没有太多关注。

- 案例 II：给定 $\boldsymbol{Y}=\boldsymbol{PX}$，学习 $\boldsymbol{D}$ 和 $\boldsymbol{P}$。这相当于只优化解码器。Duarte-Carva-jalino 和 Sapiro[7] 提出了联合优化 $\boldsymbol{P}$ 和 $\boldsymbol{D}$ 的耦合-SVD 算法，但他们的公式（文献 [7] 中的等式（19））没有直接最小化 CS 重建误差。最近提出的基于深度学习的 CS 模型，如文献 [13,12] 中的模型，也被归为这种情况（它们与 DOCS 的比较见 3.5 节）。

相比之下，我们的主要目标是对流水线进行端到端的联合优化，这应该是优于上述"局部"解决方案的。求解双层优化（6.3）是可能的[15]，然而需要大量的计算，而且没有太多理论上的保证⊖。此外，为了将学习到的 CS 模型应用到测试中，仍然不可避免地要反复求解（6.2）以恢复 $\boldsymbol{\alpha}$。

### 6.1.3　DOCS：前馈 CS 和联合优化 CS

我们的目标是将对式（6.3）的理解转化为一个完全前馈的 CS 流水线，它有望确保降低计算复杂性。一般前馈流水线被称为深度优化压缩传感（DOCS），如图 6.1a 所示。

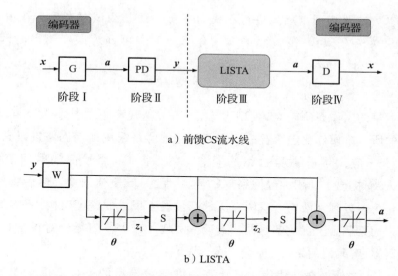

a）前馈CS流水线

b）LISTA

图 6.1　a）前馈 CS 流水线示意图，其中阶段 I、II 和 IV 均简化为矩阵乘法。b）用于以前馈网络方式实现迭代稀疏恢复算法的 LISTA 结构（截断 $K=3$ 阶段）

阶段 I、II、IV 自然是前馈的，而阶段 III 通常是指迭代算法求解（6.2），因此成为主要的计算瓶颈。为了简化符号，令 $\boldsymbol{M}=\boldsymbol{PD}\in\mathbb{R}^{m\times n}$，我们利用一种前馈近似，称为可学习迭代收缩和阈值算法（LISTA）[16]。LISTA 的提出是为了高效地逼近输入 $\boldsymbol{x}$

---

⊖　SGD 的非收敛证明假设三次可微分成本函数[14]。

的基于 $\ell_1$ 的稀疏码 $\boldsymbol{\alpha}$，它可以作为一个神经网络来实现，如图 6.1b 所示。通过展开和截断迭代收缩和阈值算法（ISTA）得到网络架构。该网络有 $K$ 个阶段，每个阶段都会根据下式更新中间稀疏码 $\boldsymbol{z}^k(k=0,\cdots,K-1)$：

$$\boldsymbol{z}^{k+1} = s_\theta(\boldsymbol{Wx} + \boldsymbol{Sz}^k),\text{其中}\,\boldsymbol{W} = \boldsymbol{M}^{\mathrm{T}},\boldsymbol{S} = \boldsymbol{I} - \boldsymbol{M}^{\mathrm{T}}\boldsymbol{M},\theta = \lambda \tag{6.4}$$

$s_\theta$ 是一个逐元素的软收缩算子$^\ominus$。网络参数 $\boldsymbol{W}$、$\boldsymbol{S}$ 和 $\theta$ 可以由原模型（6.2）的 $\boldsymbol{M}$ 和 $\lambda$ 初始化，并通过反向传播进一步调整[16]。为方便起见，我们在训练过程中把 $\boldsymbol{M}$ 和 $\boldsymbol{D}$ 拆开，作为两个独立的变量来处理。

将式（6.2）转化为 LISTA 形式，并将阶段 I 和阶段 II 合并为一个线性层 $\boldsymbol{P}$ 后，四阶段 CS 流水线现在变成了一个全连接的前馈网络。请注意，阶段 I、II、IV 都是线性的，只有阶段 III 包含非线性的"神经元"$s_\theta$。我们当然知道在阶段 I、II 和 IV 中增加非线性神经元的可能性，但为了忠实于式（6.2），我们选择坚持它们的"原始形式"。然后，从训练数据中联合调整所有参数 $\boldsymbol{G}$、$\boldsymbol{W}$、$\boldsymbol{S}$ 和 $\boldsymbol{D}$，使用反向传播$^\ominus$。DOCS 的整体损失函数为 $\|\boldsymbol{X}-\boldsymbol{D}\hat{\boldsymbol{A}}\|_F^2 + \gamma\|\boldsymbol{X}-\boldsymbol{DGX}\|_F^2$。通过随机梯度下降算法对整个 DOCS 模型进行联合更新。

复杂度

由于 DOCS 的训练可以离线进行，我们主要关注其测试复杂度。在编码器端，时间复杂度仅为 $O(md)$。在解码器端，有 $K+1$ 个可训练层，使得时间复杂度为 $O(mn+(K-1)n^2+nd)$。

相关工作

已经有大量的工作在研究 CS 模型[1,2]，并开发迭代算法[10,11]。然而，其中很少有从端到端的所有阶段优化中获益的。直到最近才考虑采用前馈网络进行高效恢复。Mousavi 等人[12]应用堆叠去噪自编码器（SDA）将 CS 测量值映射回原始信号。Kulkarni 等人[13]提出了卷积神经网络（CNN）通过 CS 重建图像，然后将额外的全局增强步骤作为后处理。然而，这两篇文献都依赖于现成的深度架构，对 CS 的定制化程度不高，而且侧重于优化解码器。最近，文献［17-18］开始针对视频 CS 的具体问题研究编码器-解码器网络。

除了 LISTA 之外，在迭代优化算法和深度学习模型的衔接上也会催生更多的想法。在文献［19］中，作者在快速可训练回归器上利用类似的思想，构建了前馈网络近似。后来在文献［20］中又扩展开发了一种学习确定性的固定复杂性追踪的算法，用于稀疏和低秩模型。最近，文献［21］将 $\ell_0$ 稀疏近似建模为前馈神经网络。作者在文献［22］中将该策略扩展到图正则化的 $\ell_1$ 近似，在文献［23］中将

---

$\ominus$　$[s_\theta(\boldsymbol{u})]_i = \mathrm{sign}(\boldsymbol{u}_i)\max(\boldsymbol{u}_i|-\theta_i,0)$，$\boldsymbol{u}$ 是一个向量，$\boldsymbol{u}_i$ 是其第 $i$ 个元素。

$\ominus$　在调整过程中，$\boldsymbol{W}$ 和 $\boldsymbol{S}$ 是不受约束的，但 $\boldsymbol{S}$ 是由 $k$ 个 LISTA 阶段共享的。

其扩展到基于 $\ell_\infty$ 的最小化。但是，在 CS 流水线上还没有沿着这个方向进行系统的研究。

### 6.1.4 实验

**设置**

在一个拥有 12 个 Intel Xeon 2.67GHz CPU 和 1 个 Titan X GPU 的工作站上，我们用 CUDA ConvNet[24] 实现了所有的深度模型。对于所有模型，批处理大小为 256，动量为 0.9。训练通过权重衰减（$\ell_2$ 惩罚乘数设置为 $5\times10^{-4}$）和 dropout（比率设置为 0.5）进行正则化；$\gamma$ 设置为 5，$D$ 和 $G$ 分别使用超完全 DCT 和 IDCT 进行初始化。我们还将 $P$ 初始化为高斯随机矩阵。除了 DOCS 外，我们还进一步设计了以下两个基准：

- 基准 I：$D$ 和 $G$ 分别固定为超完全 DCT 和 IDCT。阶段 II 利用随机 $P$，阶段 III 则依靠运行最先进的迭代稀疏恢复算法 TVAL3[25]⊖。这构成了最基本的 CS 基准，没有从数据中学习参数。
- 基准 II：$D$ 和 $G$ 被 DOCS 用学习到的矩阵代替。阶段 II 和阶段 III 与基准 I 相同。

**模拟**

为了达到模拟的目的，我们生成 $x\in\mathbb{R}^d$ 以保证固有的稀疏结构，并生成 $T$ 稀疏向量 $\alpha_0\in\mathbb{R}^n$（例如，$n$ 个条目中只有 $T$ 个是非零的）。非零条目的位置是随机选择的，它们的值从 $[-1,1]$ 的均匀分布中抽取。然后我们生成 $x=G\alpha_0+n_0$，其中 $G\in\mathbb{R}^{d\times n}$ 是一个过完全的 DCT 字典[26]，$n_0\in\mathbb{R}^d$ 是一个均值为零、标准差为 0.02 的随机高斯噪声。对于每个模型的训练，我们生成 10000 个样本用于训练，1000 个样本用于测试，在此基础上对整体结果进行平均。默认的 LISTA 层数 $K=3$。

**重构误差**

DOCS 模型和两个基准在三个方案上进行测试：（1）$m=[6:2:16]$，$d=30$，$n=60$；（2）$m=[10:5:35]$，$d=60$，$n=120$；（3）$m=[10:10:60]$，$d=90$，$n=180$；所有情况下 $T$ 都固定为 5。如图 6.2 所示，与基准 I 和 II 相比，DOCS 能够显著降低重建误差。通过对比基准 I 和 II，可以看出，学习到的 $D$ 和 $G$ 导致了比前缀变换更稀疏的表示，因此可以实现更精确的恢复。得益于端到端的调整，DOCS 能够产生比基准 II 更小的误差，反映出学习的稀疏恢复有可能更适合数据。

---

⊖ 我们使用作者在其网站上提供的代码，参数设置为默认值。

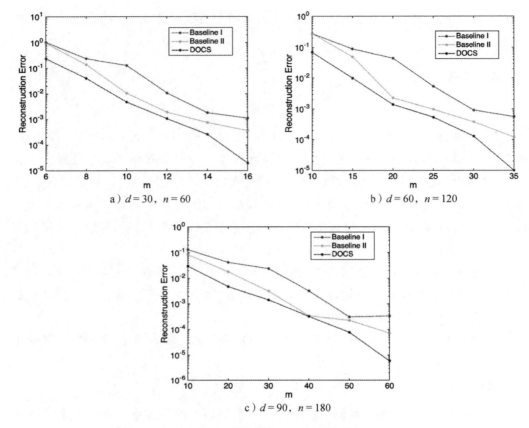

图 6.2　测量次数为 $m$ 时的重建误差

**效率**

在测试过程中，我们比较了不同模型的运行时间，且都是在 CPU 模式下采集的。在上述所有测试情况下，DOCS 的解码器恢复原始信号的时间不超过 1ms，比基准 Ⅰ 和基准 Ⅱ 的迭代恢复算法[25]快了近 1000 倍。DOCS 所取得的速度提升并不完全是因为实现方式的不同。DOCS 只依靠固定数量的最简单的矩阵乘法，在 $n$、$d$ 和 $K$ 固定的情况下，其计算复杂度随测量次数 $m$ 严格线性增长。此外，前馈的特性使得 DOCS 可以兼容 GPU 并行化。

我们进一步评估了不同 $K$ 值下重建误差、测试时间和训练时间的变化情况，对于 DOCS 的具体设置为：$m=60$，$d=90$，$n=180$；$T=30$，如图 6.3 所示。在端到端调整的情况下，如图 6.3a 所示，在降低复杂度的情况下，较小的 $K$ 值（如 2 和 3）表现足够好。图 6.3b 描述了实际测试时间，随着 $K$ 的增长几乎线性增长，这符合模型复杂度。

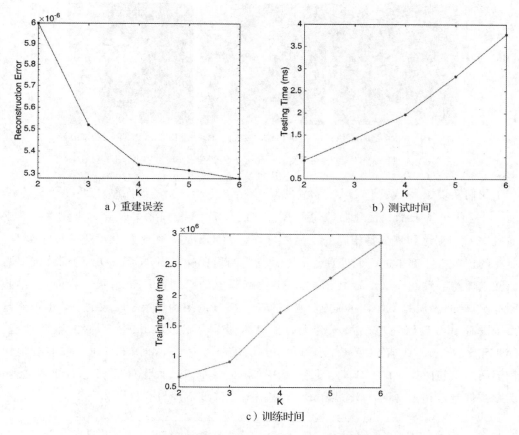

图 6.3　不同 $K$ 值下的重建误差、测试时间和训练时间

**图像重建实验**

我们使用 BSD500 数据库[27] 的不相交的训练集（200 张图像）和测试集（200 张图像）作为我们的训练集，其验证集（100 张图像）用于验证。在训练过程中，我们首先将每张原始图像划分为重叠的 8×8 个碎片作为输入 $x$，即 $d=64$。参数 $n$ 固定为 128，$m=[4:4:16]$。对于测试图像，我们对 8×8 块进行采样，步幅为 4，并以碎片的方式应用模型。最终的结果是通过聚合所有的碎片，对重叠区域进行平均得到的。我们使用 LIVE1 数据集[28] 中的 29 张图像（转换为灰度）来评价定量和定性的性能。参数 $K$ 选择为 3。

表 6.1　LIVE1 数据集的平均 PSNR 比较（dB）

| $m$ | CNN | SDA | DOCS | $m$ | CNN | SDA | DOCS |
|---|---|---|---|---|---|---|---|
| 4 | 20.76 | 20.62 | 22.66 | 12 | 24.62 | 24.40 | 27.58 |
| 8 | 23.34 | 23.84 | 26.43 | 16 | 24.86 | 25.42 | 29.05 |

a) CNN（PSNR=24.06 dB）　b) SDA（PSNR=26.13 dB）　c) DOCS（PSNR=27.18 dB）

图 6.4　$m=8$ 时不同方法在图像 Parrots 上的视觉比较，同时给出了 PSNR

　　我们实现了一个基于文献［13］的 CNN 基准⊖和一个遵循文献［12］的 SDA 基准⊖，这两个基准都只优化阶段Ⅲ和Ⅳ。它们用 $Y=PX$ 馈入，并尝试重建 $X$，其中随机 $P$ 对于训练和测试是相同的。另一方面，DOCS 从头到尾联合优化阶段Ⅰ到Ⅳ。所有的比较方法都不进行后处理。除上述指定的设置外，CNN 和 SDA 的训练细节与原文献保持一致。表 6.1 比较了 LIVE1 数据集上的平均 PSNR 结果。我们观察到，ReconNet 的表现并不好，可能是因为其基于 CNN 的架构偏重于较大的 $d$，也可能是由于没有 BM3D 后处理。当 $m$ 变大时，SDA 获得了比 ReconNet 更好的重建性能。DOCS 比 ReconNet 或 SDA 获得了 4～5dB 的优势。图 6.4 和图 6.5 进一步直观地比较了两组重建图像。DOCS 能够保留更多细微的特征，比如王蝶翅膀上的细微纹理，伪影被抑制。相比之下，CNN 和 SDA 都引入了许多不理想的模糊和失真。

## 6.1.5　结论

　　我们在本节中讨论了 DOCS 模型，它增强了深度学习背景下的 CS。我们的方法可以扩展到推导出许多不那么棘手的优化问题的深度前馈网络解，且效率和性能都有提升。我们提倡这种针对任务的深度网络设计，可以考虑用于更广泛的应用。我们近期的工作涉及如何加入 CS 的更多特定领域的先验值，比如 $P$ 和 $D$ 之间的不相干性。

a）CNN（PSNR=22.90dB）　b）SDA（PSNR=23.65dB）　c）DOCS（PSNR=25.32dB）

图 6.5　$m=8$ 时不同方法在图像 Monarch 上的视觉比较，同时给出了 PSNR

---

⊖　我们采用的特征图大小为 8，用 3×3 滤波器代替 7×7 和 11×11 滤波器。
⊖　我们构造了一个 3 层 SDA，其尺寸与 LISTA 的 3 个可训练层相同。

## 6.2　用于语音去噪的深度学习<sup>⊖</sup>

### 6.2.1　引言

　　语音去噪的目标是从有噪声的录音中产生无噪声的语音信号,同时改善语音成分的感知质量,提高其可理解性。在这里,我们研究的是单耳源语音去噪的问题。这是一个具有挑战性和不确定的问题,因为只给定一个可用的单通道信息,可能有无限多的解决方案。语音去噪可以用在各种实际应用中,其通信中存在背景噪声。语音去噪可以提高自动语音识别(ASR)的准确性。基于对信号和噪声特性的不同假设,已经提出了许多技术,包括频谱减法[29]、基于统计模型的估计[30]、维纳滤波[31]、子空间方法[32]和非负矩阵分解(NMF)[33]。在本节中,我们将介绍一种基于轻量级学习的方法,利用深度神经网络结构去除单通道录音中的噪声。

　　过去,神经网络作为一种非线性滤波器已经被应用于这个问题,例如,文献[34]早期的工作是利用浅层神经网络(SNN)进行语音去噪。然而,当时由于计算能力和训练数据大小的限制,导致神经网络的实现相对较小,限制了去噪性能。

　　在过去的几年里,计算机硬件和先进的机器学习算法的发展使人们能够增加神经网络的深度和宽度。深度神经网络(DNN)在语音识别[35]和语音分离[36]领域取得了许多先进的成果。含有多个非线性隐藏层的DNN在更好地捕捉不同说话者、噪声类型和噪声水平下噪声与干净语句之间的复杂关系方面表现出巨大的潜力。最近,Xu等人[37]提出了一种基于回归的DNN语音增强框架,使用限制性玻尔兹曼机(RBM)进行预训练。

　　在本节中,我们探讨了DNN在语音去噪中的使用,并提出了一种更简单的训练和去噪过程,它不需要RBM预训练或复杂的循环结构。我们使用了一个在语音信号频谱域上操作的DNN,并在呈现噪声输入频谱时预测干净的语音频谱。我们进行了一系列的实验来比较不同参数设置下的去噪性能。实验结果表明,我们的简化方法比其他流行的监督式单通道去噪方法的性能更好,而且能产生一个非常高效的处理模型,放弃了计算成本很高的估计步骤。

### 6.2.2　用于光谱去噪的神经网络

　　下面的章节将介绍我们的模型结构、我们所做的一些领域特定的选择以及为这个任务优化的训练过程。

#### 6.2.2.1　网络架构

　　本节的核心概念是在频域中计算一个噪声信号帧和一个干净信号帧之间的回归。

---

要做到这一点,我们从使用幅度短时傅里叶变换(STFT)的帧开始,这是一个明显的选择。使用这些特征可以抽象出许多相位不确定性,并专注于"关闭"输入频谱帧中纯噪声的部分[34]。

更准确地说,对于一个语音信号 $s(t)$ 和一个噪声信号 $n(t)$,我们构造一个相应的混合信号 $m(t)=s(t)+n(t)$。我们计算上述时间序列的 STFT,得到向量 $s_t$、$n_t$ 和 $m_t$,它们是对应于时间 $t$ 的频谱帧(这些向量的每个元素对应于一个频率桶)。这些向量将构成训练数据集,其中 $m_t$ 为输入,其对应的 $s_t$ 为目标输出。

然后,我们继续设计一个有 $L$ 层的神经网络,当输入 $\|m_t\|$ 时,会输出一个频谱帧预测 $y_t$。这类似于去噪自编码器(DAE)[38],不过在这种情况下,我们并不关心寻找一个有效的隐藏表示,而是努力在提供噪声信号的频谱时预测干净信号的频谱。运行时去噪过程定义为

$$h_t^{(l)} = f_l(W^{(l)} \cdot h_t^{(l-1)} + b^{(l)}) \tag{6.5}$$

$l$ 表示层索引(从 1 到 $L$),$h_t^{(0)} = \|m_t\|$,$y_t = h_t^{(L)}$。函数 $f_l(\cdot)$ 被称为激活函数,可以根据我们的目标采取各种形式,但它传统上是一个 sigmoid 或一些分段线性函数。我们将在后面的章节中探讨这种选择。同样,层数 $L$ 的范围可以是 1(形成一个浅层网络),也可以是我们认为必要的层数(伴随着更高的计算负担并需要更多的训练数据)。

对于 $L=1$,$f_l(\cdot)$ 为恒定函数,这个模型可以折叠成线性回归;而当使用非线性函数 $f_l(\cdot)$ 和多层时,我们就会进行深度非线性回归(或回归深度神经网络)。

### 6.2.2.2　实现细节

为了得到一个正常运行的系统,需要估计的参数是 $W^{(l)}$ 矩阵和 $b^{(l)}$ 向量的集合,分别称为层权重和偏置。我们不会学习的固定参数包括层数 $L$ 和激活函数 $f_l(\cdot)$ 的选择。为了进行训练,我们需要指定网络预测和目标输出之间的成本函数,并需要对其进行优化,这将提供一种手段来查看模型对训练数据的适应程度。

*激活函数*

对于激活函数,最常见的选择是双曲正切函数和逻辑 sigmoid 函数。然而,我们希望预测的输出是光谱幅度值,它将位于 $[0,\infty)$ 的区间内。这意味着我们应该更倾向于选择一个能在该区间内产生输出的激活函数。满足这种偏好的流行选择是修正线性激活,其定义为 $y=\sup\{x,0\}$,即输入与 0 之间的最大值。然而,根据我们的经验,这是一个特别难处理的函数,因为它对负值表现出零导数,并且很可能导致节点一旦达到该状态就会"卡住",输出为零。因此,我们使用一个修改后的版本,它的定义为:

$$f(x) = \begin{cases} x, & x \geqslant \varepsilon \\ \dfrac{-\varepsilon}{x-1-\varepsilon}, & x < \varepsilon \end{cases}$$

其中 $\varepsilon$ 是一个足够小的数字(在我们的模拟中设置为 $10^{-5}$)。这种修改引入了一个从

一∞到 ε 的轻微的斜坡，这保证了导数将指向（尽管是微弱的）正值，并提供了一种方法——一旦节点在其中时，可以离开零状态。

### 成本函数

对于成本函数，我们选择目标向量和预测向量之间的均方误差（MSE），$E \infty \parallel y_t - \parallel s_t \parallel \parallel^2$。虽然 KL 分歧或 Itakura-Saito 分歧这样的选择更适合测量光谱之间的差异，但在实验中，我们发现其最终表现比 MSE 差。

### 训练策略

一旦上述网络特征被指定，我们就可以使用各种方法来估计模型参数。传统的选择包括反向传播算法以及更复杂的程序，如共轭梯度方法和优化方法（如 Levenberg-Marquardt[39]）。此外，有一种趋势是为每一层加入一个使用 RBM 类比的预训练步骤[40]。在针对这一特定任务的实验中，我们发现许多复杂的方法要么在数值上不稳定，要么计算成本过高，要么就是纯粹的冗余。我们使用弹性反向传播算法[41]获得了最快速和可靠的收敛行为。结合上面介绍的修改后的激活函数，这种算法不需要预训练，在与共轭梯度算法大致相同的迭代次数内收敛，其计算要求少得多。初始参数值采用 Nguyen-Widrow 程序[42]设置。在大多数实验中，我们对模型进行了 1000 次迭代的训练，这通常足以实现收敛。关于训练数据的细节将在实验结果部分讨论。

#### 6.2.2.3  提取去噪信号

训练模型后进行去噪工作：从噪声语音信号中提取幅度谱帧，并将其作为输入。如果模型得到了正确的训练，就会得到我们所分析的每一个噪声频谱的干净信号的幅度谱预测。为了将该幅度频谱反转回时域，我们将混合频谱的相位应用于其上，使用具有重叠加法的反 STFT 来合成时域的去噪信号。对于所有的实验，我们在分析和合成变换中都使用平方根 Hann 窗口，跳变大小为傅里叶窗口长度的 25%。

#### 6.2.2.4  处理增益问题

这个方案的一个潜在问题是，当呈现出大得多的数据时（例如，10 倍的响度），网络可能无法进行推断。使用大型数据集时，我们很有可能在各种低增益下看到足够的频谱，以充分进行较低尺度的回归，但不会观察到超过某个阈值的频谱，这意味着我们将无法去噪非常大的信号。为解决该问题，一种方法是将所涉及的光谱的增益归一化，使其位于一个特定的范围内，但我们也可以采用一些简单的修改来实现更好的回归。

为了做到这一点，我们执行以下步骤。首先将所有的输入和输出频谱归一化，使其具有相同的 $\ell_1$ 范数（任意选择单位范数）。在训练过程中再增加一个输出节点，该节点被训练为预测语音信号的输出增益。目标输出增益值也被归一化为在一个语句上具有单位方差，以便使所需输出信号的规模具有不变性。通过这种修改，为了获得去噪信号的频谱，我们必须将该增益节点的输出与所有其他节点预测的语音频谱相乘。

由于对预测的增益进行了归一化处理，我们将不会恢复具有精确增益的干净输入信号，而是恢复具有大致相同的振幅调制和恒定缩放因子的去噪信号。在下一节中，我们将比较这种方法与简单地在未归一化频谱上进行的训练。

### 6.2.3　实验结果

实验结果探索了相关信号和网络参数的影响，以及当训练数据集不能充分代表测试数据时性能的下降。

#### 6.2.3.1　实验设置

实验采用以下方式进行设置。我们使用 TIMIT 数据库中的 100 个语音，涵盖 10 个不同的发言者。我们还维护了一组五种噪声，分别为机场、火车、地铁、潺潺声和钻头。然后，我们通过选择噪声的随机子集，并将其与语音信号叠加，生成一些噪声语音录音。在构建噪声混合物的同时，我们还指定了每个录音的信噪比。完成噪声信号的生成后，我们将其分成一个训练集和一个测试集。

在去噪过程中，我们可以指定多个参数，这些参数对分离质量有直接影响，并且与网络的结构有关。本节将介绍我们认为最重要的子集。这些参数包括：输入节点的数量，隐藏层的数量及其节点的数量，激活函数，以及要考虑的先前输入帧的数量。

当然，参数的数量相当大，考虑所有可能的组合是一项难以完成的任务。在下面的实验中，我们在进行单参数搜索的同时，根据观察将其余参数固定在一组合理的选择中。固定参数为：输入帧大小为 1024pts，单个隐藏层为 2000 个单元，采用上述修改后的修正线性激活函数，0dB SNR 输入，无输入归一化，无时间记忆。

对于所有的参数扫描，我们显示了从 BSS-EVAL 工具箱[43] 计算出的信噪比（SDR）、信号干扰比（SIR）和信伪比（SAR）。此外，我们还计算了短时客观可懂度（STOI），它是对去噪语音可懂度的定量估计[44]。对于所有这些度量，数值越高越好。

#### 6.2.3.2　网络结构分析

在本节中，我们将介绍网络的结构对性能的影响。重点研究四个我们认为最关键的参数，即输入窗口大小、层数、激活函数和时间记忆。

输入节点的数量与所使用的分析窗口的大小有直接的关系，这与我们将时域数据转换到频域的 FFT 的大小是一样的。在图 6.6 中，我们展示了不同窗口大小的影响。可以看到，大约 64ms（1024pts）的窗口产生的效果最好。

另一个重要的参数是网络的深度和宽度，即隐藏层的数量和相应的节点。在图 6.7 中，我们展示了不同设置下的结果，从简单的浅层网络到每层 2000 个节点的双隐藏层网络。可以注意到，随着单元数的增加，SIR 有增加的趋势，但这种趋势在一段时间后停止。目前还不清楚这是否是与我们使用的训练数据点数量有关。

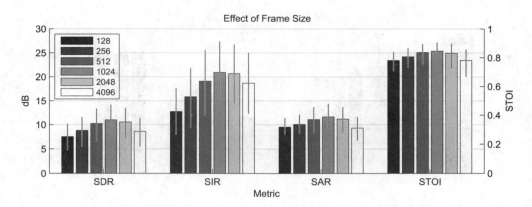

图 6.6　比较不同的输入 FFT 大小，可以看到，对于 16kHz 采样的语音信号，我们用
　　　　1024 点获得最佳结果。与本节的所有图一样，条形图显示的是平均值，条形图
　　　　上的垂直线表示实验中的最小和最大观测值

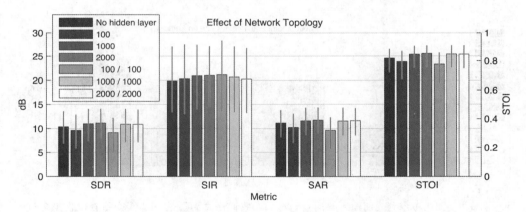

图 6.7　比较不同的网络结构，可以看到具有 2000 个单元的单个隐藏层似乎表现最好。
　　　　图例中，对应于单个数字的条目表示有该数量隐藏单元的单隐藏层；对应于两
　　　　个数字的条目表示有两个隐藏层的网络，这两个数字分别是第一和第二隐藏层
　　　　的单元数

　　无论 SDR、SAR 和 STOI 似乎都需要更多单元的隐藏层。综合这两个观察结果，
我们注意到 2000 个单元的单个隐藏层是最佳的。

　　我们还考察了各种激活函数的效果，包括整流线性激活（经过上述修改）、双曲
正切和逻辑 sigmoid 函数，结果如图 6.8 所示。在所有的情况下，似乎修改后的修正
线性激活函数始终是表现最好的。

　　最后，我们考察卷积结构对输入的影响，如图 6.9 所示。我们使用一个接收当前
分析窗口以及任意数量的过去窗口作为输入的模型。在实验中，过去窗口的数量范围
从 0 到 14。我们在测量结果中观察到了一个熟悉的模式，其中 SIR 的提高是以不断
减少的 SDR/SAR/STOI 为代价的。总的来说，我们得出结论，连续两帧的输入是一
个很好的选择，尽管即使是一个简单的无记忆模型也会有足够合理的表现。

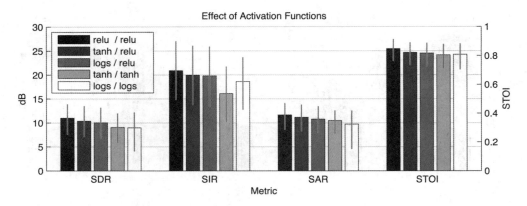

图 6.8　比较不同的激活函数，可以看到修正线性激活优于其他常见函数。图例给出了隐藏层和输出层的激活函数，"relu"是修正线性，"tanh"是双曲正切，"logs"是逻辑 sigmoid

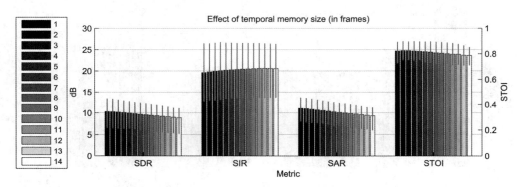

图 6.9　使用考虑到先前输入帧的卷积形式，我们注意到虽然 SIR 性能随着包含更多过去的帧而增加，但在超过两帧之后，整体质量会有所下降

### 6.2.3.3　对变化的鲁棒性分析

为了评价这个模型的鲁棒性，我们在各种情况下对它进行测试。在这些情况下，输入是其不可见的数据，比如 SNR、发言者和噪声类型。

图 6.10 显示了该模型在不同 SNR 下的鲁棒性。该模型在 0dB SNR 混合物上进行训练，并在 20dB SNR 到-18dB SNR 的混合物上进行评价。我们另外测试了在原始输入数据上训练的方法和使用上述增益预测模型的方法。在图 6.10 中，对这两种方法进行了比较。请注意，显示的数值是绝对值，而不是从输入混合物中得到的改进。正如我们所看到的，对于正的 SNR，SIR 有了很大的改善，SDR/SIR/STOI 也相对稳定，对原始输入进行训练似乎效果更好。对于负的 SNR，结果仍然得到了改善，尽管不像以前那样剧烈。我们还注意到，在这些情况下，使用增益预测的训练往往会有更好的表现。

接下来，我们评价这种方法对训练过程中不可见的数据的鲁棒性。通过这些测试，我们可以期望这种方法在应用于未被训练的噪声和发言者上时效果如何。为此进

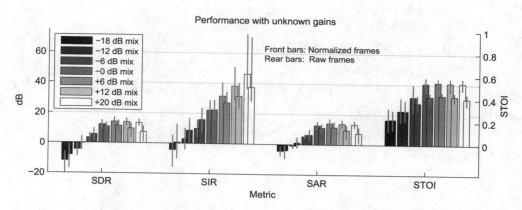

图 6.10　使用多个 SNR 输入，并在 0dB SNR 上训练的网络上进行测试。请注意，结果是绝对值，即我们不显示改进的情况。所有的结果都是使用条形对显示的，左/后条显示的是在原始数据上训练时的结果，右/前条显示的是进行增益预测时的结果

行了三个实验，一个是在训练中测试噪声不可见，一个是在训练中测试发言者不可见，一个是在训练中测试噪声和测试发言者都不可见。对于噪声不可见的情况，我们在包含潺潺声、机场、火车和地铁噪声的混合物上训练模型，并在包含钻头噪声（该噪声在频谱和时间结构上都与训练噪声有显著不同）的混合物上进行评价。对于发言者不可见的情况，我们只是从训练数据中保留了一些发言者，而对于噪声和发言者都不可见的情况，我们使用了上述组合。这些实验的结果如图 6.11 所示。对于发言者不可见的情况，我们只看到性能的轻度下降，这意味着这种方法很容易用于发言者变化的情况。对于不可见的噪声，我们观察到结果有较大的下降，这是由于噪声类型的性质急剧不同。即使如此，与其他单通道去噪方法相比，结果仍然足够好。噪声和发言者都不可见的情况下的结果似乎与噪声不可见的情况下的结果处于同一水平，这再次证实了我们的结论，即这种方法在跨发言者的泛化方面效果非常好。

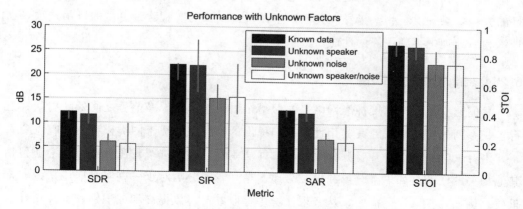

图 6.11　网络在训练中不可见的数据上使用时的性能。分别展示了已知发言者和噪声、发言者不可见、噪声不可见以及发言者和噪声不可见时的结果

### 6.2.3.4  与 NMF 的比较

本节将这种方法与另一种流行的监督式单通道去噪方法进行比较。在图 6.12 中，我们将这种方法的性能与在发言者和噪声上训练的非负矩阵分解（NMF）模型进行比较[33]。对于 NMF 模型，使用我们发现的该任务的最佳基函数的数量。很明显，我们提出的方法明显优于这种方法。

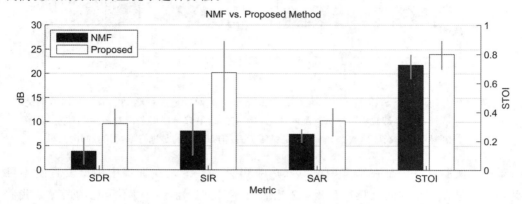

图 6.12　所提出的方法与基于 NMF 的去噪的比较

根据上述实验，我们可以得出一系列结论。可以看到，这种方法是可行的，对不可见的混合情况（包括增益和源的类型）有足够的鲁棒性。还可以看到，深层或卷积结构并不关键，尽管它确实提供了一些性能优势。在激活函数方面，我们注意到修正线性激活似乎表现最好。我们提出的方法提供了一个非常高效的运行时去噪过程，它仅由输入帧大小的线性变换和一个 max 运算组成。这使得我们的方法在计算复杂度上与频谱减法处于同一水平，同时在去噪性能上具有显著优势。与基于 NMF 的去噪等方法不同的是，在运行时不需要进行估计，这使得过程更加轻量级。

当然，我们的实验并不是详尽无遗的，但这些方法确实为使用什么结构来实现良好的去噪效果提供了一些指导。我们期望通过进一步的实验测量更多的可用选项，在训练和后处理中得到更好的性能。

## 6.2.4　结论和未来工作

我们建立了一个深度神经网络来学习嘈杂语音信号到干净信号之间的映射，并进行了一系列的实验来研究其实用性。我们提出的模型明显优于同类模型 NMF。

语音去噪是一个单耳音源分离问题，即从单耳录音中进行音源分离，其中还包括其他相关的任务，如语音分离和唱腔分离。单耳音源分离对于一些实际应用来说非常重要。例如，在歌声分离中，从音乐伴奏中提取歌声可以提高和弦识别和音高估计的准确性。在未来，我们可能会利用语音去噪和其他相关任务之间的联系，采用类似的基于深度学习的方法来完成这些任务。

## 6.3　参考文献

[1] Candès EJ, Romberg J, Tao T. Robust uncertainty principles: exact signal reconstruction from highly incomplete frequency information. Information Theory, IEEE Transactions on 2006;52(2):489–509.

[2] Candès EJ, Wakin MB. An introduction to compressive sampling. Signal Processing Magazine, IEEE 2008;25(2):21–30.

[3] Wakin MB, Laska JN, Duarte MF, Baron D, Sarvotham S, Takhar D, et al. An architecture for compressive imaging. In: ICIP. IEEE; 2006.

[4] Gribonval R, Nielsen M. Sparse representations in unions of bases. Information Theory, IEEE Transactions on 2003;49(12):3320–5.

[5] Elad M. Optimized projections for compressed sensing. IEEE TIP 2007.

[6] Xu J, Pi Y, Cao Z. Optimized projection matrix for compressive sensing. EURASIP Journal on Advances in Signal Processing 2010;2010:43.

[7] Duarte-Carvajalino JM, Sapiro G. Learning to sense sparse signals: simultaneous sensing matrix and sparsifying dictionary optimization. IEEE TIP 2009;18(7):1395–408.

[8] Lin Z, Lu C, Li H. Optimized projections for compressed sensing via direct mutual coherence minimization. arXiv preprint arXiv:1508.03117, 2015.

[9] Welch LR. Lower bounds on the maximum cross correlation of signals (corresp.). Information Theory, IEEE Transactions on 1974;20(3):397–9.

[10] Candes EJ, Tao T. Near-optimal signal recovery from random projections: universal encoding strategies? Information Theory, IEEE Transactions on 2006;52(12):5406–25.

[11] Beck A, Teboulle M. A fast iterative shrinkage-thresholding algorithm for linear inverse problems. SIAM Journal on Imaging Sciences 2009;2(1):183–202.

[12] Mousavi A, Patel AB, Baraniuk RG. A deep learning approach to structured signal recovery. arXiv preprint arXiv:1508.04065, 2015.

[13] Kulkarni K, Lohit S, Turaga P, Kerviche R, Ashok A. ReconNet: non-iterative reconstruction of images from compressively sensed random measurements. arXiv preprint arXiv:1601.06892, 2016.

[14] Mairal J, Bach F, Ponce J. Task-driven dictionary learning. IEEE TPAMI 2012.

[15] Wang Z, Yang Y, Chang S, Li J, Fong S, Huang TS. A joint optimization framework of sparse coding and discriminative clustering. In: IJCAI; 2015.

[16] Gregor K, LeCun Y. Learning fast approximations of sparse coding. In: ICML; 2010. p. 399–406.

[17] Iliadis M, Spinoulas L, Katsaggelos AK. Deep fully-connected networks for video compressive sensing. arXiv preprint arXiv:1603.04930, 2016.

[18] Iliadis M, Spinoulas L, Katsaggelos AK. DeepBinaryMask: learning a binary mask for video compressive sensing. arXiv preprint arXiv:1607.03343, 2016.

[19] Sprechmann P, Litman R, Yakar TB, Bronstein AM, Sapiro G. Supervised sparse analysis and synthesis operators. In: NIPS; 2013.

[20] Sprechmann P, Bronstein A, Sapiro G. Learning efficient sparse and low rank models. IEEE TPAMI 2015.

[21] Wang Z, Ling Q, Huang T. Learning deep $\ell_0$ encoders. AAAI 2016.

[22] Wang Z, Chang S, Zhou J, Wang M, Huang TS. Learning a task-specific deep architecture for clustering. SDM 2016.

[23] Wang Z, Yang Y, Chang S, Ling Q, Huang T. Learning a deep $\ell_\infty$ encoder for hashing. IJCAI 2016.

[24] Krizhevsky A, Sutskever I, Hinton GE. ImageNet classification with deep convolutional neural networks. In: NIPS; 2012.

[25] Li C, Yin W, Jiang H, Zhang Y. An efficient augmented lagrangian method with applications to total variation minimization. Computational Optimization and Applications 2013;56(3):507–30.

[26] Aharon M, Elad M, Bruckstein A. K-SVD: an algorithm for designing overcomplete dictionaries for sparse representation. IEEE TSP 2006;54(11):4311–22.

[27] Arbelaez P, Maire M, Fowlkes C, Malik J. Contour detection and hierarchical image segmentation. IEEE TPAMI 2011;33(5):898–916.

[28] Sheikh HR, Wang Z, Cormack L, Bovik AC. Live image quality assessment database release 2. 2005.

[29] Boll S. Suppression of acoustic noise in speech using spectral subtraction. Acoustics, Speech and Signal Processing, IEEE Transactions on 1979;27(2):113–20.

[30] Ephraim Y, Malah D. Speech enhancement using a minimum-mean square error short-time spectral amplitude estimator. Acoustics, Speech and Signal Processing, IEEE Transactions on 1984;32(6):1109–21.

[31] Scalart P, et al. Speech enhancement based on a priori signal to noise estimation. In: Acoustics, speech, and signal processing, 1996. ICASSP-96. Conference proceedings., 1996 IEEE international conference on. IEEE; 1996. p. 629–32.

[32] Ephraim Y, Van Trees HL. A signal subspace approach for speech enhancement. Speech and Audio Processing, IEEE Transactions on 1995;3(4):251–66.

[33] Wilson KW, Raj B, Smaragdis P, Divakaran A. Speech denoising using nonnegative matrix factorization with priors. In: ICASSP; 2008. p. 4029–32.

[34] Wan EA, Nelson AT. Networks for speech enhancement. In: Handbook of neural networks for speech processing. Boston, USA: Artech House; 1999.

[35] Hinton G, Deng L, Yu D, Dahl GE, Mohamed Ar, Jaitly N, et al. Deep neural networks for acoustic modeling in speech recognition: the shared views of four research groups. Signal Processing Magazine, IEEE 2012;29(6):82–97.

[36] Huang PS, Kim M, Hasegawa-Johnson M, Smaragdis P. Deep learning for monaural speech separation. In: ICASSP. p. 1562–6; 2014.

[37] Xu Y, Du J, Dai L, Lee C. An experimental study on speech enhancement based on deep neural networks. IEEE Signal Processing Letters 2014;21(1).

[38] Vincent P, Larochelle H, Bengio Y, Manzagol PA. Extracting and composing robust features with denoising autoencoders. In: Proceedings of the 25th international conference on machine learning. ACM; 2008. p. 1096–103.

[39] Haykin SS. Neural networks and learning machines, vol. 3. Pearson; 2009.

[40] Erhan D, Bengio Y, Courville A, Manzagol PA, Vincent P, Bengio S. Why does unsupervised pretraining help deep learning? The Journal of Machine Learning Research 2010;11:625–60.

[41] Riedmiller M, Braun H. A direct adaptive method for faster backpropagation learning: the RPROP algorithm. In: IEEE international conference on neural networks; 1993. p. 586–91.

[42] Nguyen D, Widrow B. Improving the learning speed of 2-layer neural networks by choosing initial values of the adaptive weights. In: Neural networks, 1990., 1990 IJCNN international joint conference on, vol. 3; 1990. p. 21–6.

[43] Févotte C, Gribonval R, Vincent E. BSS Eval, a toolbox for performance measurement in (blind) source separation. URL: http://bass-db.gforge.inria.fr/bss_eval, 2010.

[44] Taal CH, Hendriks RC, Heusdens R, Jensen J. An algorithm for intelligibility prediction of time–frequency weighted noisy speech. Audio, Speech, and Language Processing, IEEE Transactions on 2011;19(7):2125–36.

# 维 度 约 简

Shuyang Wang，Zhangyang Wang，YunFu

## 7.1　带有局部限制的边缘化去噪字典学习⊖

### 7.1.1　引言

为图像学习良好的表示方法一直是机器学习和模式识别领域的热门话题。在众多算法中，字典学习是有效提取特征的著名策略。最近，通过 Fisher 判别式字典学习建立了更多的判别式子字典，并带有特定的类标签。通过同时利用不同类型的约束条件，如稀疏性、低秩性和局部性等，以利用全局和局部信息。另一方面，作为深度结构的基本构件，自编码器在提取新的特征表示方面表现出了良好的性能。在本节中，将介绍一种通过将边缘化去噪自编码器融入局部性约束的字典学习方案中的统一特征学习框架，命名为边缘化去噪字典学习（MDDL）[1]。总的来说，所介绍的方法在每个子字典上部署了低秩约束，并以局部性约束代替系数的稀疏性，以便在继承子字典学习的判别度的同时，学习更简洁、更纯粹的特征空间。本节列出的实验结果通过与几种最先进的方法进行比较，证明了 MDDL 的有效性和效率。

从最近的研究来看，稀疏表示在理论和应用上都经历了快速的发展，并在图像分类[2-4]、语音去噪[5]和生物信息学[6]等方面取得了有趣的成果。对于每一个输入信号，其关键思想是利用给定的过完备字典 $D$ 中的原子作为新的表示方法，找到一个线性组合。因此，稀疏表示能够揭示高维数据的底层结构。在稀疏表示法已经被应用到的大量问题中，本节我们将重点讨论需要判别表示法的图像分类。

字典的生成能力和判别能力显然是稀疏表示中的主要因素。在文献［7］中，直接使用原始训练样本作为字典会产生一个问题，即训练集中包含的噪声和模糊性会阻碍测试样本的忠实表示。此外，在这种策略中，隐藏在训练样本背后的辨识信息将被忽略。其实，上述问题可以通过字典学习来解决，字典学习将从原始训练样本中学习一个合适的字典。训练过程结束后，新的信号可以通过从原始训练集中学习到的一组

---

基很好地表示。通过学习好的字典，人脸识别等问题的解决方案得到了极大的改善。为了有区别地表示测试样本，人们在寻求一种适应性好的字典方面做了大量的研究工作。最近，在基于 K-SVD 的字典学习模型中加入了判别约束[8]，其中考虑了分类误差以获得判别能力[9]。在 Jiang 等人的论文中，通过将标签信息与每个字典原子关联起来以加强字典的判别能力[10]。为了学习结构化字典，引入 Fisher 准则来学习一组具有特定类标签的子字典[11]。以上算法都是为了处理清晰的信号或仅被小噪声破坏的信号。对于训练样本被大的噪声破坏的情况，学习的字典将包括破坏内容，导致测试样本无法表示。

## 7.1.2 相关研究

在本节中，我们主要讨论两类相关工作，即字典学习和自编码器。

### 7.1.2.1 字典学习

最近关于字典学习的研究表明，一个经过良好学习的字典在人类动作识别[21]、场景分类[22]和图像着色[23]中会产生更好的表示，从而大大提升性能。

Wright 等人提出了一种基于稀疏表示的分类（SRC），用于鲁棒的人脸识别。假设有 $c$ 个类的训练集 $\boldsymbol{X} = [\boldsymbol{X}_1, \boldsymbol{X}_2, \cdots, \boldsymbol{X}_c]$，其中 $\boldsymbol{X}_i \in \mathbb{R}^{d \times n_i}$ 是第 $i$ 个类的训练样本，维度为 $d$，样本为 $n_i$ 个。SRC 过程由两个阶段来指定对给定测试样本 $\boldsymbol{x}_{\text{test}}$ 进行分类。首先，在编码阶段，我们解决下面的 $\ell_1$ 范数最小化问题：

$$\bar{\boldsymbol{a}} = \arg \min_{\boldsymbol{a}} \| \boldsymbol{x}_{\text{test}} - \boldsymbol{X}\boldsymbol{a} \|_2^2 + \lambda \| \boldsymbol{a} \|_1 \tag{7.1}$$

其中，用 $\ell_1$ 范数作为凸包络来代替 $\ell_0$ 范数，以避免 NP 难问题，同时保持稀疏性。然后通过以下方法进行分类

$$\text{identity}(\boldsymbol{x}_{\text{test}}) = \arg \min_t \boldsymbol{\varepsilon}_i \tag{7.2}$$

其中，$\boldsymbol{\varepsilon}_i = \| \boldsymbol{x}_{\text{test}} - \boldsymbol{X}_i \bar{\boldsymbol{a}}_i \|_2$，$\bar{\boldsymbol{a}}_i$ 是与第 $i$ 类相关的系数向量。SRC 通过选取最小的重建误差 $\boldsymbol{\varepsilon}_i$ 对测试图像进行分类。

在字典学习框架中，没有直接使用训练集本身作为字典，而是引入了一些算法和正则化来学习一个具有更强表示能力的紧凑型字典。在 FDDL 中，基于 Fisher 判别准则迭代更新一组类特定的子字典，其原子对应于类标签，以包含判别信息。Jiang 等人提出了标签一致的 K-SVD（LC-KSVD）算法，使学习到的字典对稀疏编码具有更强的判别能力[10]。这些方法表明，结构化字典可以极大地提高分类性能。但是，如果训练数据大部分被破坏，这些方法的性能会下降很多。

最近引入的低秩字典学习[12]旨在通过将相似的样本归为一个簇来发现全局结构，已经成功应用于许多方面，例如，对象检测[13]、多视角学习[14]、无监督的子空间分割[15]和 3D 视觉恢复[16]。其目标是从损坏的原始输入数据中生成一个低秩矩阵。也就是说，如果给定的数据矩阵 $\boldsymbol{X}$ 被一个稀疏矩阵 $\boldsymbol{E}$ 破坏，而样本具有相似的模式，

那么可以通过秩最小化分离稀疏噪声矩阵来恢复 $X$。根据之前的研究，许多方法将低秩正则化整合到稀疏表示中，用于分离输入信号中的稀疏噪声，同时优化字典原子，以忠实地重建去噪声数据。此外，低阶字典通过添加不同范数的误差项（如 $\ell_1$ 范数、$\ell_{2,1}$ 范数）很好地解决了噪声数据的问题。

Lin[24] 应用增强拉格朗日乘法器（ALM），提出了 Robust PCA，通过求解一个矩阵秩最小化问题，可以恢复单个子空间的损坏数据。在文献［12］中，Liu 等人提出将人脸图像聚类的任务转化为子空间分割问题，假设不同个体的人脸图像位于不同的近乎独立的子空间。

### 7.1.2.2　自编码

最近，当寻求更好的特征提取方法时，深度学习引起了很多人的兴趣。在这个方向上，自编码器[18] 是最流行的构件之一，以形成一个精简版深度学习框架。自编码器在特征学习领域引起了越来越多的关注，并被认为是对人类视觉系统处理图像方式的模拟。自编码器架构明确地包括两个模块，一个编码器和一个解码器。编码器输出一组隐藏的表示单元，由一个带有权重矩阵的线性确定性映射和一个采用对数 sigmoid 的非线性变换实现。解码器根据接收到的稀疏隐藏表示对输入数据进行重构。上述字典学习模型可以形式化为解码器模块。

作为一个典型的输入和目标相同的单隐层神经网络，自编码器[29] 的目的是通过鼓励输出尽可能地与目标相似来发现数据的内在结构。从本质上讲，隐藏层的神经元可以被看作一个很好的表示，因为它们能够重建输入数据。为了鼓励结构化特征学习，在训练过程中对参数做了进一步的约束。

此外，有一个众所周知的处理噪声数据的技巧，即手动向训练样本注入噪声从而用人工损坏的数据进行学习。去噪自编码器（DAE）[30,18] 以人工损坏的数据作为输入进行学习，通过学习一种新的去噪表示，已经成功地应用于各种机器学习任务中。在训练过程中，DAE 将输入数据从具有预先指定的损坏分布的部分被损坏数据重建到其原始的干净版本。这个过程学习了一个鲁棒的表示，确保了对输入数据中某些失真的容忍度。

在此基础上，堆叠去噪自编码器（SDA）[19] 已经成功用于学习新的表征，并在领域适应的标准基准测试上达到了创纪录的准确率。然而，SDA 有两个关键的限制：计算成本高，缺乏对高维特征的扩展性。为了解决这两个问题，文献［20］提出了边缘化 SDA（mSDA）。与 SDA 不同的是，mSDA 对噪声进行了边缘化处理，因此参数可以以闭合形式计算，而不是使用随机梯度下降或其他优化算法。因此，mSDA 将 SDA 的速度显著提高了两个数量级。

Wang 等[28] 分别探讨了局部性约束对两种不同类型的特征学习技术——字典学习和自编码器——的有效性。提出了一种局部约束的协作自编码器（LCAE）来提取具有局部信息的特征，以提高分类能力。为了在编码过程中引入局部性，首先通过 LLC 编码标准对输入数据进行重构，然后将其作为自编码器的目标。即目标 $\hat{x}$ 被替换为局部性重构，具体如下：

$$\min_{C} \sum_{i=1}^{N} \parallel x_i - D c_i \parallel^2 + \lambda \parallel l_i \odot c_i \parallel^2$$

$$\text{s. t. } \mathbf{1}^{\mathrm{T}} c_i = 1, \forall_i \tag{7.3}$$

其中，字典 $D$ 将通过 PCA 对输入训练矩阵 $X$ 进行初始化。所提出的 LCAE 可以使用反向传播算法进行训练，该算法通过将重建误差梯度从输出层反向传播到局部编码目标层来更新 $W$ 和 $b$。

本章所介绍的模型联合学习了自编码器和字典，以从两种技术中获益。为了使模型快速发展，对自编码器的精简版即边缘化去噪自编码器[20]进行了调整，其已经显示出不错的性能和效率。此外，使用几种基准对所提出的算法进行了评价，实验结果显示其与其他先进的方法相比具有更好的性能。

### 7.1.3　带有局部限制的边缘化去噪字典学习模型

在本节中，我们首先重新审视局部约束字典学习和边缘化去噪自编码器，然后介绍了具有局部约束的边缘化去噪字典学习。所提出的整体框架可参见图 7.1。

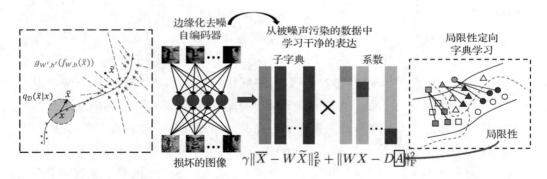

图 7.1　MDDL 的整体框架。在字典学习（DL）方案中采用了边缘化去噪自编码器。DL 中的自编码器和子字典中的权重是联合训练的。每一个学习的子字典都是低秩的，这可以缩小训练样本中包含的噪声的负面影响。对于边缘化去噪自编码器，输入的噪声是人工添加的

#### 7.1.3.1　前提和动机

在本节中，我们通过将边缘化去噪自编码器和局部约束字典学习（MDDL）统一在一起，介绍一种特征学习模型，以同时受益于它们的优点[1]。具体来说，字典学习管理对来自样本空间的损坏数据的处理，而边缘化自编码器试图处理来自特征空间的噪声数据。因此，该算法旨在通过将字典学习和自编码器整合到统一的框架中，从

而很好地处理来自样本空间和特征空间的损坏数据。拟介绍的框架的要点如下：

- MDDL 模型寻求一个变换矩阵，用边缘化去噪自编码器滤掉数据内部的噪声，避免了前向和后向传播，从而有效地工作。
- 其次，对于转化后的数据，模型的目标是建立一组具有局部性约束的监督子字典。这样一来，子字典对每个类都具有判别性，使得新的表示方式在揭示全局结构的同时保留了流形结构。
- 边缘化去噪变换和局部性约束字典在统一的框架中联合学习。这样，该模型可以将自编码器和字典学习整合在一起，产生具有去噪能力和判别信息的特征。

考虑一个矩阵 $X = [x_1, x_2, \cdots, x_n]$，有 $n$ 个样本。低秩表示法试图通过最小化以下目标函数来分割这些样本：

$$\arg \min_{z} \| Z \|_* \quad \text{s. t.} \quad X = DZ \tag{7.4}$$

其中 $\| \cdot \|_*$ 表示核范数，$Z$ 为系数矩阵。在子空间分割问题中，通过最小化 $X$ 与其低秩表示（$D = X$）之间的误差来执行低秩近似。通过在字典更新中应用低秩正则化，DLRD[25] 算法取得了令人印象深刻的结果，特别是存在损坏数据时。Jiang 等人提出了一种基于监督式低秩字典分解的疏密混合表示法，以学习特定类的字典并擦除非特定类信息[26]。此外，监督信息已经被很好地用来寻求一个更有判别力的字典[11,17]。在所介绍的模型中，也采用了监督信息来学习多个子字典，以便从一个低维子空间中抽取来自同一类的样本。

上述基于稀疏表示的方法将每个样本视为一个独立的稀疏线性组合，这种假设未能利用相邻样本之间的空间一致性。最近的研究工作通过使用局部性的思想，在分类的任务上取得了较好的结果[27]。名为局部坐标编码（Local Coordinate Coding，LCC）的方法特别鼓励编码依靠局部结构，其作为对稀疏编码的修改而被提出。在文献 [27] 中，作者还从理论上证明了在一定的假设下，局部性比稀疏性更为必要。受上述学习技术的启发，Wang 等人提出了一种利用几何结构信息增强识别能力的局部性约束低秩字典学习（LC-LRD）[28]。

### 7.1.3.2 再议 LC-LRD

给定一组训练数据 $X = [X_1, X_2, \cdots, X_c] \in \mathbb{R}^{d \times n}$，其中 $d$ 是特征维度，$n$ 是总训练样本数，$c$ 是类数，$X_i \in \mathbb{R}^{d \times n_i}$ 是来自类 $i$ 的样本，共有 $n_i$ 个样本。字典学习的目标是学习具有 $m$ 个原子的字典 $D \in \mathbb{R}^{d \times m}$，其能从 $X$ 中得到一个稀疏的表示矩阵 $A \in \mathbb{R}^{m \times n}$，用于未来的分类任务。那么我们可以写成 $X = DA + E$，其中 $E$ 是稀疏噪声矩阵。我们不是从所有的训练样本中学习字典的整体，而是分别学习第 $i$ 类的子字典 $D_i$。那么 $A$ 和 $D$ 可以写成 $A = [A_1, A_2, \cdots, A_c]$，$D = [D_1, D_2, \cdots, D_c]$，其中 $A_i$ 是表示 $X_i$ 在 $D$ 上的系数的子矩阵。

在文献 ［28］ 中，Wang 等人对每个子字典提出了以下 LC-LRD 模型：

$$\min_{\boldsymbol{D}_i,\boldsymbol{A}_i,\boldsymbol{E}_i} R(\boldsymbol{D}_i,\boldsymbol{A}_i) + \alpha \parallel \boldsymbol{D}_i \parallel_* + \beta \parallel \boldsymbol{E}_i \parallel_1 + \lambda \sum_{k=1}^{n_i} \parallel \boldsymbol{l}_{i,k} \odot \boldsymbol{a}_{i,k} \parallel^2,$$

$$\text{s. t. } \boldsymbol{X}_i = \boldsymbol{DA}_i + \boldsymbol{E}_i \tag{7.5}$$

其中 $R(\boldsymbol{D}_i,\boldsymbol{A}_i)$ 为每个子字典上的费舍尔判别正则化，$\parallel \boldsymbol{D}_i \parallel_*$ 为执行低秩属性的核规范，$\parallel \boldsymbol{l}_{i,k} \odot \boldsymbol{a}_{i,k} \parallel^2$ 为替代编码系数矩阵上稀疏性的局部约束，$\boldsymbol{a}_{i,k}$ 表示 $\boldsymbol{A}_i$ 中的第 $k$ 列，即表示第 $i$ 类中第 $k$ 个样本的系数。该模型被分解为以下几个模块：判别子字典、低秩正则化项、编码系数的局部约束。

子字典 $\boldsymbol{D}_i$ 应具有判别能力，以很好地代表第 $i$ 类的样本。数学上，$\boldsymbol{X}_i$ 在 $\boldsymbol{D}$ 上的编码系数可以写成 $\boldsymbol{A}_i = [\boldsymbol{A}_i^1; \boldsymbol{A}_i^2; \cdots; \boldsymbol{A}_i^c]$，其中 $\boldsymbol{A}_i^j$ 是 $\boldsymbol{X}_i$ 在 $\boldsymbol{D}_j$ 上的系数矩阵。

$\boldsymbol{D}_i$ 的判别能力由以下两个方面产生：首先，期望 $\boldsymbol{X}_i$ 应该由 $\boldsymbol{D}_i$ 很好地表示，而不是由 $\boldsymbol{D}_j$ 表示，$j \neq i$，因此，我们将不得不最小化 $\parallel \boldsymbol{X}_i - \boldsymbol{D}_i \boldsymbol{A}_i^i - \boldsymbol{\varepsilon}_i \parallel_F^2$，其中 $\boldsymbol{\varepsilon}_i$ 是残差。同时，$\boldsymbol{D}_i$ 应该不能很好地代表其他类的样本，也就是说，每个 $\boldsymbol{A}_j^i$，$j \neq i$，应该有接近零的系数，这样 $\parallel \boldsymbol{D}_i \boldsymbol{A}_j^i \parallel_F^2$ 就会尽可能地小。因此，我们将子字典 $\boldsymbol{D}_i$ 的判别忠实度项表示如下：

$$R(\boldsymbol{D}_i,\boldsymbol{A}_i) = \parallel \boldsymbol{X}_i - \boldsymbol{D}_i \boldsymbol{A}_i^i - \boldsymbol{\varepsilon}_i \parallel_F^2 + \sum_{j=1, j \neq i}^{c} \parallel \boldsymbol{D}_i \boldsymbol{A}_j^i \parallel_F^2 \tag{7.6}$$

在图像分类的任务中，类内样本是线性相关的，并且位于一个低维度的流形中。因此，我们希望通过最小化 $\boldsymbol{D}_i$ 的秩来找到具有最简洁原子的字典，对此建议用 $\parallel \boldsymbol{D}_i \parallel_*$[31] 代替，其中 $\parallel \cdot \parallel_*$ 表示矩阵的核范数（即其奇异值之和）。

此外，在系数矩阵上部署了一个局部性约束，而不是稀疏性约束。正如 LCC[32] 所提出的，在一定的假设下，局部性比稀疏性更为必要，因为局部性必然导致稀疏性，但反之则不一定。具体来说，局部性约束采用以下准则：

$$\min_{\boldsymbol{A}} \sum_{i=1}^{n} \parallel \boldsymbol{l}_i \odot \boldsymbol{a}_i \parallel^2, \quad \text{s. t. } \boldsymbol{1}^T \boldsymbol{a}_i = 1, \forall i \tag{7.7}$$

其中 $\odot$ 表示逐元素乘法，$\boldsymbol{l}_i \in \mathbb{R}^m$ 是局部适应器，它为每个基向量提供与输入样本 $\boldsymbol{x}_i$ 相似度成正比的不同自由度。具体来说，

$$\boldsymbol{l}_i = \exp\left(\frac{\text{dist}(\boldsymbol{x}_i,\boldsymbol{D})}{\delta}\right) \tag{7.8}$$

其中，$\text{dist}(\boldsymbol{x}_i,\boldsymbol{D}) = [\text{dist}(\boldsymbol{x}_i,\boldsymbol{d}_1), \text{dist}(\boldsymbol{x}_i,\boldsymbol{d}_2), \cdots, \text{dist}(\boldsymbol{x}_i,\boldsymbol{d}_m)]^T$ 和 $\text{dist}(\boldsymbol{x}_i,\boldsymbol{d}_j)$ 是样本 $\boldsymbol{x}_i$ 与第 $j$ 个字典原子 $\boldsymbol{d}_j$ 之间的欧几里得距离，$\delta$ 控制分布的带宽。

一般来说，LC-LRD 是基于以下三个方面的观察：局部性比稀疏性更重要，以确保获得相似样本的相似表征；通过引入判别项，每个子字典应具有判别能力；在每个子字典中引入低秩，以将噪声从样本中分离出来，发现潜在结构。

### 7.1.3.3　边缘化去噪自编码器 (mDA)

考虑一个向量输入 $x \in \mathbb{R}^d$，以 $d$ 作为视觉描述符的维度。有两个重要的变换，可以认为是自编码器中涉及的编码器和解码器过程，即 "输入→隐藏单元" 和 "隐藏单元→输出"，它们分别由以下公式给出：

$$h = \sigma(Wx + b_h), \hat{x} = \sigma(W^T h + b_o) \tag{7.9}$$

其中 $h \in \mathbb{R}^z$ 为隐藏表示单元，$\hat{x} \in \mathbb{R}^d$ 可被解释为输入 $x$ 的重构。参数集包括一个权重矩阵 $W \in \mathbb{R}^{z \times d}$，以及两个偏移向量 $b_h \in \mathbb{R}^z$ 和 $b_o \in \mathbb{R}^d$，分别用于隐藏单元和输出；$\sigma$ 是一个非线性映射，如形式为 $\sigma(x) = (1 + e^{-x})^{-1}$ 的 sigmoid 函数。一般来说，自编码器是一个单层隐藏神经网络，输入和目标相同，也就是说自编码器鼓励输出尽可能与目标相似，即

$$\min_{W, b_h, b_o} L(x) = \min_{W, b_h, b_o} \frac{1}{2n} \sum_{i=1}^{n} \| x_i - \hat{x}_i \|_2^2 \tag{7.10}$$

其中 $n$ 是图像的数量，$x_i$ 是目标，$\hat{x}_i$ 是重建的输入。这样一来，隐藏层的神经元可以被看作对输入的良好表示，因为它们能够重建数据。

由于自编码器部署了非线性函数，因此需要更多的时间来训练模型，特别是当数据的维度非常高时。最近，开发了边缘化去噪自编码器 (mDA)[20]，以线性方式解决数据重建问题，并取得了与原始自编码器相当的性能。mDA 的总体思路是学习一个线性变换矩阵 $W$，通过最小化重建损失的平方，利用变换矩阵来重建数据。其中，重建损失的平方表示为

$$\frac{1}{2n} \sum_{i=1}^{n} \| x_i - W \tilde{x}_i \|^2 \tag{7.11}$$

其中 $\tilde{x}_i$ 是 $x_i$ 的损坏版本。上述目标解与每个输入的随机损坏特征相关。为了使方差降低，提出了一种边缘去噪自编码器，以最小化 $t$ 个不同损坏版本的总体平方损耗：

$$\frac{1}{2tn} \sum_{j=1}^{t} \sum_{i=1}^{n} \| x_i - W \tilde{x}_{i,(j)} \|^2 \tag{7.12}$$

其中 $\tilde{x}_{i,(j)}$ 表示原始输入 $x_i$ 的第 $j$ 个损坏版本。定义 $X = [x_1, \cdots, x_n]$，其 $t$ 次重复版本为 $\bar{X} = [X, \cdots, X]$，其 $t$ 次不同的损坏版本为 $\tilde{X} = [\tilde{X}_{(1)}, \cdots, \tilde{X}_{(t)}]$，其中 $\tilde{X}_{(i)}$ 表示 $X$ 的第 $i$ 个损坏版本。式 (7.12) 可以重写为

$$\frac{1}{2tn} \| \bar{X} - W \tilde{X} \|_F^2 \tag{7.13}$$

其具有众所周知的普通最小二乘的封闭形式解。当 $t \to \infty$ 时，可以通过期望值利用大数弱定律求解[20]。

### 7.1.3.4　提出的 MDDL 模型

前面对 mDA 的讨论给出了一个简单的概念，通过线性变换矩阵，mDA 可以在

几行 Matlab 代码中实现，并且工作效率非常高。学习到的变换矩阵可以很好地重构数据，提取噪声数据。

受此启发，所提出的模型旨在统一框架下联合学习字典和边缘化去噪变换矩阵。我们将目标函数表示为

$$\min_{\boldsymbol{D}_i,\boldsymbol{A}_i,\boldsymbol{E}_i,\boldsymbol{W}} \mathcal{F}(\boldsymbol{D}_i,\boldsymbol{A}_i,\boldsymbol{E}_i) + \parallel \bar{\boldsymbol{X}} - \boldsymbol{W}\widetilde{\boldsymbol{X}} \parallel_F^2$$

$$\text{s. t.} \quad \boldsymbol{W}\boldsymbol{X}_i = \boldsymbol{D}\boldsymbol{A}_i + \boldsymbol{E}_i \tag{7.14}$$

其中，$\mathcal{F}(\boldsymbol{D}_i,\boldsymbol{A}_i,\boldsymbol{E}_i) = R(\boldsymbol{D}_i,\boldsymbol{A}_i) + \alpha \parallel \boldsymbol{D}_i \parallel_* + \beta_1 \parallel \boldsymbol{E}_i \parallel_1 + \lambda \sum_{k=1}^{n_i} \parallel \boldsymbol{l}_{i,k} \odot \boldsymbol{a}_{i,k} \parallel^2$ 为式（7.5）中的局部约束字典学习部分，$R(\boldsymbol{D}_i,\boldsymbol{A}_i) = \parallel \boldsymbol{W}\boldsymbol{X}_i - \boldsymbol{D}_i\boldsymbol{A}_i^i - \boldsymbol{\varepsilon}_i \parallel_F^2 + \sum_{j=1,j\neq i}^{c} \parallel \boldsymbol{D}_i\boldsymbol{A}_j^i \parallel_F^2$ 为式（7.6）中的判别项，$\alpha$、$\beta_1$ 和 $\lambda$ 为权衡参数。

**讨论**。提出的边缘化去噪正则化字典学习（MDDL）的目的是在转换数据上学习一个更有判别力的字典。由于边缘化去噪正则器可以生成一个更好的变换矩阵来处理损坏的数据，因此可以在去噪后的干净数据上学习字典。该框架将边缘化去噪自编码器和局部性约束的字典学习统一在一起。一般来说，字典学习追求的是表示良好的基础，以便为原始数据获得更多的判别系数。因此，字典学习可以在一定程度上处理嘈杂的数据，而去噪自编码器已在许多应用中证明了其强大功能。为此，联合学习方案既可以受益于边缘化去噪自编码器，也可以受益于局部性字典学习。

### 7.1.3.5 优化

式（7.14）中提出的目标函数可以分为两个子问题进行优化：一是通过固定字典 $\boldsymbol{D}$ 和其他所有 $\boldsymbol{A}_j(j\neq i)$，逐一更新各系数 $\boldsymbol{A}_i(i=1,2,\cdots,c)$ 和 $\boldsymbol{W}$，然后拼合得到编码系数矩阵 $\boldsymbol{A}$；二是通过固定其他变量更新 $\boldsymbol{D}_i$。这两步反复进行，得到判别性的低秩子字典 $\boldsymbol{D}$、边缘去噪变换 $\boldsymbol{W}$ 以及局域性约束的系数 $\boldsymbol{A}_i^i$。不过在第二个子问题中出现了一个问题。回想一下，在式（7.6）中，对应于 $\boldsymbol{D}_i$ 上的 $\boldsymbol{X}_i$ 的系数 $\boldsymbol{A}_i^i$ 应该被更新，以使项 $\parallel \boldsymbol{X}_i - \boldsymbol{D}_i\boldsymbol{A}_i^i - \boldsymbol{\varepsilon}_i \parallel_F^2$ 最小化。因此，当我们在第二个子问题中更新 $\boldsymbol{D}_i$ 时，相关的方差 $\boldsymbol{A}_i^i$ 也被更新。

**子问题 I**。假设给定结构化字典 $\boldsymbol{D}$，系数矩阵 $\boldsymbol{A}_i(i=1,2,\cdots,c)$ 逐一更新，则式（7.14）中的原目标函数简化为以下各类的系数和 $\boldsymbol{W}$ 的局部约束编码问题：

$$\min_{\boldsymbol{A}_i,\boldsymbol{E}_i,\boldsymbol{W}} \lambda \sum_{k=1}^{n_i} \parallel \boldsymbol{l}_{i,k} \odot \boldsymbol{a}_{i,k} \parallel^2 + \beta_1 \parallel \boldsymbol{E}_i \parallel_1 + \parallel \bar{\boldsymbol{X}} - \boldsymbol{W}\widetilde{\boldsymbol{X}} \parallel_F^2$$

$$\text{s. t.} \quad \boldsymbol{W}\boldsymbol{X}_i = \boldsymbol{D}\boldsymbol{A}_i + \boldsymbol{E}_i \tag{7.15}$$

可以用下面的增强拉格朗日乘法来解决[33]。我们将式（7.15）转化为其拉格朗日函数，如下所示：

$$\min_{\boldsymbol{A}_i, \boldsymbol{E}_i, \boldsymbol{W}, \boldsymbol{T}_1} \sum_{i=1}^{c} \left( \lambda \sum_{k=1}^{n_i} \| \boldsymbol{l}_{i,k} \odot \boldsymbol{a}_{i,k} \|^2 + \beta_1 \| \boldsymbol{E}_i \|_1 + \langle \boldsymbol{T}_1, \boldsymbol{WX}_i - \boldsymbol{DA}_i - \boldsymbol{E}_i \rangle + \right.$$

$$\left. \frac{\mu}{2} \| \boldsymbol{WX}_i - \boldsymbol{DA}_i - \boldsymbol{E}_i \|_F^2 \right) + \| \bar{\boldsymbol{X}} - \boldsymbol{W}\widetilde{\boldsymbol{X}} \|_F^2 \tag{7.16}$$

其中 $\boldsymbol{T}_1$ 是拉格朗日乘数，$\mu$ 是一个正罚参数。与传统的局部约束线性编码（LLC）[27] 不同，MDDL 增加了一个误差项，可以处理样本中的大噪声。下面，我们对 $\boldsymbol{A}_i$、$\boldsymbol{E}_i$ 和 $\boldsymbol{W}$ 进行迭代优化。

更新 $\boldsymbol{A}_i$：

$$\boldsymbol{A}_i = \arg \min_{\boldsymbol{A}_i} \frac{\mu}{2} \| \boldsymbol{Z}_i - \boldsymbol{DA}_i \|_F^2 + \lambda \sum_{k=1}^{n_i} \| \boldsymbol{l}_{i,k} \odot \boldsymbol{a}_{i,k} \|^2$$

$$\Rightarrow \boldsymbol{A}_i = \text{LLC}(\boldsymbol{Z}_i, \boldsymbol{D}, \lambda, \delta) \tag{7.17}$$

其中，$\boldsymbol{Z}_i = \boldsymbol{WX}_i - \boldsymbol{E}_i + \dfrac{\boldsymbol{T}_1}{\mu}$，并且 $\boldsymbol{l}_{i,k} = \exp(\text{dist}(\boldsymbol{z}_{i,k}, \boldsymbol{D})/\delta)$。函数 LLC（·）是一个局部约束线性编码函数[27]⊖。

更新 $\boldsymbol{E}_i$：

$$\boldsymbol{E}_i = \arg \min_{\boldsymbol{E}_i} \frac{\beta_1}{\mu} \| \boldsymbol{E}_i \|_1 + \frac{1}{2} \| \boldsymbol{E}_i - (\boldsymbol{WX}_i - \boldsymbol{DA}_i + \frac{\boldsymbol{T}_1}{\mu}) \|_F^2 \tag{7.18}$$

可以用收缩算子来求解[34]。

更新 $\boldsymbol{W}$：

$$\boldsymbol{W} = \arg \min_{\boldsymbol{W}} \sum_{i=1}^{c} \left( \frac{\mu}{2} \| \boldsymbol{WX}_i - \boldsymbol{DA}_i - \boldsymbol{E}_i + \frac{\boldsymbol{T}_1}{\mu} \|_F^2 \right) + \| \bar{\boldsymbol{X}} - \boldsymbol{W}\widetilde{\boldsymbol{X}} \|_F^2$$

$$= \arg \min_{\boldsymbol{W}} \frac{\mu}{2} \| \boldsymbol{WX} - \boldsymbol{D}_A \|_F^2 + \| \bar{\boldsymbol{X}} - \boldsymbol{W}\widetilde{\boldsymbol{X}} \|_F^2 \tag{7.19}$$

其中，$\boldsymbol{X} = [\boldsymbol{X}_1, \cdots, \boldsymbol{X}_c]$，$\boldsymbol{D}_A = \left[ \boldsymbol{DA}_1 + \boldsymbol{E}_1 - \dfrac{\boldsymbol{T}_{1,1}}{\mu}, \cdots, \boldsymbol{DA}_c + \boldsymbol{E}_c - \dfrac{\boldsymbol{T}_{1,c}}{\mu} \right]$。公式（7.19）具有众所周知的封闭式解：

$$\boldsymbol{W} = (\mu \boldsymbol{D}_A \boldsymbol{X}^{\mathrm{T}} + 2\bar{\boldsymbol{X}}\widetilde{\boldsymbol{X}}^{\mathrm{T}})(\mu \boldsymbol{XX}^{\mathrm{T}} + 2\widetilde{\boldsymbol{X}}\widetilde{\boldsymbol{X}}^{\mathrm{T}})^{-1} \tag{7.20}$$

其中 $\bar{\boldsymbol{X}}$ 是 $\boldsymbol{X}$ 的 $t$ 次重复版本，$\widetilde{\boldsymbol{X}}$ 由其 $t$ 次损坏版本组成。我们定义 $\boldsymbol{P} = \mu \boldsymbol{D}_A \boldsymbol{X}^{\mathrm{T}} + 2\bar{\boldsymbol{X}}\widetilde{\boldsymbol{X}}^{\mathrm{T}}$ 和 $\boldsymbol{Q} = \mu \boldsymbol{XX}^{\mathrm{T}} + 2\widetilde{\boldsymbol{X}}\widetilde{\boldsymbol{X}}^{\mathrm{T}}$。我们希望重复数 $t$ 为 $\infty$。因此，可以从无数个嘈杂数据副本中有效地学习去噪变换 $\boldsymbol{W}$。实际上，我们无法生成具有无限多个损坏版本的 $\widetilde{\boldsymbol{X}}$，但是，当 $t$ 变得很大时，矩阵 $\boldsymbol{P}$ 和 $\boldsymbol{Q}$ 会收敛到其期望值。这样，我们可以得出 $\boldsymbol{P}$ 和 $\boldsymbol{Q}$ 的期望值，并计算出对应的映射 $\boldsymbol{W}$ 为

---

⊖ $\boldsymbol{Z}_i$、$\boldsymbol{D}$、$\lambda$ 和 $\sigma$ 被设置为函数 LLC 的输入[27]，相关代码可从网站 http：//www.ifp.illinois.edu/~jyang29/LLC.htm 下载。

$$
\begin{aligned}
\boldsymbol{W} &= \mathbb{E}[\boldsymbol{P}]\mathbb{E}[\boldsymbol{Q}]^{-1} \\
&= \mathbb{E}[\mu \boldsymbol{D}_A \boldsymbol{X}^\mathrm{T} + 2\overline{\boldsymbol{X}}\widetilde{\boldsymbol{X}}^\mathrm{T}]\mathbb{E}[\mu \boldsymbol{X}\boldsymbol{X}^\mathrm{T} + 2\widetilde{\boldsymbol{X}}\widetilde{\boldsymbol{X}}^\mathrm{T}]^{-1} \\
&= (\mu \boldsymbol{D}_A \boldsymbol{X}^\mathrm{T} + 2\mathbb{E}[\overline{\boldsymbol{X}}\widetilde{\boldsymbol{X}}^\mathrm{T}])(\mu \boldsymbol{X}\boldsymbol{X}^\mathrm{T} + 2\mathbb{E}[\widetilde{\boldsymbol{X}}\widetilde{\boldsymbol{X}}^\mathrm{T}])^{-1}
\end{aligned} \tag{7.21}
$$

其中，当优化 $\boldsymbol{W}$ 时，$\boldsymbol{D}_A$ 和 $\mu$ 被作为常数处理。期望值 $\mathbb{E}[\overline{\boldsymbol{X}}\widetilde{\boldsymbol{X}}^\mathrm{T}]$ 和 $\mathbb{E}[\widetilde{\boldsymbol{X}}\widetilde{\boldsymbol{X}}^\mathrm{T}]$ 很容易通过 mDA 计算出来[20]。

**子问题 II**。对于子字典更新的过程，MDDL 采用与文献［25］相同的方法。考虑到第二个子问题，当 $\boldsymbol{A}_i$ 固定时，子字典 $\boldsymbol{D}_i (i=1,2,\cdots,c)$ 被逐一更新。将式（7.14）中的目标函数转换为如下问题：

$$
\begin{aligned}
&\min_{\boldsymbol{D}_i, \boldsymbol{\varepsilon}_i, \boldsymbol{A}_i^i} \sum_{j=1, j\neq i}^{c} \| \boldsymbol{D}_i \boldsymbol{A}_j^i \|_F^2 + \alpha \| \boldsymbol{D}_i \|_* + \beta_2 \| \boldsymbol{\varepsilon}_i \|_1 + \lambda \sum_{k=1}^{n_i} \| \boldsymbol{l}_{i,k}^i \odot \boldsymbol{a}_{i,k}^i \|^2, \\
&\text{s. t.}\ \ \boldsymbol{W}\boldsymbol{X}_i = \boldsymbol{D}_i \boldsymbol{A}_i^i + \boldsymbol{\varepsilon}_i
\end{aligned} \tag{7.22}
$$

其中 $\boldsymbol{a}_{i,k}^i$ 为 $\boldsymbol{A}_i^i$ 中的第 $k$ 列，表示第 $i$ 类样本第 $k$ 个样本在 $\boldsymbol{D}_i$ 上的系数。等式（7.22）所描述问题可以采用增强拉格朗日乘法[33]，引入一个松弛变量 $\boldsymbol{J}$ 来求解：

$$
\begin{aligned}
\min_{\boldsymbol{D}_i, \boldsymbol{\varepsilon}_i, \boldsymbol{A}_i^i} &\ \lambda \sum_{k=1}^{n_i} \| \boldsymbol{l}_{i,k}^i \odot \boldsymbol{a}_{i,k}^i \|^2 + \sum_{j=1, j\neq i}^{c} \| \boldsymbol{D}_i \boldsymbol{A}_j^i \|_F^2 + \alpha \| \boldsymbol{J} \|_* + \beta_2 \| \boldsymbol{\varepsilon}_i \|_1 \\
&+ \langle T_2, \boldsymbol{W}\boldsymbol{X}_i - \boldsymbol{D}_i \boldsymbol{A}_i^i - \boldsymbol{\varepsilon}_i \rangle + \langle T_3, \boldsymbol{D}_i - \boldsymbol{J} \rangle \\
&+ \frac{\mu}{2}(\| \boldsymbol{W}\boldsymbol{X}_i - \boldsymbol{D}_i \boldsymbol{A}_i^i - \boldsymbol{\varepsilon}_i \|_F^2 + \| \boldsymbol{D}_i - \boldsymbol{J} \|_F^2)
\end{aligned} \tag{7.23}
$$

其中 $T_2$ 和 $T_3$ 为拉格朗日乘数，$\mu$ 为正罚参数。在下文中，我们将描述 $\boldsymbol{D}_i$ 和 $\boldsymbol{A}_i^i$ 的迭代优化。

**更新 $\boldsymbol{A}_i^i$：**

与式（7.17）类似，我们得到 $\boldsymbol{A}_i^i$ 的解如下：

$$
\boldsymbol{A}_i^i = \mathrm{LLC}\left(\left(\boldsymbol{W}\boldsymbol{X}_i - \boldsymbol{\varepsilon}_i + \frac{T_2}{\mu}\right), \boldsymbol{D}_i, \lambda, \delta\right) \tag{7.24}
$$

其中，函数 LLC（·）是一个局部约束的线性编码函数[27]。

**更新 $\boldsymbol{J}$ 和 $\boldsymbol{D}_i$：**

这里我们将式（7.23）转换为 $\boldsymbol{J}$ 和 $\boldsymbol{D}_i$ 的问题，如下所示：

$$
\begin{aligned}
\min_{\boldsymbol{J}, \boldsymbol{D}_i} &\ \sum_{j=1, j\neq i}^{c} \| \boldsymbol{D}_i \boldsymbol{A}_j^i \|_F^2 + \alpha \| \boldsymbol{J} \|_* + \langle T_2, \boldsymbol{W}\boldsymbol{X}_i - \boldsymbol{D}_i \boldsymbol{A}_i^i - \boldsymbol{\varepsilon}_i \rangle + \langle T_3, \boldsymbol{D}_i - \boldsymbol{J} \rangle \\
&+ \frac{\mu}{2}(\| \boldsymbol{D}_i - \boldsymbol{J} \|_F^2 + \| \boldsymbol{W}\boldsymbol{X}_i - \boldsymbol{D}_i \boldsymbol{A}_i^i - \boldsymbol{\varepsilon}_i \|_F^2)
\end{aligned} \tag{7.25}
$$

其中，$\boldsymbol{J} = \arg\min_{\boldsymbol{J}} \alpha \| \boldsymbol{J} \|_* + \langle T_3, \boldsymbol{D}_i - \boldsymbol{J} \rangle + \frac{\mu}{2}(\| \boldsymbol{D}_i - \boldsymbol{J} \|_F^2)$，并且对 $\boldsymbol{D}_i$ 的解为：

$$D_i = (J + WX_i A_i^{i\mathrm{T}} - \varepsilon_1 A_i^{i\mathrm{T}} + (T_2 A_i^{i\mathrm{T}} - T_3)/\mu)$$

$$(I + A_i^i A_i^{i\mathrm{T}} + V)^{-1}, \text{其中 } V = \frac{2\lambda}{\mu} \sum_{j=1, j\neq i}^{c} A_j^i A_j^{i\mathrm{T}} \tag{7.26}$$

更新 $\varepsilon_i$：

$$\varepsilon_i = \arg \min_{\varepsilon_i} \beta_2 \| E_i \|_1 + \langle T_2, WX_i - D_i A_i^i - \varepsilon_i \rangle +$$

$$\frac{\mu}{2} \| WX_i - D_i A_i^i - \varepsilon_i \|_F^2 \tag{7.27}$$

可以通过收缩算子来求解[34]。所提出的模型的优化问题解决方案的细节可参考算法 7.1。

---

**算法** 7.1　MDDL 优化

输入：训练数据 $X = [X_1, \cdots, X_c]$，参数 $\alpha$、$\lambda$、$\delta$、$\beta_1$、$\beta_2$

输出：$W, A = [A_1, A_2, \cdots, A_c]$，$D = [D_1, D_2, \cdots, D_c]$

1　初始化：$W = I$，PCA 初始化 $D$，$E_i = \varepsilon_i = 0$，$T_1 = 0$，$T_2 = 0$，$T_3 = 0$，$\mu_{\max} = 10^{30}$，$\rho = 1.1$，$\varepsilon \in = 10^{-8}$，maxiter $= 10^{-4}$

2　repeat

3　　iter $= 0$，$\mu = 10^{-6}$

4　　%使用 ALM 解式（7.16）

5　　while 不收敛并且 iter $\leqslant$ maxiter do

6　　　　固定其他列并用式（7.17）更新 $A_i$

7　　　　固定其他列并用式（7.18）更新 $E_i$

8　　　　固定其他列并用式（7.21）更新 $W$

9　　　　用下式更新乘数 $T_1$

10　　　　　$$T_1 = T_1 + \mu(WX_i - DA_i - E_i)$$

11　　　　用下式更新参数 $\mu$

12　　　　　$$\mu = \min(\rho\mu, \mu_{\max})$$

13　　　　检查收敛状态

14　　　　　$$\| WX_i - DA_i - E_i \|_\infty < \varepsilon$$

15　　end

16　　iter $= 0$，$\mu = 10^{-6}$

17　　%使用 ALM 解式（7.22）

18　　while 不收敛并且 iter $\leqslant$ maxiter do

19　　　　固定其他列并用式（7.24）更新 $A_i^i$

20　　　　固定其他列并用式（7.25）和式（7.26）更新 $J$ 和 $D_i$

21　　　　固定其他列并用式（7.27）更新 $\varepsilon_i$

22　　　　用下式更新乘数 $T_2$ 和 $T_3$

23　　　　　$$T_2 = T_2 + \mu(WX_i - D_i A_i^i - \varepsilon_i)$$

24　　　　　$$T_3 = T_3 + \mu(D_i - J)$$

25　　　　用下式更新参数 $\mu$

26　　　　　$$\mu = \min(\rho\mu, \mu_{\max})$$

27　　　　检查收敛状态

28　　　　　$$\| WX_i - DA_i^i - E_i \|_\infty < \varepsilon$$

29　　end

30　until　子字典收敛或者达到迭代次数

### 7.1.3.6　基于 MDDL 的分类

MDDL 采用线性分类器进行分类。字典学习后，计算训练数据 $\boldsymbol{X}$ 的局部性约束系数 $\boldsymbol{A}$ 和测试数据 $\boldsymbol{X}_{\text{test}}$ 的 $\boldsymbol{A}_{\text{test}}$。测试样本 $i$ 的表示 $\boldsymbol{a}_i$ 是 $\boldsymbol{A}_{\text{test}}$ 中的第 $i$ 个列向量。采用多变量岭回归模型[35]得到线性分类器 $\hat{\boldsymbol{P}}$：

$$\hat{\boldsymbol{P}} = \arg \min_{\boldsymbol{P}} \| \boldsymbol{L} - \boldsymbol{PA} \|_F^2 + \gamma \| \boldsymbol{P} \|_F^2 \tag{7.28}$$

其中 $\boldsymbol{L}$ 为类标签矩阵。这就得到了 $\hat{\boldsymbol{P}} = \boldsymbol{LA}^{\mathrm{T}}(\boldsymbol{AA}^{\mathrm{T}} + \gamma \boldsymbol{I})^{-1}$。当测试点 $\boldsymbol{A}_{\text{test}}$ 进来时，我们首先计算 $\hat{\boldsymbol{P}}\boldsymbol{A}_{\text{test}}$。然后通过标签向量中最大值对应的位置来分配样本 $i$ 的标签，即 $\text{label} = \arg \max_{\text{label}} (\hat{\boldsymbol{P}}\boldsymbol{a}_i)$。

## 7.1.4　实验

### 7.1.4.1　实验设置

为了验证所介绍的 MDDL 的有效性和通用性，我们在本节中展示了在各种视觉分类应用上进行的实验。本节将在五个数据集上进行测试，包括三个人脸数据集 ORL[36]、Extend YaleB[37] 和 CMU PIE[38]，一个对象分类数据集 COIL-100[39]，以及数字识别数据集 MNIST[40]。

我们展示了该方法与 LDA[41]、线性回归分类（LRC)[42] 和几种最新的基于字典学习的分类方法——FDDL[11]、DLRD[25]、$\text{D}^2\text{L}^2\text{R}^{2[43]}$、DPL[44] 和 LC-LRD[28]——的对比实验。此外，为了验证联合学习的优势，提出了一个简单的组合框架作为基准，命名为 AE+DL，先用传统的 SAE 学习一个新的表征，再输入 LC-LRD 框架[28]。

**参数选择**。子字典中的原子数表示为 $m_i$，是大多数字典学习算法中最重要的参数之一。我们对 Extended YaleB 数据集进行了不同的字典原子数 $m_i$ 的实验，并分析其对 MDDL 模型和其他模型的性能的影响。图 7.2 显示，所有的比较都是在字典大小较大的情况下获得更好的性能。在实验中，对于 ORL、Extend YaleB、AR 和 COIL-100 数据集，每个类的字典列数固定为训练大小，而对于 CMU PIE 和 MNIST 数据集则固定为 30。所有的字典都对输入数据进行 PCA 初始化。

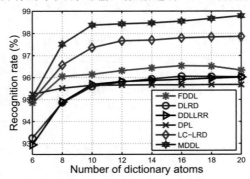

图 7.2　六种基于 DL 的方法在 Extended YaleB 数据集上每类 20 个训练样本的识别率与字典原子数的关系

算法 7.1 中有 5 个参数：$\alpha$，$\lambda$，$\delta$，$\beta_1$，$\beta_2$。其中，$\beta_1$ 和 $\beta_2$ 分别作为两个误差项参数，用于更新字典和系数。这 5 个参数与 MDDL 中的字典学习部分有关，是通过 5 倍交叉验证选择的。实验表明，$\beta_1$ 和 $\beta_2$ 比其他参数起着更重要的作用，因此，将其他参数设为 $\alpha=1$，$\lambda=1$，$\delta=1$。对于 Extended YaleB，$\beta_1=15$，$\beta_2=100$；对于 ORL，$\beta_1=5$，$\beta_2=50$；对于 CMU PIE，$\beta_1=5$，$\beta_2=1.5$；对于 COIL-100，$\beta_1=3$，$\beta_2=150$；对于 MNIST，$\beta_1=2.5$，$\beta_2=2.5$。

#### 7.1.4.2　人脸识别

**ORL 人脸数据库**。ORL 数据集包含 40 个人的 400 张图像，因此每个被摄者有 10 张不同姿势和光照度的图像。图像中的被摄者为正面和直立的姿势，而背景则是深色和均匀的。将图像的大小调整为 $32\times32$ 像素，转换为灰度，进行归一化处理，并将像素连成一个向量。每幅图像都被一个随机定位且不相关的块状图像手动损坏。图 7.3b 显示了四个图像的例子，块状损坏越来越多。对于每个被摄者，选择 5 个样本进行训练，其余样本进行测试，并在 10 个随机分割上重复实验进行评价。此外，提取 SIFT 和 Gabor 滤波器特征来评价 MDDL 的通用性。

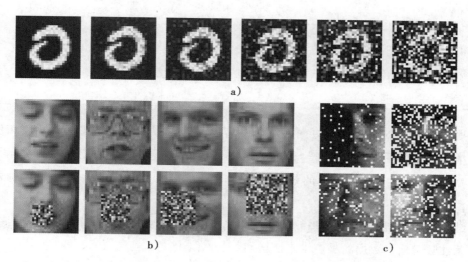

图 7.3　来自三个数据集的图像示例。a）在 MNIST 数字数据集中添加 30、20、10、5、1dB SNR 的白高斯噪声的图像；b）10%、20%、30% 块状遮挡的 ORL；c）10%、15%、20%、25% 随机像素损坏的 Extended YaleB

我们在表 7.1 中说明了不同遮挡率下的识别率。从表中可以观察到两个现象：第一，基于局部约束的字典学习方法在所有设置下都取得了最好的结果；第二，当数据干净时，MDDL 模型表现最好，但是，随着遮挡率的增加，MDDL 落后于 LC-LRD。这是有道理的，因为在这个实验中，闭塞噪声被添加到图像上，而 MDDL 中的去噪自编码器模块是为了处理高斯噪声而引入的。综上所述，首先，在无遮挡的情况下，MDDL 可以达到顶尖的效果，因为有局部项；其次，在较大的遮挡的情况下，低秩项大于 DAE。

表 7.1 不同算法在不同遮挡率（%）的 ORL 数据集上的平均识别率（%）

| 遮挡 | LDA[41] | LRC[42] | FDDL[11] | DLRD[25] | D²L²R²[43] |
|---|---|---|---|---|---|
| 0 | 92.5±1.8 | 91.8±1.6 | 96.0±1.2 | 93.5±1.5 | 93.9±1.8 |
| 0（SIFT） | 95.8±1.3 | 92.9±2.1 | 95.2±1.3 | 93.7±1.3 | 93.9±1.5 |
| 0（Gabor） | 89.0±3.3 | 93.4±1.7 | 96.0±1.3 | 96.3±1.3 | 96.6±1.3 |
| 10 | 71.7±3.2 | 82.2±2.2 | 86.6±1.9 | 91.3±1.9 | 91.0±1.9 |
| 20 | 54.3±2.0 | 71.3±2.8 | 75.3±3.4 | 82.8±3.0 | 82.8±3.3 |
| 30 | 40.5±3.7 | 63.7±3.1 | 63.8±2.7 | 78.9±3.1 | 78.8±3.3 |
| 40 | 25.7±2.5 | 48.0±3.0 | 48.1±2.4 | 67.3±3.2 | 67.4±3.4 |
| 50 | 20.7±3.0 | 40.9±3.7 | 36.7±1.2 | 58.6±3.1 | 58.7±3.3 |
| 遮挡 | DPL[44] | LC-LRD[28] | AE＋DL[1] | MDDL[1] | |
| 0 | 94.1±1.8 | 96.7±1.4 | 96.2±1.2 | 96.8±1.3 | |
| 0（SIFT） | 95.3±1.4 | 93.5±2.6 | 96.0±1.3 | 96.3±1.4 | |
| 0（Gabor） | 97.0±1.4 | 94.6±1.8 | 96.7±1.1 | 97.4±1.2 | |
| 10 | 84.5±2.7 | 92.3±1.3 | 91.5±1.2 | 92.0±1.4 | |
| 20 | 71.2±1.7 | 83.9±2.3 | 83.6±1.8 | 84.3±2.2 | |
| 30 | 59.8±3.9 | 80.2±2.9 | 78.9±2.9 | 78.0±2.4 | |
| 40 | 43.0±2.9 | 68.0±3.0 | 67.3±2.6 | 67.5±3.2 | |
| 50 | 32.2±3.5 | 58.9±3.5 | 58.7±3.2 | 58.5±3.0 | |

误差项的两个参数 $\beta_1$ 和 $\beta_2$ 的影响如图 7.4 所示。从六个子图来看，在损坏像素比例增加的情况下，系数更新过程中的参数 $\beta_1$ 影响较大。随着应用更多的遮挡，当参数 $\beta_1$ 较小时，出现了最好的效果，这说明当存在噪声时，误差项起着更重要的作用。

结果表明，MDDL 在一些数据集上引入了显著的改进，对于其他一些数据集，其显著性随着输入数据的噪声水平而增加。

**Extended YaleB 数据集**。Extended Yale 人脸数据库 B 包含 38 名被摄者在各种实验室控制的照明条件下拍摄的 2414 张正面脸部图像。图像的大小被裁剪为 $32×32$ 像素。在这个数据集上部署了两个实验。首先，选择每个个体拍摄的带有标签的 $p$（$=5,10,\cdots,40$）张图像的随机子集形成训练集，其余的数据集被认为是测试集。对于每个给定的 $p$，有 10 个随机分割。其次，从图像中随机选取一定比例的像素，重新放置像素值为 255 的图像（如图 7.3c 所示）。然后，我们随机抽取 30 张图像作为训练样本，其余的图像留作测试，实验重复 10 次。实验结果分别见表 7.2 和表 7.3。

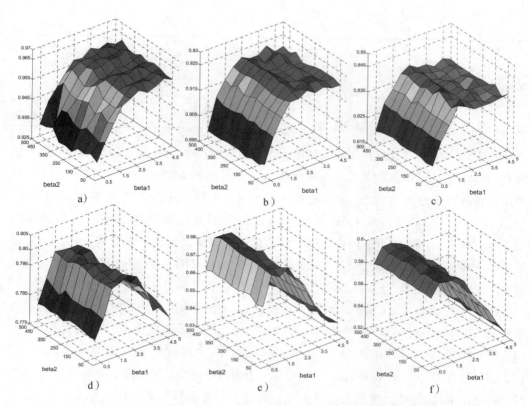

图 7.4　MDDL 在 ORL 数据集上的性能。在不同参数下，损坏像素的百分比增加。随着应用更多的遮挡，当参数 $\beta_1$ 较小时，出现了最好的结果，这意味着当存在噪声时，误差项起着更重要的作用

表 7.2　不同算法在 Extended YaleB 数据集上的平均识别率（%），每类训练样本数量不同

| 训练样本 | 5 | 10 | 20 | 30 | 40 |
|---|---|---|---|---|---|
| LDA[41] | 74.1±1.5 | 86.7±0.9 | 90.6±1.1 | 86.8±0.9 | 95.3±0.8 |
| LRC[42] | 60.2±2.0 | 83.00±0.8 | 91.8±1.0 | 94.6±0.6 | 96.1±0.6 |
| FDDL[11] | 77.8±1.3 | 91.2±0.9 | 96.2±0.7 | 97.9±0.3 | 98.8±0.5 |
| DLRD[25] | 76.2±1.2 | 89.9±0.9 | 96.0±0.8 | 97.9±0.5 | 98.8±0.4 |
| $D^2L^2R^2$[43] | 76.0±1.2 | 89.6±0.9 | 96.0±0.9 | 97.2±0.4 | 98.1±0.4 |
| DPL[44] | 75.2±1.9 | 89.3±0.6 | 95.7±0.9 | 97.8±0.4 | 98.7±0.4 |
| LC-LRD[28] | 78.6±1.2 | 92.1±0.9 | 97.9±0.5 | 99.2±0.5 | 99.5±0.4 |
| AE+DL[1] | 78.6±1.1 | 92.1±0.9 | 96.6±0.9 | 98.6±0.5 | 99.2±0.4 |
| MDDL[1] | 79.1±1.2 | 92.2±0.8 | 98.8±0.7 | 99.3±0.2 | 99.8±0.2 |

表 7.3　不同算法在 Extended YaleB 数据集上不同损坏率（%）的平均识别率（%）

| 损坏 | 0 | 5 | 10 | 15 | 20 |
|---|---|---|---|---|---|
| LDA[41] | 86.8±0.9 | 29.0±0.8 | 18.5±1.2 | 13.6±0.5 | 11.3±0.5 |
| LRC[42] | 94.6±0.6 | 80.5±1.1 | 67.6±1.3 | 56.8±1.2 | 47.2±1.6 |
| FDDL[11] | 97.9±0.4 | 63.6±0.9 | 44.7±1.2 | 32.7±1.0 | 25.3±0.4 |
| DLRD[25] | 97.9±0.5 | 91.8±1.1 | 85.8±1.5 | 80.9±1.4 | 73.6±1.6 |
| $D^2L^2R^2$[43] | 97.8±0.4 | 91.9±1.1 | 85.7±1.5 | 80.5±1.6 | 73.6±1.5 |

（续）

| 损坏 | 0 | 5 | 10 | 15 | 20 |
|---|---|---|---|---|---|
| DPL[44] | 97.8±0.4 | 78.3±1.2 | 64.6±1.1 | 53.8±0.9 | 44.9±1.4 |
| LC-LRD[28] | 99.2±0.5 | 93.3±0.7 | 87.0±0.9 | 81.7±0.8 | 74.1±1.0 |
| AE＋DL[1] | 98.6±0.5 | 93.2±0.7 | 87.0±0.9 | 81.6±0.9 | 74.2±1.6 |
| MDDL[1] | 99.4±0.2 | 93.6±0.4 | 87.5±0.8 | 82.1±0.6 | 76.3±1.5 |

从表 7.2 中可以观察到，在不同的训练规模设置下，三种基于局部性约束的方法（LC-LRD、AE＋DL、MDDL）准确率较高，而提出的 MDDL 表现最好。MDDL 对噪声的鲁棒性表现见表 7.3。随着遮挡率的增加，MDDL 仍能产生最好的识别结果。LDA 以及 LRC、FDDL 和 DPL 的性能随着较大的遮挡率迅速下降，而 LC-LRD、MDDL、$D^2 L^2 R^2$ 和 DLRD 仍能获得更好的识别准确率。这证明了低秩正则化和误差项在存在噪声时的有效性。LC-LRD 和简单的 AE＋DL 在不同情况下均相等，而 MDDL 始终表现最佳。

**CMU PIE 数据集**。CMU PIE 数据集包含 68 个人的共计 41368 张人脸图像，每张图像都有 13 种不同的姿势，4 种不同的表情，43 种不同的照明条件。我们在 CMU PIE 的两个子集上部署了两个实验。首先，选取 5 个接近正面的姿势（C05、C07、C09、C27、C29）作为 PIE 的第一个子集，使用不同照度和表情下的所有图像（共 11554 个样本）。因此，每个人约有 170 张图像，每张图像的大小归一化为 32×32 像素，每个人选择 60 张图像进行训练。其次，通过选择更多的姿势建立一个相对大规模的数据集，共包含 24245 个样本。总的来说，每个人有 360 张左右的图像，每张图像的大小被归一化为 32×32 像素。训练集是通过随机选取每个人 200 张图像来构建的，其余的图像用于评价。表 7.4 显示，MDDL 取得了良好的效果，并优于所比较的方法。

表 7.4 CMU PIE 数据集的分类错误率（%）。选取五个接近正面的姿势（C05、C07、C09、C27、C29）

| 方法 | CMU（接近正面的姿势） | CMU（所有姿势） |
|---|---|---|
| LRC[42] | 4.12 | 9.65 |
| FDDL[11] | 3.30 | 11.20 |
| DLRD[25] | 3.33 | 10.64 |
| $D^2 I^2 R^2$ [43] | 3.29 | 10.14 |
| DPL[44] | 3.47 | 9.30 |
| LC-LRD[28] | 3.01 | 8.98 |
| MDDL[1] | **2.74** | **7.64** |

### 7.1.4.3 对象识别

**COIL-100 数据集**。在本节中，通过使用 COIL-100 数据集对 MDDL 进行对象分类评价。训练集是通过随机选择每个对象的 10 张图像来构建的，测试集包含其余的图像。这种随机选择重复 10 次，并报告所有比较方法的平均结果。为了评价不同方法的可扩展性，实验分别利用数据集中 20、40、60、80 和 100 个对象的图像。表7.5 显示了所有比较方法的平均识别率与标准差。实验结果表明，MDDL 不仅可以进行人脸识别，还可以进行物体分类。

表 7.5   不同类别数的 COIL-100 数据集上不同算法的平均识别率（%）和标准差

| 类别数 | 20 | 40 | 60 | 80 | 100 |
|---|---|---|---|---|---|
| LDA[41] | 81.9±1.2 | 76.7±0.3 | 66.2±1.0 | 59.2±0.7 | 52.5±0.5 |
| LRC[42] | 90.7±0.7 | 89.0±0.5 | 86.6±0.4 | 85.1±0.3 | 83.2±0.6 |
| FDDL[11] | 85.7±0.8 | 82.1±0.4 | 77.2±0.7 | 74.8±0.6 | 73.640.6 |
| DLRD[25] | 88.6±1.0 | 86.4±0.5 | 83.5±0.1 | 81.5±0.5 | 79.9±0.6 |
| $D^2L^2R^2$[43] | 91.0±0.4 | 88.3±0.4 | 86.4±0.5 | 84.7±0.5 | 83.1±0.4 |
| DPL[44] | 87.6±1.3 | 85.1±0.2 | 81.2±0.2 | 78.8±0.9 | 76.3±0.9 |
| LC-LRD[28] | 92.2±0.3 | 89.9±0.5 | 87.1±0.7 | 85.4±0.6 | 84.2±0.4 |
| AE+DL[1] | 91.3±0.5 | 89.1±0.7 | 87.2±0.3 | 85.1±0.5 | 84.1±0.4 |
| MDDL[1] | 91.6±0.4 | 92.2±0.3 | 88.1±0.3 | 86.2±0.3 | 85.3±0.3 |

#### 7.1.4.4   数字识别

MNIST 数据集。本节在从 CAD 网站下载的 MNIST 手写数字数据集子集上测试MDDL，该数据集包括前 2000 张训练图像和前 2000 张测试图像，每张数字图像的大小为 16×16 像素。该实验设置遵循文献［43］，实验得到的结果一致。不同算法在MNIST 数据集上的识别率和训练/测试时间如表 7.6 所示。相对于其他方法，MDDL达到了最高的准确率。与 LC-LRD 相比，由于边缘化自编码器的更新方便，MDDL只花费了略多的计算时间。

表 7.6   MNIST 数据集上的平均识别率（%）和运行时间（s）

| 方法 | 准确率 | 训练时间 | 测试时间 |
|---|---|---|---|
| LDA[41] | 77.45 | 0.164 | 0.545 |
| LRC[42] | 82.70 | 227.192 | — |
| FDDL[11] | 85.35 | 240.116 | 97.841 |
| DLRD[25] | 86.05 | 156.575 | 48.373 |
| $D^2L^2R^2$[43] | 84.65 | 203.375 | 48.154 |
| DPL[44] | 84.65 | 1.773 | 0.847 |
| LC-LRD[28] | 88.25 | 80.581 | 48.970 |
| AE+DL[1] | 87.95 | 176.525 | 49.230 |
| MDDL[1] | **89.75** | 81.042 | 49.781 |

在这个数据集上还进行了另一种实验设置，以评价去噪自编码器的效果。在MNIST 中，所有的训练和测试图像都被添加的白高斯噪声破坏，其信噪比（snr）从50 到 1dB（如图 7.3a 所示）。图 7.5 展示了 8 个噪声版本数据集的识别率曲线。在 X轴上，显示了 DAE 的输入重建过程中使用的噪声比，接近 1 表示添加了更多的噪声，

0 表示没有 DAE 演化。从图中可以观察到，随着数据集中噪声的增加（50～1dB），当噪声参数变大时，识别率最高（从 50dB 的近 0.004 到 1dB 的近 0.1）。换句话说，当数据集中包含更多的噪声时，去噪自编码器发挥了更重要的作用。

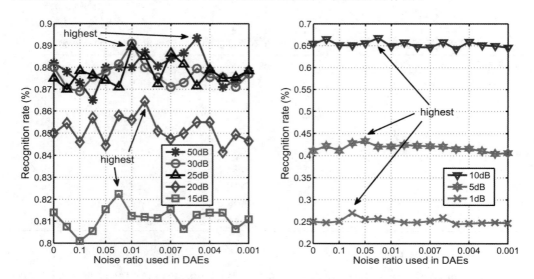

图 7.5　不同 snr 噪声下 MNIST 数据集的性能。随着 snr 的降低，当重建过程中的噪声较大时，效果最好，这意味着当噪声在 MNIST 数据集上变得更加持久时，DAE 起到了更重要的作用

　　为了验证 MDDL 的改进是否具有统计学意义，对图 7.6 所示结果进一步进行显著性检验（$t$ 检验）。采用 0.05 的显著性水平，即当 $p$ 值小于 0.05 时，两种方法的性能差异具有统计学意义。MDDL 和其他方法的 $p$ 值如图 7.6 所示。由于我们做的是 $-\log(p)$ 处理，所以比较表明，如果数值大于 $-\log(0.05)$，MDDL 的性能明显优于其他方法。结果表明，MDDL 在 COIL-100 数据集上引入了显著的改进，对于 Extended YaleB 数据集，其显著性随着输入数据的噪声水平而增加。

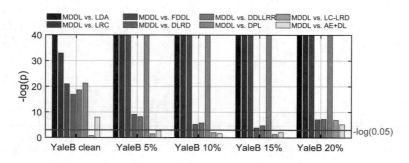

图 7.6　MDDL 和其他数据集在 Extended YaleB（上图，0%～20% 的损坏率）和 COIL-100（下图，20～100 个类）上的 $t$ 检验的 $p$ 值。使用 $-\log(p)$ 进行预处理，因此图中显示的数值越大，意味着 MDDL 与其他数据集相比越有意义

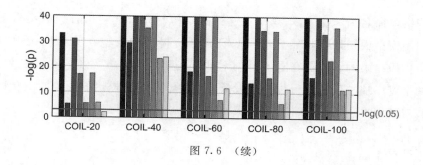

图 7.6 （续）

## 7.1.5  结论

在本节中，我们介绍了一种具有局部性约束的高效的边缘化去噪字典学习（MD-DL）框架。所提出的算法是为了利用字典学习和自编码器这两种特征学习方案。具体来说，MDDL 采用自编码器的精简版来寻求去噪变换矩阵。然后，在变换后的数据上建立了具有局部性约束的字典学习。对这两种策略进行了反复优化，从而联合学习了边缘化的去噪变换和局域性约束的字典。在多个图像数据集（如人脸、物体、数字等）上进行实验，通过与其他现有字典算法的比较，证明了我们提出的算法的优越性。

## 7.1.6  未来工作

在本节中，我们描述了 MDDL 模型，希望寻求一个变换矩阵，用边缘化去噪自编码器滤掉数据内部的噪声。然而，自编码器的表示架构出现了一个问题，它通过鼓励输出尽可能与输入相似，迫使网络学习对身份的近似。这种方案导致的问题是，大部分学习到的高级特征可能会被盲目使用，不仅压缩了判别信息，还压缩了数据中大量的冗余甚至噪声。在下面的训练过程中，将判别能力赋予这类与任务相关的单元是不合理的。

在未来，我们计划进一步探索自编码器的高级特征，以从任务无关的特征中提取判别性的特征。通过在隐藏单元上压缩更多的任务相关信息，我们希望字典学习模块能够利用更多的判别信息，学习出更紧凑、更纯净的字典。此外，我们计划探索多视角数据分类，其中自编码器可以作为一个领域适应器，学习跨领域数据集的潜在特征空间。我们相信，低秩和局部项也可以在跨域应用中发挥重要作用。

## 7.2  学习用于哈希的深度 $\ell_\infty$ 编码器[一]

我们利用深度学习的工具研究了 $\ell_\infty$ 约束表示法，该表示法表现出对量化误差的鲁棒性。基于乘法器交替方向法（ADMM），我们通过引入一种新型的受限线性单元（BLU）神经元，并将拉格朗日乘法器建模为网络偏置，将原凸最小化问题表示为前

---

○  Reprinted, with permission, from Wang, Zhangyang, Yang, Yingzhen, Chang, Shiyu, Ling, Qing, and Huang, Thomas S. "Learning a deep $\ell_\infty$ encoder for hashing." IJCAI (2016).

馈神经网络，命名为深度 $\ell_\infty$ 编码器。这样的结构性先验起到了有效的网络正则化作用，有利于模型的初始化。然后，我们研究了所提出的模型在哈希应用中的有效使用，通过将所提出的编码器在有监督的对偶损失下耦合，开发出一个深度连体 $\ell_\infty$ 网络，该网络可以从端到端进行优化。大量的实验证明了所提出的模型的出众性能。我们还对其与其他方法的行为进行了深入比较和分析。

### 7.2.1 引言

#### 7.2.1.1 问题的定义和背景

虽然 $\ell_0$ 和 $\ell_1$ 正则化已经广为人知，并成功地应用于稀疏信号逼近，但利用 $\ell_\infty$ 范数来正则化信号表征的探索较少。在本节中，我们对以下 $\ell_\infty$ 约束的最小二乘问题特别感兴趣：

$$\min_x \| \boldsymbol{D}\boldsymbol{x} - \boldsymbol{y} \|_2^2 \quad \text{s.t.} \quad \| \boldsymbol{x} \|_\infty \leqslant \lambda \tag{7.29}$$

其中，$\boldsymbol{y} \in \mathbb{R}^{n \times 1}$ 为输入信号；$\boldsymbol{D} \in \mathbb{R}^{n \times N}$ 为（过完整的）基础（通常称为帧或字典），$N < n$；$\boldsymbol{x} \in \mathbb{R}^{N \times 1}$ 为学习的表示。此外，$\boldsymbol{x}$ 的最大绝对幅度由一个正的常数 $\lambda$ 限定，因此 $\boldsymbol{x}$ 的每个条目都有最小的动态范围[45]。模型（7.29）倾向于将 $\boldsymbol{y}$ 的信息大致均匀地分布在 $\boldsymbol{x}$ 的系数中，因此，$\boldsymbol{x}$ 被称为"民主的"[46]或"反稀疏的"[47]，它的所有条目的重要性大致相同。

在实践中，$\boldsymbol{x}$ 中的大多数条目通常可达到相同的绝对最大幅度[46]，因此类似于 $N$ 维汉明空间中的反波信号。此外，式（7.29）的解 $\boldsymbol{x}$ 以一种非常强大的方式承受误差：表示误差被系数中误差的平均值约束，而不是被总和约束。这些误差可能是任意性质的，包括失真（例如，量化）和损失（例如，传输失败）。这一特性已在文献 [45] 的 Ⅱ.C 节中定量确定。

**定理 7.1** 不失一般性，假设 $\| \boldsymbol{x} \|_2 < 1$，$\boldsymbol{x}$ 的每个系数分别进行 $L$ 级的动态范围 $[-\lambda, \lambda]$ 的统一标量量化。由式（7.29）可得 $\boldsymbol{x}$ 的整体量化误差由 $\lambda \sqrt{N}/L$ 限定。相比之下，最小二乘法解 $\boldsymbol{x}_{LS}$ 通过最小化 $\| \boldsymbol{D}\boldsymbol{x}_{LS} - \boldsymbol{y} \|_2^2$ 而不加任何约束，只能得到边界 $\sqrt{n}/L$。

在 $N \ll n$ 时，对于噪声（特别是量化误差）情况下的式（7.29）的解，上述方案将产生很大的鲁棒性。同时注意到它的误差边界不会随着输入维数 $n$ 的增长而增长，这对于高维数据来说是一个非常理想的稳定性属性。因此，式（7.29）对向量量化、哈希和近似最近邻搜索等应用有利。

在本节中，我们将在深度学习的背景下研究式（7.29）。基于乘法器交替方向方法算法，我们通过引入一个新型的受限线性单元神经元，并将拉格朗日乘法器建模为网络偏置，将式（7.29）表示为一个前馈神经网络[48]，称为深度 $\ell_\infty$ 编码器。要介绍的主要技术优点是如何将特定的优化模型（7.29）转化为设计一个特定任务的深度模型，该模型显示出所需的量化-鲁棒性。然后，我们研究了它在哈希中的应用，通过开发一个深度连体 $\ell_\infty$ 网络，在监督的对偶损失下耦合所提出的编码器，它可以从端到端进行优化。在我们的实验中观察到了令人印象深刻的性能。

### 7.2.1.2　相关工作

与 $\ell_0/\ell_1$ 稀疏近似问题的情况类似，求解式（7.29）及其变体（如文献［46］）依赖于迭代解。在文献［49］中，作者提出了一种类似于文献［50］的主动集策略。文献［51］研究了一种原始-双路径-跟随内点法。迭代逼近算法虽然有效，但由于其固有的顺序结构，以及数据依赖的复杂性和延迟性，往往构成计算效率的主要瓶颈。此外，（无监督）特征学习和监督步骤的联合优化必须依赖于解决复杂的双层次优化问题[52]。此外，为了有效地表示规模越来越大的数据集，通常需要更大的字典 $\boldsymbol{D}$。由于这些迭代算法的推理复杂度随字典大小的增加超过线性增加[53]，因此它们的可扩展性是有限的。最后，虽然超参数 $\lambda$ 有时具有物理解释（例如，用于信号量化和压缩），但对于许多应用情况，仍然不清楚如何设置或调整它。

最近，深度学习引起了极大的关注[54]。深度学习的优势在于使用了多种非线性变换，以产生更多的抽象和描述性的嵌入表示。前馈网络可以自然地与任务驱动的损失函数联合调整[55]。在梯度下降的帮助下，它还可以随着训练样本的数量在时间和空间上线性扩展。

研究者对“浅层”优化和深度学习模型的衔接很感兴趣。文献［48］提出了一种名为 LISTA 的前馈神经网络来高效地逼近稀疏代码，其超参数是从一般回归中学习的。在文献［56］中，作者在快速可训练回归器上利用了类似的思想，构建了学习到的稀疏模型的前馈网络近似。后来在文献［57］中又扩展到对稀疏模型和低秩模型的学习确定性的固定复杂性追踪的基本过程。最近，文献［55］提出了深度 $\ell_0$ 自编码器，将 $\ell_0$ 稀疏近似模型作为前馈神经网络。作者在文献［58］中将该策略扩展到图正则化 $\ell_1$ 近似，在文献［59］中扩展到双稀疏模型。尽管取得了上述进展，但据我们所知，很少有超越稀疏近似（如 $\ell_0/\ell_1$）模型的努力。

## 7.2.2　ADMM 算法

ADMM 因其在最小化具有线性可分离结构的目标方面的显著效果而受到欢迎[53]。我们首先引入一个辅助变量 $\boldsymbol{z} \in \mathbb{R}^{N \times 1}$，并将式（7.29）重写为

$$\min_{\boldsymbol{x},\boldsymbol{z}} \frac{1}{2} \| \boldsymbol{D}\boldsymbol{x} - \boldsymbol{y} \|_2^2 \quad \text{s.\,t.} \quad \| \boldsymbol{z} \|_\infty \leqslant \lambda, \boldsymbol{z} - \boldsymbol{x} = 0 \tag{7.30}$$

式（7.30）的增强拉格朗日函数为

$$\frac{1}{2} \| \boldsymbol{D}\boldsymbol{x} - \boldsymbol{y} \|_2^2 + \boldsymbol{p}^{\mathrm{T}}(\boldsymbol{z} - \boldsymbol{x}) + \frac{\beta}{2} \| \boldsymbol{z} - \boldsymbol{x} \|_2^2 + \Phi_\lambda(\boldsymbol{z}) \tag{7.31}$$

这里 $\boldsymbol{p} \in \mathbb{R}^{N \times 1}$ 是附加在等式约束上的拉格朗日乘数；$\beta$ 是一个正的常数（默认值为

0.6）；$\Phi_\lambda(z)$ 是指标函数，当 $\|z\|_\infty > \lambda$ 时，函数变为无穷大，否则为 0。ADMM 以交替方向的方式对 $x$ 和 $z$ 最小化式（7.31），并相应地更新 $p$。它保证全局收敛到式（7.29）的最优解。从 $x$、$z$ 和 $p$ 的任意初始化点开始，ADMM 迭代求解（$t=0$，1，2，…表示迭代次数）：

$$（更新 x）\quad \min_{x_{t+1}} \frac{1}{2}\|Dx-y\|_2^2 - p_t^\mathrm{T}x + \frac{\beta}{2}\|z_t-x\|_2^2 \tag{7.32}$$

$$（更新 z）\quad \min_{z_{t+1}} \frac{\beta}{2}\|z-(x_{t+1}-\frac{p_t}{\beta})\|_2^2 + \Phi_\lambda(z) \tag{7.33}$$

$$（更新 p）\quad p_{t+1} = p_t + \beta(z_{t+1}-x_{t+1}) \tag{7.34}$$

此外，式（7.32）和（7.33）都有封闭解：

$$x_{t+1} = (D^\mathrm{T}D+\beta I)^{-1}(D^\mathrm{T}y+\beta z_t+p_t) \tag{7.35}$$

$$z_{t+1} = \min\left(\max\left(x_{t+1}-\frac{p_t}{\beta},-\lambda\right),\lambda\right) \tag{7.36}$$

上述算法可以归为原始对偶方案。然而，关于 ADMM 算法的深入讨论不是本节的重点。相反，推导式（7.30）～（7.36）的目的是为我们设计任务特定的深度架构做准备，如下文所述。

### 7.2.3 深度 $\ell_\infty$ 编码器

我们首先将式（7.35）代入式（7.36），以得出仅依赖于 $z$ 和 $p$ 的更新形式：

$$z_{t+1} = B_\lambda\left((D^\mathrm{T}D+\beta I)^{-1}(D^\mathrm{T}y+\beta z_t+p_t)-\frac{p_t}{\beta}\right) \tag{7.37}$$

其中 $B_\lambda$ 定义为箱式约束的逐元素运算符（$u$ 表示向量，$u_i$ 是其第 $i$ 个元素）：

$$[B_\lambda(u)]_i = \min(\max(u_i,-\lambda),\lambda) \tag{7.38}$$

等式（7.37）也可改写为

$$z_{t+1} = B_\lambda(W\gamma+Sz_t+b_t)，其中$$
$$W=(D^\mathrm{T}D+\beta I)^{-1}D^\mathrm{T}, S=\beta(D^\mathrm{T}D+\beta I)^{-1}$$
$$b_t = \left[(D^\mathrm{T}D+\beta I)^{-1}-\frac{1}{\beta}I\right]p_t \tag{7.39}$$

上式可表示为图 7.7 中的框图，给出了求解式（7.29）的循环结构。请注意，在式（7.39）中，虽然 $W$ 和 $S$ 是在迭代中共享的预先计算的超参数，但 $b_t$ 仍然是一个依赖于 $p_t$ 的变量，也必须在整个迭代过程中更新（图 7.7 中省略了 $b_t$ 的更新模块）。

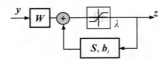

图 7.7  求解式（7.29）的框图

通过对图 7.7 进行时间展开和截断，将图 7.7 的迭代次数固定为 $K$（默认为 $K=2$）$^\ominus$，我们得到图 7.8 的前馈网络结构，命名为深度 $\ell_\infty$ 自编码器。由于阈值 $\lambda$ 不太容易更新，我们重复与文献 [55] 中相同的技巧，将式（7.38）重写为 $[B_\lambda(\boldsymbol{u})]_i = \lambda_i B_1(\boldsymbol{u}_i/\lambda_i)$。因此，原算子被分解成两个线性对角缩放层，加上一个单位阈值神经元；后者被称为 BLU。所有的超参数 $\boldsymbol{W}$、$\boldsymbol{S}_k$ 和 $\boldsymbol{b}_k(k=1,2)$，以及 $\lambda$，都要通过反向传播从数据中学习。虽然式（7.39）中的方程不能直接应用于求解深度 $\ell_\infty$ 编码器，但它们可以作为高质量的初始化。

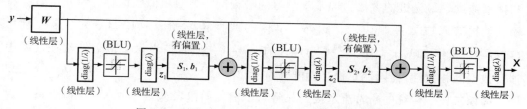

图 7.8　具有两个时间展开级的深度 $\ell_\infty$ 自编码器

重要的是要注意到将拉格朗日乘数 $\boldsymbol{p}_t$ 作为偏置的建模，并将其更新纳入网络学习中。这为如何将深度网络与更大的一类优化模型联系起来提供了重要的线索，这些模型的解决方案依赖于双域方法。

**BLU 与现有神经元的比较**。如图 7.9e 所示，BLU 倾向于抑制大的条目，而不惩罚小的条目，从而产生密集的、近乎相反的表示。初看 BLU 的图，很容易让人想起 tanh 神经元（图 7.9a）。事实上，由于它的输出范围是 $[-1,1]$，原点处的斜率为 1，tanh 可以被看作 BLU 的平滑可微分近似。

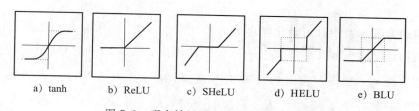

a) tanh　　b) ReLU　　c) SHeLU　　d) HELU　　e) BLU

图 7.9　现有神经元和 BLU 之间的比较

我们进一步将 BLU 与其他流行的和最近提出的神经元进行比较。ReLU（Rectifier Linear Unit）[54]、SheLU（Soft-tHresholding Linear Unit）[58] 和 HELU（Hard thrEsholding Linear Unit）[55]，分别如图 7.9b~d 所示。与 BLU 和 tanh 相反，它们都在输出中引入了稀疏性，从而证明了在分类和识别任务中成功和优于 tanh 的情况。有趣的是，HELU 似乎可以与 BLU 相媲美，因为它不会惩罚大条目，而是将小条目抑制到零。

---

$\ominus$　我们测试了较大的 $K$ 值（3 或 4）。在几种情况下，这带来了性能提升，但也增加了复杂度。

### 7.2.4 用于哈希的深度 $\ell_\infty$ 连体网络

我们没有像文献［48］那样以一般回归的方式先求解式（7.29）然后训练编码器，而是将编码器与任务驱动的损失进行串联，并从端到端优化流水线。在本节中，我们重点讨论其在哈希中的应用，尽管所提出的模型并不局限于一种特定的应用。

**背景**。随着网络上大规模图像数据的不断增加，人们对通过哈希方法进行最近邻搜索的关注度越来越高[60]。在大数据应用中，紧凑的位元表示法可以提高存储效率和搜索速度。最先进的方法，即基于学习的哈希法，学习相似性保存的哈希函数，将输入数据编码成二进制代码。此外，早期的线性搜索哈希（LSH）[60]、迭代量化（ITQ）[61]和频谱哈希（SH）[62]等方法没有参考任何监督信息，但最近发现在训练中涉及数据的相似性/异同性对提高性能有益[63-64]。

**前期工作**。传统的哈希流水线首先将每个输入图像表示为一个（手工制作的）视觉描述符，然后通过单独的投影和量化步骤将其编码为二进制代码。文献［65］首先将连体网络[66]架构应用于哈希，它将两个输入模式输入到两个参数共享的"编码器"列中，并利用对偶标签最小化其输出之间的对偶相似/不相似损失函数。在文献［67］中，作者进一步加强了哈希码的稀疏性先决条件，在文献［65］中用一对 LISTA 型编码器[48]代替一对通用前馈编码器，而文献［68,69］则利用对偶标签辅助定制卷积网络。文献［70］进一步引入了三倍频损耗，并应用了分割和编码策略来减少哈希码的冗余。需要注意的是，在量化的最后训练步骤中，文献［67］依靠额外的隐藏层 tanh 神经元来逼近二进制码，而文献［70］则利用了一个分段线性和不连续的阈值函数。

**我们的方法**。鉴于其对量化噪声的鲁棒性，以及 BLU 作为自然二值化近似的特性，我们构建了一个如文献［65］一样的连体网络，并采用一对参数共享的深度 $\ell_\infty$ 编码器作为两列。所得架构命名为深度 $\ell_\infty$ 连体网络，如图 7.10 所示。假设 $\boldsymbol{y}$ 和 $\boldsymbol{y}^+$ 组成相似的一对，而 $\boldsymbol{y}$ 和 $\boldsymbol{y}^-$ 组成不相似的一对，进一步用 $x(\boldsymbol{y})$ 表示输入 $\boldsymbol{y}$ 时的输出。然后，两个耦合编码器在以下对偶损失下进行优化（常数 $m$ 代表不同对之间的余量）：

$$L_p := \frac{1}{2} \| x(\boldsymbol{y}) - x(\boldsymbol{y}^+) \|^2 - \frac{1}{2}(\max(0, m - \| x(\boldsymbol{y}) - x(\boldsymbol{y}^-) \|))^2 \quad (7.40)$$

该表示法的学习是为了使相似的对尽可能接近，而不相似的对至少要有 $m$ 的距离。在本节中，我们按照文献［65］对所有实验使用默认的 $m=5$。

一旦学习到一个深度 $\ell_\infty$ 连体网络，我们就将其编码器部分（即深度 $\ell_\infty$ 编码器）应用于新的输入。计算效率极高，只涉及一些矩阵乘法和逐元素的阈值操作，总复杂度为 $O(nN + 2N^2)$。人们只需对输出进行量化，就可以得到一个 $N$ 位的二进制码。

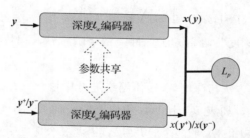

图 7.10　深度 $\ell_\infty$ 连体网络，通过耦合两个参数共享编码器，进行对偶损失优化（7.40）

### 7.2.5　图像哈希实验

**实现**。所提出的网络用 CUDA ConvNet 包[54]实现。我们使用 0.01 的恒定学习率，没有动量，批大小为 128。与之前的研究结果（如文献 [55,58]）不同，我们发现解绑 $S_1$，$b_2$ 和 $S_2$，$b_2$ 的值比共享它们更能提升性能。这不仅是因为更多的自由参数可以带来更大的学习能力，而且还因为 $p_t$（和 $b_k$）本质上没有在不同的迭代中共享，如式（7.39）和图 7.8 所示。

虽然许多神经网络在随机初始化的情况下都能得到很好的训练，但人们发现，有时不良的初始化仍然会阻碍一阶方法的有效性[71]。另一方面，我们提出的模型在正确的方式下初始化要容易得多。我们首先用标准的 K-SVD 算法[72]估计字典 $D$，然后通过 7.2.2 节中的 ADMM 算法不精确地求解式（7.29），最多可进行 $K(K=2)$ 次迭代，并记录每次迭代的拉格朗日乘数 $p_t$ 的值。受益于式（7.39）中的分析对应关系，就可以直接获得 $W$、$S_k$ 和 $b_k(k=1,2)$ 的高质量初始化。因此，我们可以实现训练误差的稳定下降曲线，而不需要执行常见的技巧，如退火学习率，如果应用随机初始化，则可发现这些技巧是不可或缺的。

**数据集**。CIFAR10 数据集[73]包含 10 个不同类的 60K 个有标签图像。这些图像使用 384 维的 GIST 描述符[74]来表示。按照文献 [67] 中的经典设置，我们为每个类使用了 200 张图像的训练集，以及每个类 100 张图像的不相交的查询集。剩余的 59K 图像作为数据库处理。

**NUS-WIDE**[75]是一个数据集，包含来自 Flickr 的 270K 标记图像。每张图片都与 81 个不同的概念中的一个或多个相关联，并使用一个 500 维的特征袋进行描述。在训练和评价中，我们遵循了文献 [76] 的协议：如果两张图片至少有一个共同的概念（只考虑 21 个最常见的概念），则被认为是邻居。我们使用 100K 对图像进行训练，测试中使用每个概念 100 张图像的查询集。

**比较方法**。我们将提出的深度 $\ell_\infty$ 连体网络与六种最先进的哈希方法进行比较：

- 四种有代表性的"浅层"哈希方法：内核化监督哈希（KSH）[64]、锚图哈希（AGH）[76]（我们用它的两种替代形式 AGH1 和 AGH2 进行比较，见原文）、

参数敏感哈希 （PSH）[77] 和 LDA 哈希 （LH）[78]⊖。

- 两种最新的"深度"哈希方法：神经网络哈希 （NNH）[65] 和稀疏神经网络哈希 （SNNH）[67]。

将这两种"深度"方法与深度 $\ell_\infty$ 连体网络进行比较，三者唯一的区别是各自的双列中采用的编码器类型，如表 7.7 所示。我们重新实现了 NNH 和 SNNH 的编码器部分，有三个隐藏层（即 LISTA 的两个展开级），因此三个深度哈希模型都具有相同的深度⊖。回顾输入 $y\in\mathbb{R}^n$ 和哈希码 $x\in\mathbb{R}^N$，我们从式 （7.39） 中立即看到 $W\in\mathbb{R}^{n\times N}$，$S_k\in\mathbb{R}^{N\times N}$，$b_k\in\mathbb{R}^N$。我们仔细确保 NNHash 和 SparseHash 的所有权重层与我们的权重层维度相同⊜，以便进行公平比较。

表 7.7  NNH，SNNH 和建议的深度网络的比较

|  | 编码器类型 | 神经元类型 | 哈希码的结构先验 |
|---|---|---|---|
| NNH | 通用 | tanh | / |
| SNNH | LISTA | SHeLU | 稀疏 |
| 本文方法 | 深度 $\ell_\infty$ | BLU | 几乎对等且稳健 |

我们采用以下经典标准进行评价：不同汉明半径下的准确率和召回率 （PR），并将 F1 得分作为其调和平均值；平均准确率均值 （MAP）[79]。此外，对于 NUS-WIDE，由于在这个大数据集上计算 mAP 速度较慢，我们遵循文献 ［67］ 的惯例，计算前 5K 个返回邻域的平均准确率 （MP） （MP@5K），同时报告前 10 个结果的 mAP （mAP@10）。

我们没有与基于卷积网络的哈希方法[68-70] 进行比较，因为在控制实验中很难保证他们的模型与我们的全连接模型具有相同的参数容量。我们也没有将基于三重损失的方法 （如文献 ［70］ 中的方法） 纳入比较，因为它们需要三个并行的编码器列。

**结果和分析**。表 7.8 和表 7.9 比较了不同方法在两个数据集上的性能。我们提出的方法在几乎所有情况下，在 mAP/MP 和准确率方面都名列前茅。即使在汉明半径为 0 的情况下，我们提出的方法对 CIFAR10 的准确率也高达 33.30%（$N=64$），对 NUS-WIDE 的准确率也高达 89.49%（$N=256$）。在大多数情况下，所提出的方法在召回率方面也表现较好，仅次于 SNNH。特别是当哈希码维度较低时，例如，对于 CIFAR10，当 $N=48$ 时，所提出的方法以显著的优势优于所有其他方法。这表明了所提出的方法在生成紧凑和准确的哈希码方面的竞争力，以较低的计算和存储成本实现了更精确的检索结果。

---

⊖ 大部分实验结果摘自文献 ［67］ 中的比较实验，实验设置相同。
⊖ 与原论文中使用两个隐藏层的结果相比，我们的方法提升了性能，但也增加了额外的复杂度。
⊜ $\ell_\infty$ 编码器和 LISTA 网络都会引入对角线层，而一般的前馈网络则不会。此外，LISTA 网络和一般的前馈网络都不包含逐层偏置。不过，由于对角线层和偏置只有 $N$ 个自由参数，所以总体数量可被忽略。

表7.8　不同代码长度 $N$ 时，CIFAR10 数据集上不同哈希方法的性能（%）

| 方法 | $N$ | mAP | 汉明半径 ≤2 | | | 汉明半径 =0 | | |
|---|---|---|---|---|---|---|---|---|
| | | | 准确率 | 召回率 | F1 | 准确率 | 召回率 | F1 |
| KSH | 48 | 31.10 | 18.22 | 0.86 | 1.64 | 5.39 | $5.6\times10^{-2}$ | 0.11 |
| | 64 | 32.49 | 10.86 | 0.13 | 0.26 | 2.49 | $9.6\times10^{-3}$ | $1.9\times10^{-2}$ |
| AGH1 | 48 | 14.55 | 15.95 | $2.8\times10^{-2}$ | $5.6\times10^{-2}$ | 4.88 | $2.2\times10^{-3}$ | $4.4\times10^{-3}$ |
| | 64 | 14.22 | 6.50 | $4.1\times10^{-3}$ | $8.1\times10^{-3}$ | 3.06 | $1.2\times10^{-3}$ | $2.4\times10^{-3}$ |
| AGH2 | 48 | 15.34 | 17.43 | $7.1\times10^{-2}$ | $3.6\times10^{-2}$ | 5.44 | $3.5\times10^{-3}$ | $6.9\times10^{-3}$ |
| | 64 | 14.99 | 7.63 | $7.2\times10^{-3}$ | $1.4\times10^{-2}$ | 3.61 | $1.4\times10^{-3}$ | $2.7\times10^{-3}$ |
| PSH | 48 | 15.78 | 9.92 | $6.6\times10^{-3}$ | $1.3\times10^{-2}$ | 0.30 | $5.1\times10^{-5}$ | $1.0\times10^{-4}$ |
| | 64 | 17.18 | 1.52 | $3.0\times10^{-4}$ | $6.1\times10^{-4}$ | $1.0\times10^{-3}$ | $1.69\times10^{-5}$ | $3.3\times10^{-5}$ |
| LH | 48 | 13.13 | $3.0\times10^{-3}$ | $1.0\times10^{-4}$ | $5.1\times10^{-5}$ | $1.0\times10^{-3}$ | $1.7\times10^{-5}$ | $3.4\times10^{-5}$ |
| | 64 | 13.07 | $1.0\times10^{-3}$ | $1.7\times10^{-5}$ | $3.3\times10^{-5}$ | 0.00 | 0.00 | 0.00 |
| NNH | 48 | 31.21 | 34.87 | 1.81 | 3.44 | 10.02 | $9.4\times10^{-2}$ | 0, 19. |
| | 64 | 35.24 | 23.23 | 0.29 | 0.57 | 5.89 | $1.4\times10^{-2}$ | $2.8\times10^{-2}$ |
| SNNH | 48 | 26.67 | 32.03 | 12.10 | 17.56 | 19.95 | **0.96** | **1.83** |
| | 64 | 27.25 | 30.01 | **36.68** | 33.01 | 30.25 | **9.8** | **14.90** |
| 提出的 | 48 | **31.48** | **36.89** | **12.47** | **18.41** | **24.82** | 0.94 | 1.82 |
| | 64 | **36.76** | **38.67** | 30.28 | **33.96** | **33.30** | 8.9 | 14.05 |

表7.9　不同代码长度 $N$ 时，NUS-WIDE 数据集上不同哈希方法的性能（%）

| 方法 | $N$ | mAP@10 | MP@5K | 汉明半径 ≤2 | | | 汉明半径 =0 | | |
|---|---|---|---|---|---|---|---|---|---|
| | | | | 准确率 | 召回率 | F1 | 准确率 | 召回率 | F1 |
| KSH | 64 | 72.85 | 42.74 | 83.80 | $6.1\times10^{-3}$ | $1.2\times10^{-2}$ | 84.21 | $1.7\times10^{-3}$ | $3.3\times10^{-5}$ |
| | 256 | 73.73 | 45.35 | 84.24 | $1.4\times10^{-3}$ | $2.9\times10^{-3}$ | 84.24 | $1.4\times10^{-3}$ | $2.9\times10^{-3}$ |
| AGH1 | 64 | 69.48 | 47.28 | 69.43 | 0.11 | 0.22 | 73.35 | $3.9\times10^{-2}$ | $7.9\times10^{-2}$ |
| | 256 | 73.86 | 46.68 | 75.90 | $1.5\times10^{-2}$ | $2.9\times10^{-2}$ | 81.64 | $3.6\times10^{-2}$ | $7.1\times10^{-2}$ |
| AGH2 | 64 | 68.90 | 47.27 | 68.73 | 0.14 | 0.28 | 72.82 | $5.2\times10^{-2}$ | 0.10 |
| | 256 | 73.00 | 47.65 | 74.90 | $5.3\times10^{-2}$ | 0.11 | 80.45 | $1.1\times10^{-2}$ | $2.2\times10^{-2}$ |
| PSH | 64 | 72.17 | 44.79 | 60.06 | 0.12 | 0.24 | 81.73 | $1.1\times10^{-2}$ | $2.2\times10^{-2}$ |
| | 256 | 73.52 | 47.13 | 84.18 | $1.8\times10^{-3}$ | $3.5\times10^{-3}$ | 84.24 | $1.5\times10^{-3}$ | $2.9\times10^{-3}$ |
| LH | 64 | 71.33 | 41.69 | **84.26** | $1.4\times10^{-3}$ | $2.9\times10^{-3}$ | 84.24 | $1.4\times10^{-3}$ | $2.9\times10^{-3}$ |
| | 256 | 70.73 | 39.02 | 84.24 | $1.4\times10^{-3}$ | $2.9\times10^{-3}$ | 84.24 | $1.4\times10^{-3}$ | $2.9\times10^{-3}$ |
| NNH | 64 | 76.39 | 59.76 | 75.51 | 1.59 | 3.11 | 81.24 | 0.10 | 0.20 |
| | 256 | 78.31 | 61.21 | 83.46 | $5.8\times10^{-2}$ | 0.11 | 83.94 | $4.9\times10^{-3}$ | $9.8\times10^{-3}$ |
| SNNH | 64 | 74.87 | 56.82 | 72.32 | **1.99** | **3.87** | 81.98 | **0.37** | **0.73** |
| | 256 | 74.73 | 59.37 | 80.98 | **0.10** | **0.19** | 82.85 | **0.98** | **1.94** |
| 提出的 | 64 | **79.89** | **63.04** | 79.95 | 1.72 | 3.38 | **86.23** | 0.30 | 0.60 |
| | 256 | **80.02** | **65.62** | **84.63** | $7.2\times10^{-2}$ | 0.15 | **89.49** | 0.57 | 1.13 |

　　接下来的观察是，与最好的方法 SNNH 相比，我们的方法的召回率似乎不那么引人注目。在汉明半径为 2 的范围内，我们针对哈希码 $N$ 的位长绘制了三个性能最

好的方法（NNH，SNNH，深度 $\ell_\infty$）的准确率和召回率曲线。图 7.11 表明我们的方法在准确率上始终优于 SNNH 和 NNH。另一方面，SNNH 在召回率上比所提出的方法有优势，尽管随着 $N$ 的增加，这个优势似乎在消失。

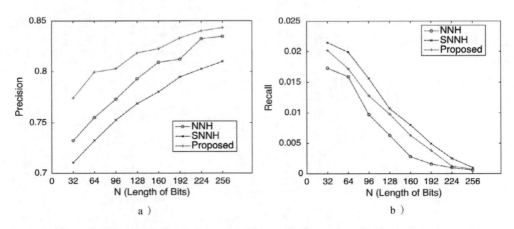

a）                                    b）

图 7.11　在 NUS-WIDE 上的三种深度哈希方法的比较：a）准确率曲线；b）召回曲线，
　　　　哈希码长度 $N$，汉明半径在 2 之内

虽然这似乎是一个合理的性能权衡，但我们对 SNNH 和提出的方法之间的行为差异感到好奇。再次提醒，它们只是在编码器架构上有所不同，即一个使用 LISTA，而另一个使用深度 $\ell_\infty$ 编码器。因此，我们在图 7.12 中绘制了一幅 CIFAR 图像的学习表示和二进制哈希码，使用 NNH、SNNH 和提出的方法。通过比较这三对图像，可以看出图 7.12a 和 b（也包括图 7.12c 和 d）的量化存在明显的失真和信息损失。与它们相反，深度 $\ell_\infty$ 编码器的输出具有小得多的量化误差，因为它恰似相反信号。因此，它在量化步骤中遭受的信息损失最小。

综上所述，我们对 SNNH 和深度 $\ell_\infty$ 编码器之间的不同行为得出以下几点结论：

- 通过在二进制哈希码中引入结构，深度 $\ell_\infty$ 编码器和 SNNH 的性能都优于 NNH。
- 深度 $\ell_\infty$ 编码器产生近乎正相反的输出，对量化误差具有很强的适应性。因此，它在保存信息时，在层次化信息提取以及量化方面表现出色。这就解释了为什么我们的方法达到了最高的准确率，并且在 $N$ 很小的时候表现得特别好。
- SNNH 利用稀疏性作为哈希码的先决条件，这限制并缩小了解的空间，因为 SNNH 输出中的许多小条目将被抑制为零。这一点也可以从文献［67］的表 2 中得到证明，即 SNNH 结果中唯一的哈希码数量比 NNH 小一个数量级。
- 稀疏性先验提高了召回率，因为其获得的哈希码可以在高维空间中更紧凑地聚类，聚类内变化较小。但在分层稀疏化过程中，也有丢失太多信息的风险。在这种情况下，聚类间的变化也可能受到影响，从而导致准确率下降。

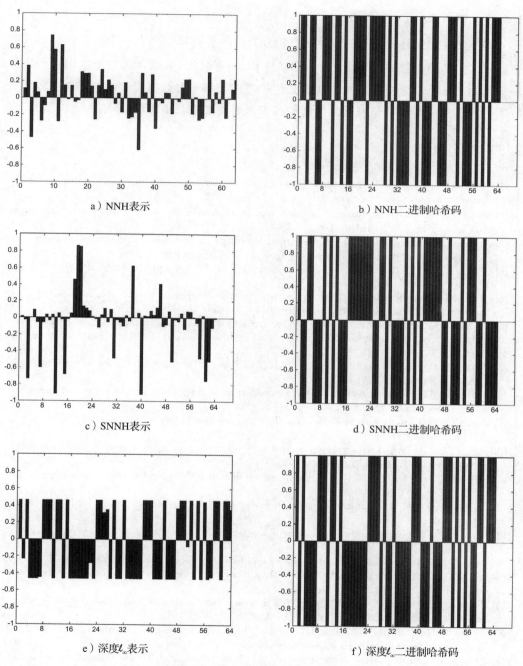

a）NNH表示

b）NNH二进制哈希码

c）SNNH表示

d）SNNH二进制哈希码

e）深度$\ell_\infty$表示

f）深度$\ell_\infty$二进制哈希码

图 7.12　从 CIFAR10 获得的一张测试图像的学习表示和二进制哈希码。图 a 和 b，NNH；图 c 和 d，SNNH；图 e 和 f，提出的方法

进一步来看，稀疏度和 $\ell_\infty$ 结构先验可以互补。我们将在今后的工作中进行探讨。

### 7.2.6    结论

本节研究如何将 $\ell_\infty$ 约束的最小化模型的量化-鲁棒特性导入一个专门设计的深度模型中。它是通过首先推导出一个 ADMM 算法，然后将其重构为一个前馈神经网络来实现的。以哈希为应用目的，我们介绍了连体架构与对偶损失。我们深入比较并分析了所提出的模型与其他模型的性能和行为，希望能引起更多的关注。

### 7.3    参考文献

[1] Wang S, Ding Z, Fu Y. Marginalized denoising dictionary learning with locality constraint. IEEE Transactions on Image Processing 2017.

[2] Yang J, Yu K, Gong Y, Huang T. Linear spatial pyramid matching using sparse coding for image classification. In: CVPR. IEEE; 2009. p. 1794–801.

[3] Rodriguez F, Sapiro G. Sparse representations for image classification: learning discriminative and reconstructive non-parametric dictionaries. tech. rep., DTIC Document; 2008.

[4] Elhamifar E, Vidal R. Robust classification using structured sparse representation. In: CVPR. IEEE; 2011. p. 1873–9.

[5] Jafari MG, Plumbley MD. Fast dictionary learning for sparse representations of speech signals. Selected Topics in Signal Processing, IEEE Journal of 2011;5(5):1025–31.

[6] Pique-Regi R, Monso-Varona J, Ortega A, Seeger RC, Triche TJ, Asgharzadeh S. Sparse representation and Bayesian detection of genome copy number alterations from microarray data. Bioinformatics 2008;24(3):309–18.

[7] Wright J, Yang AY, Ganesh A, Sastry SS, Ma Y. Robust face recognition via sparse representation. TPAMI 2009;31(2):210–27.

[8] Aharon M, Elad M, Bruckstein A. K-SVD: an algorithm for designing overcomplete dictionaries for sparse representation. TSP 2006;54(11):4311–22.

[9] Zhang Q, Li B. Discriminative K-SVD for dictionary learning in face recognition. In: CVPR. IEEE; 2010. p. 2691–8.

[10] Jiang Z, Lin Z, Davis LS. Learning a discriminative dictionary for sparse coding via label consistent K-SVD. In: CVPR. IEEE; 2011. p. 1697–704.

[11] Yang M, Zhang D, Feng X. Fisher discrimination dictionary learning for sparse representation. In: ICCV. IEEE; 2011. p. 543–50.

[12] Liu G, Lin Z, Yu Y. Robust subspace segmentation by low-rank representation. In: ICML; 2010. p. 663–70.

[13] Shen X, Wu Y. A unified approach to salient object detection via low rank matrix recovery. In: CVPR. IEEE; 2012. p. 853–60.

[14] Ding Z, Fu Y. Low-rank common subspace for multi-view learning. In: ICDM. IEEE; 2014. p. 110–9.

[15] Liu G, Lin Z, Yan S, Sun J, Yu Y, Ma Y. Robust recovery of subspace structures by low-rank representation. TPAMI 2013;35(1):171–84.

[16] Zhang C, Liu J, Tian Q, Xu C, Lu H, Ma S. Image classification by non-negative sparse coding, low-rank and sparse decomposition. In: CVPR. IEEE; 2011. p. 1673–80.

[17] Zhang D, Liu P, Zhang K, Zhang H, Wang Q, Jinga X. Class relatedness oriented-discriminative dictionary learning for multiclass image classification. Pattern Recognition 2015.

[18] Bengio Y. Learning deep architectures for AI. Foundations and Trends in Machine Learning 2009;2(1):1–127.

[19] Vincent P, Larochelle H, Lajoie I, Bengio Y, Manzagol PA. Stacked denoising autoencoders: learning useful representations in a deep network with a local denoising criterion. JMLR 2010;11:3371–408.

[20] Chen M, Xu Z, Weinberger K, Sha F. Marginalized denoising autoencoders for domain adaptation. arXiv preprint arXiv:1206.4683, 2012.

[21] Chen Y, Guo X. Learning non-negative locality-constrained linear coding for human action recogni-

tion. In: VCIP. IEEE; 2013. p. 1–6.

[22] Shabou A, LeBorgne H. Locality-constrained and spatially regularized coding for scene categorization. In: CVPR. IEEE; 2012. p. 3618–25.

[23] Liang Y, Song M, Bu J, Chen C. Colorization for gray scale facial image by locality-constrained linear coding. Journal of Signal Processing Systems 2014;74(1):59–67.

[24] Lin Z, Chen M, Ma Y. The augmented Lagrange multiplier method for exact recovery of corrupted low-rank matrices. arXiv preprint arXiv:1009.5055, 2010.

[25] Ma L, Wang C, Xiao B, Zhou W. Sparse representation for face recognition based on discriminative low-rank dictionary learning. In: CVPR. IEEE; 2012. p. 2586–93.

[26] Jiang X, Lai J. Sparse and dense hybrid representation via dictionary decomposition for face recognition. TPAMI 2015;37(5):1067–79.

[27] Wang J, Yang J, Yu K, Lv F, Huang T, Gong Y. Locality-constrained linear coding for image classification. In: CVPR. IEEE; 2010. p. 3360–7.

[28] Wang S, Fu Y. Locality-constrained discriminative learning and coding. In: CVPRW; 2015. p. 17–24.

[29] Boureau Y-Lan, LeCun Yann, et al. Sparse feature learning for deep belief networks. In: NIPS; 2008. p. 1185–92.

[30] Vincent P, Larochelle H, Bengio Y, Manzagol PA. Extracting and composing robust features with denoising autoencoders. In: ICML. ACM; 2008. p. 1096–103.

[31] Candès EJ, Li X, Ma Y, Wright J. Robust principal component analysis? Journal of the ACM (JACM) 2011;58(3):11.

[32] Yu K, Zhang T, Gong Y. Nonlinear learning using local coordinate coding. In: NIPS; 2009. p. 2223–31.

[33] Bertsekas DP. Constrained optimization and Lagrange multiplier methods. Computer Science and Applied Mathematics, vol. 1. Boston: Academic Press; 1982.

[34] Yang J, Yin W, Zhang Y, Wang Y. A fast algorithm for edge-preserving variational multichannel image restoration. SIAM Journal on Imaging Sciences 2009;2(2):569–92.

[35] Zhang G, Jiang Z, Davis LS. Online semi-supervised discriminative dictionary learning for sparse representation. In: ACCV. Springer; 2013. p. 259–73.

[36] Samaria FS, Harter AC. Parameterisation of a stochastic model for human face identification. In: Proceedings of the second IEEE workshop on applications of computer vision. IEEE; 1994. p. 138–42.

[37] Lee KC, Ho J, Kriegman D. Acquiring linear subspaces for face recognition under variable lighting. TPAMI 2005;27(5):684–98.

[38] Sim T, Baker S, Bsat M. The CMU pose, illumination, and expression database. TPAMI 2003;25(12):1615–8.

[39] Nayar S, Nene SA, Murase H. Columbia object image library (COIL 100). Tech Rep CUCS-006-96. Department of Comp Science, Columbia University; 1996.

[40] LeCun Y, Bottou L, Bengio Y, Haffner P. Gradient-based learning applied to document recognition. Proceedings of the IEEE 1998;86(11):2278–324.

[41] Belhumeur PN, Hespanha JP, Kriegman D. Eigenfaces vs. fisherfaces: recognition using class specific linear projection. TPAMI 1997;19(7):711–20.

[42] Naseem I, Togneri R, Bennamoun M. Linear regression for face recognition. TPAMI 2010;32(11):2106–12.

[43] Li L, Li S, Fu Y. Learning low-rank and discriminative dictionary for image classification. IVC 2014.

[44] Gu S, Zhang L, Zuo W, Feng X. Projective dictionary pair learning for pattern classification. In: NIPS; 2014. p. 793–801.

[45] Lyubarskii Y, Vershynin R. Uncertainty principles and vector quantization. Information Theory, IEEE Transactions on 2010.

[46] Studer C, Goldstein T, Yin W, Baraniuk RG. Democratic representations. arXiv preprint arXiv:1401.3420, 2014.

[47] Fuchs JJ. Spread representations. In: ASILOMAR. IEEE; 2011. p. 814–7.

[48] Gregor K, LeCun Y. Learning fast approximations of sparse coding. In: ICML; 2010. p. 399–406.

[49] Stark PB, Parker RL. Bounded-variable least-squares: an algorithm and applications. Computational Statistics 1995;10:129–41.

[50] Lawson CL, Hanson RJ. Solving least squares problems, vol. 161. SIAM; 1974.

[51] Adlers M. Sparse least squares problems with box constraints. Citeseer; 1998.

[52] Wang Z, Yang Y, Chang S, Li J, Fong S, Huang TS. A joint optimization framework of sparse coding and discriminative clustering. In: IJCAI; 2015.

[53] Bertsekas DP. Nonlinear programming. Belmont: Athena Scientific; 1999.

[54] Krizhevsky A, Sutskever I, Hinton GE. ImageNet classification with deep convolutional neural networks. In: NIPS; 2012.

[55] Wang Z, Ling Q, Huang T. Learning deep l0 encoders. AAAI 2016.

[56] Sprechmann P, Litman R, Yakar TB, Bronstein AM, Sapiro G. Supervised sparse analysis and synthesis operators. In: NIPS; 2013. p. 908–16.

[57] Sprechmann P, Bronstein A, Sapiro G. Learning efficient sparse and low rank models. TPAMI 2015.

[58] Wang Z, Chang S, Zhou J, Wang M, Huang TS. Learning a task-specific deep architecture for clustering. SDM 2016.

[59] Wang Z, Chang S, Liu D, Ling Q, Huang TS. D3: deep dual-domain based fast restoration of jpeg-compressed images. In: IEEE CVPR; 2016.

[60] Gionis A, Indyk P, Motwani R, et al. Similarity search in high dimensions via hashing. In: VLDB, vol. 99; 1999. p. 518–29.

[61] Gong Y, Lazebnik S. Iterative quantization: a procrustean approach to learning binary codes. In: CVPR. IEEE; 2011.

[62] Weiss Y, Torralba A, Fergus R. Spectral hashing. In: NIPS; 2009.

[63] Kulis B, Darrell T. Learning to hash with binary reconstructive embeddings. In: NIPS; 2009. p. 1042–50.

[64] Liu W, Wang J, Ji R, Jiang YG, Chang SF. Supervised hashing with kernels. In: CVPR. IEEE; 2012. p. 2074–81.

[65] Masci J, Migliore D, Bronstein MM, Schmidhuber J. Descriptor learning for omnidirectional image matching. In: Registration and recognition in images and videos. Springer; 2014. p. 49–62.

[66] Hadsell R, Chopra S, LeCun Y. Dimensionality reduction by learning an invariant mapping. In: CVPR. IEEE; 2006.

[67] Masci J, Bronstein AM, Bronstein MM, Sprechmann P, Sapiro G. Sparse similarity-preserving hashing. arXiv preprint arXiv:1312.5479, 2013.

[68] Xia R, Pan Y, Lai H, Liu C, Yan S. Supervised hashing for image retrieval via image representation learning. In: AAAI; 2014.

[69] Li WJ, Wang S, Kang WC. Feature learning based deep supervised hashing with pairwise labels. arXiv:1511.03855, 2015.

[70] Lai H, Pan Y, Liu Y, Yan S. Simultaneous feature learning and hash coding with deep neural networks. CVPR 2015.

[71] Sutskever I, Martens J, Dahl G, Hinton G. On the importance of initialization and momentum in deep learning. In: ICML; 2013. p. 1139–47.

[72] Elad M, Aharon M. Image denoising via sparse and redundant representations over learned dictionaries. TIP 2006;15(12):3736–45.

[73] Krizhevsky A, Hinton G. Learning multiple layers of features from tiny images. 2009.

[74] Oliva A, Torralba A. Modeling the shape of the scene: a holistic representation of the spatial envelope. IJCV 2001.

[75] Chua TS, Tang J, Hong R, Li H, Luo Z, Zheng Y. NUS-WIDE: a real-world web image database from National University of Singapore. In: ACM CIVR. ACM; 2009. p. 48.

[76] Liu W, Wang J, Kumar S, Chang SF. Hashing with graphs. In: ICML; 2011.

[77] Shakhnarovich G, Viola P, Darrell T. Fast pose estimation with parameter-sensitive hashing. In: ICCV. IEEE; 2003.

[78] Strecha C, Bronstein AM, Bronstein MM, Fua P. LDAHash: improved matching with smaller descriptors. TPAMI 2012;34(1):66–78.

[79] Müller H, Müller W, Squire DM, Marchand-Maillet S, Pun T. Performance evaluation in content-based image retrieval: overview and proposals. PRL 2001.

# 动 作 识 别

Yu Kong，Yun Fu

## 8.1 跨视角动作识别的深度学习的视角不变特征[⊖]

### 8.1.1 引言

人类动作数据具有普遍性，并受到机器学习[1-2]和计算机视觉界[3-4]领域的关注。一般来说，动作数据可以从多视角捕获，如多个传感器视角和各种摄像机视角等，见图 8.1。但由于原始数据是由不同的传感器设备在不同的物理位置采集的，而且可能看起来完全不同，因此对这种跨视角场景下的动作数据进行分类是一项挑战。例如，在图 8.1b 中，从侧视图观察到的动作和从俯视图观察到的动作在视觉上是不同的。因此，在一个视角中使用提取的特征比在另一个视角中对动作进行分类的判别力要低。

a）多传感器视角  b）多个摄像机视角

图 8.1 多视角场景的例子：a）多传感器视角，即在躯干、手臂和腿部安装多个传感器，并由这些传感器记录人的动作数据；b）多摄像机视角，多个摄像机在不同的视角记录了人类的动作

研究者建立了用于动作识别的视角不变表征，即把一个动作视频转换为帧的时间序列[5-9]。这些方法[5-6]利用所谓的自相似矩阵（SSM）描述符来汇总多视角中的动作，并已证明其在跨视角场景中的鲁棒性。在文献［7-9］中，视角之间的共享信息被学习并转移到每个视角中，他们做了一个假设，即不同视角中的样本对共享特征的贡献是相同的。然而，这种假设将是无效的，因为一个视角中的线索可能与其他视角

（例如，图 8.1b 中的俯视图）大不相同，与其他视角相比，对共享特征的贡献应该较低。此外，他们并没有约束动作类别之间的信息共享，这可能会对不同类别的视频产生相似的特征，但却是从同一视角拍摄的，因此无疑会使分类器产生混淆。

我们描述了一个深度网络，利用学习到的视角不变特征对跨视角动作进行分类。引入了一个样本亲和矩阵（SAM）来衡量不同摄像机视角中视频样本之间的相似性。这样我们就可以准确地平衡视角之间的信息传递，有利于学习更多的信息共享特征以进行跨视角动作分类。SAM 结构控制了不同类的样本之间的信息传递，使我们能够提取每个类的独特特征。除了共享特征外，还学习了私有特征，以捕获每个视角中专门存在的运动信息，这些信息无法使用共享特征进行建模。我们通过鼓励共享特征和私有特征之间的不一致，分别从共享特征和私有特征中学习判别性的视角不变信息。使用标记信息和叠加多层特征来进一步提升网络的性能。该特征学习问题是在边缘化的自编码器框架（见图 8.2）[10]中提出的，该框架是特别为学习视角不变特征而开发的。具体来说，跨视角的共享特征由一个自编码器汇总，而特定为一个视角的私有特征则使用一组自编码器学习。我们通过鼓励两类自编码器中映射矩阵之间的正交性，以获得两类特征之间的不一致性。建立了一个拉普拉斯图，以鼓励相同动作类别的样本具有相似的共享和私有特征。我们将多层特征堆叠起来，以分层的方式进行学习。我们在两个多视角数据集上评价这种方法，结果表明我们的方法显著优于现有其他方法。

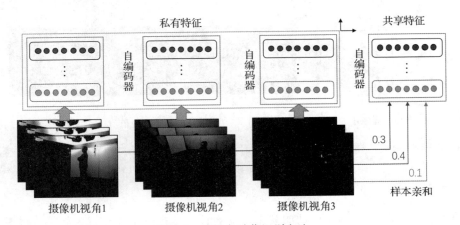

图 8.2　跨视角动作识别方法

## 8.1.2　相关工作

多视角学习方法的目的是寻找两个不同数据视角之间的一致性。研究人员多次尝试从低水平的观察中学习更具表现力和判别力的特征[11-13,2,14-16]。协同训练方法[17]通过训练每个视角的多个学习算法，发现不同视角中一对数据点之间的一致关系。文献 [18] 中还使用了典型相关分析（CCA）来学习多个视角之间的公共空间。Wang

等人[19]提出了一种利用两个投影矩阵将多模态数据映射到公共特征空间的方法，实现了多模态数据的跨模态匹配。文献［20］中讨论了不完全视角问题，作者假设共享子空间产生不同的视角。文献［21］中引入了广义多视角分析（GMA）方法，并被证明是 CCA 的监督扩展。Liu 等人[13]在多视角聚类中利用了矩阵分解。他们的方法利用了代表从多个视角获得的聚类结构的因素，以达成共识。文献［12］探讨了一种集合矩阵分解（CMF）方法，该方法可以得到关系特征矩阵之间的相关性。Ding等[16]提出了一种低秩约束矩阵分解模型，即使测试数据的视角信息未知，该模型也能很好地应用于多视角学习场景。

研究者设计了视角不变的动作识别方法来预测给定多视角样本的动作标签。随着视角的变化，类内姿态和外观会出现较大的变化。以往的研究主要集中在对视角变化具有鲁棒性的视角不变特征设计上。文献［22］中的方法实现了三维定向梯度直方图（HOG）描述符的局部分割和层次分类，以产生图像序列。在基于 SSM 的方法中，计算视频中的帧相似矩阵，并提取矩阵上对数极性块内的视角不变描述符[5,23]。文献［24-25,7-9,26-28］回顾了视角之间的知识共享。具体来说，文献［9］中的MRM-Lasso 方法通过学习一个由模式特定权重组成的低秩矩阵来捕捉不同视角的潜在修正。文献［7-8］中创建了可转移的字典对，鼓励共享稀疏特征空间。文献［25］中利用二分图将两个视角依赖性词汇组合成视觉词簇，称为双语词汇，以弥补跨视角依赖性词汇的语义鸿沟。

### 8.1.3　深度学习的视角不变特征

这项工作的目标是提取视角不变特征，使我们能够在一个（或多个）视角上训练分类模型，并在其他视角上进行检查。

#### 8.1.3.1　样本亲和矩阵

我们引入 SAM 来测量多视角中视频样本对之间的相似性。假设我们得到了 $V$ 个视角的训练视频，$\{X^v, y^v\}_{v=1}^V$。第 $v$ 个视角 $X^v$ 的数据由 $N$ 个动作视频组成，$X^v=[x_1^v,\cdots,x_N^v]\in\mathbb{R}^{d\times N}$ 对应的标签是 $y^v=[y_1^v,\cdots,y_N^v]$。SAM $Z\in\mathbb{R}^{VN\times VN}$ 被解释为一个块对角矩阵：

$$Z=\mathrm{diag}(Z_1,\cdots,Z_N),Z_i=\begin{bmatrix}0 & z_i^{12} & \cdots & z_i^{1V}\\ z_i^{21} & 0 & \cdots & z_i^{2V}\\ \vdots & \vdots & & \vdots\\ z_i^{V1} & z_i^{V2} & \cdots & 0\end{bmatrix}$$

其中 $\mathrm{diag}(.)$ 建立一个对角矩阵，$z_i^{uv}$ 是由 $z_i^{uv}=\exp(\|x_i^v-x_i^u\|^2/2c)$ 计算的第 $i$ 个样本中两个视角之间的距离，参数为 $c$。

从本质上讲，SAM $Z$ 捕获的是类内视角间的信息和类间视角内的信息。$Z$ 中的块 $Z_i$ 表示一个类中不同视角的外观变化。这就解释了如果视角发生变化，动作是如何变化的。这样的信息使得在视角之间传递信息和构建鲁棒的跨视角特征成为可能。另外，由于 SAM $Z$ 中的非对角块是零，这限制了同一视角中类之间的信息共享。因此，鼓励将来自不同类别但在同一视角中的特征区分开来。这就使得如果它们在某些视角中出现相似的情况，我们能够区分各种动作类别。

### 8.1.3.2　自编码器初步研究

我们的方法是基于一种流行的深度学习方法，称为自编码器（AE）[29,10,30]。AE 用 "编码器" $f_1(\cdot)$ 将原始输入 $x$ 映射到隐藏单元 $h$，$h = f_1(x)$，然后用 "解码器" $f_2(\cdot)$ 将隐藏单元映射到输出，$o = f_2(h)$。学习 AE 的目的是鼓励相似或相同的输入输出对，其中解码后重建损失被最小化，$\min \sum_{i=1}^{N} \| x_i - f_2(f_1(x_i)) \|^2$。这里，$N$ 是训练样本的数量。这样一来，由于重建过程捕获了输入数据的内在结构，因此隐藏层的神经元是输入的良好表示。

相对于 AE 中的两级编码和解码，边缘化堆叠去噪自编码器[10]（mSDA）用单一的映射 $W$ 重构损坏的输入，$\min \sum_{i=1}^{N} \| x_i - W\tilde{x}_i \|^2$，其中 $\tilde{x}_i$ 是通过将每个特征以概率 $p$ 设置为 0 而得到的 $x_i$ 的损坏版本。mSDA 在训练集上执行 $m$ 次，每次都有不同的损坏。这实质上是在 mSDA 上执行了一个 dropout 正则化[31]。通过设置 $m \rightarrow \infty$，mSDA 使用噪声数据的无限多副本有效地计算出了对噪声具有鲁棒性的变换矩阵 $W$。mSDA 是可以堆叠的，并且可以以闭合形式计算。

### 8.1.3.3　单层特征学习

本小节描述的单层特征学习器建立在 mSDA 的基础上。我们试图同时学习多个视角之间的判别性共享特征和私有特征，尤其是一个视角所拥有的私有特征，用于跨视角动作分类。考虑到不同视角的运动变化较大，我们在学习共享特征时加入了 SAM $Z$，以平衡视角之间的信息传递，从而建立更鲁棒的特征。

我们使用以下目标函数来学习共享特征和私有特征：

$$\min_{W,\{G^v\}} Q, Q = \| W\tilde{X} - XZ \|_F^2 + \sum_v [\alpha \| G^v\tilde{X}^v - X^v \|_F^2$$
$$+ \beta \| W^T G^v \|_F^2 + \gamma \mathrm{Tr}(P^v X^v L X^{vT} P^{vT})] \tag{8.1}$$

其中 $W$ 为学习共享特征的映射矩阵。$\{G^v\}_{v=1}^{V}$ 是一组映射矩阵，用于学习私有特征，尤其是每个视角的私有特征，并且有 $P^v = (W; G^v)$。上述目标函数包含 4 项：$\psi = \| W\tilde{X} - XZ \|_F^2$ 用来学习视角之间的共享特征，实质上是用所有视角的数据来重建一个视角的动作数据；$\phi_v = \| G^v\tilde{X}^v - X^v \|_F^2$ 用来学习与共享特征互补的特定视角私有特征；$r_{1v} = \| W^T G^v \|_F^2$ 和 $r_{2v} = \mathrm{Tr}(P^v X^v L X^{vT} p^{vT})$ 是模型正则器。这里，$r_{1v}$ 减少了两个映射矩阵之间的冗余，$r_{2v}$ 鼓励同一类和同一视角的共享和私有特征相似，而 $\alpha$、$\beta$、$\gamma$ 则是平衡这些成分的重要性的参数。下文将进一步讨论这些术语的细节。

需要注意的是，在跨视角动作识别中，所有视角的数据在训练中都可以用来学习共享和私有特征。来自某些视角的数据仅在测试中不可用。

**共享特征**。人类可以从一个视角感知一个动作，并设想如果我们从其他视角观察，这个动作会是什么样子。这可能是因为我们之前从多个视角中研究过类似的动作。这启发我们使用所有视角（源视角）中的动作数据来重建一个视角（目标视角）中的动作数据。这样一来，视角之间共享的信息就可以被汇总并转移到目标视角中。

我们将第 $v$ 个目标视角的数据与所有 $V$ 个源视角的数据之间的差异定义为

$$\psi = \sum_{i=1}^{N}\sum_{v=1}^{N} \| \boldsymbol{W}\widetilde{\boldsymbol{x}}_i^v - \sum_u \boldsymbol{x}_i^u z_i^{uv} \|^2 = \| \boldsymbol{W}\widetilde{\boldsymbol{X}} - \boldsymbol{X}\boldsymbol{Z} \|_F^2 \tag{8.2}$$

其中 $z_i^{uv}$ 是衡量在第 $v$ 个视角的样本 $\boldsymbol{x}_i^v$ 的重建中第 $u$ 个视角动作的贡献的权重。$w\in \mathbb{R}^{d\times d}$ 是所有视角的损坏输入 $\widetilde{\boldsymbol{x}}_i^v$ 的单一线性映射。$\boldsymbol{Z}\in \mathbb{R}^{VN\times VN}$ 是一个编码所有权重 $\{z_i^{uv}\}$ 的样本亲和矩阵。矩阵 $\boldsymbol{X}$，$\widetilde{\boldsymbol{X}}\in \mathbb{R}^{d\times VN}$ 分别表示输入的训练矩阵和 $\boldsymbol{X}$ 对应的损坏版本[10]。损坏实质上是对模型进行了 dropout 正则化[31]。

这里的 SAM $\boldsymbol{Z}$ 允许我们精确地平衡视角之间的信息传递，并协助学习更多的判别性共享特征。我们不使用相等的权重[7-8]，而是根据所有 $V$ 个视角中不同贡献的样本来重建第 $v$ 个视角的第 $i$ 个训练样本。如图 8.3 所示，侧视图（源 1）与侧视图（目标视角）的样本之间比其与俯视图（源 2）的样本之间更具有相似性。因此，应该给予源 1 更多的权重，以便为目标视角学习更多的描述性共享特征。请注意，SAM $\boldsymbol{Z}$ 限制了跨样本的信息共享（非对角块为零），因为它不能捕获跨视角动作识别的视角不变信息。

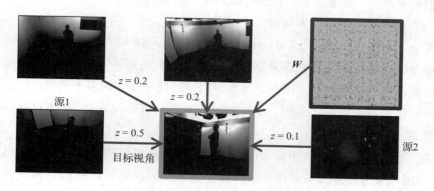

图 8.3　使用加权样本学习共享特征

**私有特征**。除了跨视角共享的信息，还有一些其余的判别信息只存在于某个视角中。为了利用这些信息并使其对视角变化具有鲁棒性，我们采用了文献 [10] 中的鲁棒特征学习，并使用映射矩阵 $\boldsymbol{G}^v\in \mathbb{R}^{d\times d}$ 学习第 $v$ 个视角中样本的特定视角私有特征。

$$\phi_v = \sum_{i=1}^{N} \| \boldsymbol{G}^v\widetilde{\boldsymbol{x}}_i^v - \boldsymbol{x}_i^v \|^2 = \| \boldsymbol{G}^v\widetilde{\boldsymbol{X}}^v - \boldsymbol{X}^v \|_F^2 \tag{8.3}$$

这里，$\widetilde{X}^v$ 是第 $v$ 个视角的特征矩阵 $X^v$ 的损坏版本。给定不同视角的对应输入，我们将学习 $V$ 映射矩阵 $\{G^v\}_{v=1}^V$。

需要注意的是，使用式（8.3）还可能从第 $v$ 个视角中捕获一些冗余的共享信息。在这项工作中，我们通过鼓励视角共享映射矩阵 $W$ 和视角特定映射矩阵 $G^v$ 之间的不一致来减少这种冗余。

$$r_{1v} = \| W^{\mathrm{T}} G^v \|_F^2 \qquad (8.4)$$

$W$ 和 $\{G^v\}$ 之间的不一致性使得我们的方法能够独立地利用包含在视角特定特征和视角共享特征中的判别信息。

**标签信息**。在从不同视角捕捉的动作数据中，可能会出现较大的动作和姿势变化。因此，使用公式（8.2）和（8.3）提取的共享和私有特征对于变化较大的动作分类来说，可能没有足够的判别力。我们强制要求同一类和同一视角的共享和私有特征相似来解决这个问题。为了正则化学习视角共享映射矩阵 $W$ 和视角特定映射矩阵 $G^v$，定义了一个类内视角内方差：

$$
\begin{aligned}
r_{2v} &= \sum_{i=1}^N \sum_{j=1}^N \big[ \| Wx_i^v - Wx_j^v \|^2 + \| G^v x_i^v - G^v x_j^v \|^2 \big] \\
&= \mathrm{Tr}(WX^v L X^{v\mathrm{T}} W^{\mathrm{T}}) + \mathrm{Tr}(G^v X^v L X^{v\mathrm{T}} G^{v\mathrm{T}}) \\
&= \mathrm{Tr}(P^v X^v L X^{v\mathrm{T}} P^{v\mathrm{T}})
\end{aligned}
\qquad (8.5)
$$

这里，$L \in \mathbb{R}^{N\times N}$ 为标签视角拉普拉斯矩阵，$L = D - A$，$D$ 为具有 $D_{(i,i)} = \sum_{j=1}^N a_{(i,j)}$ 的对角化的度矩阵，$A$ 是表示训练视频的标签关系的邻接矩阵。如果 $y_i = y_j$，则 $A$ 中的第 $(i,j)$ 个元素 $a_{(i,j)}$ 为 1，否则为 0。

请注意，由于我们在式（8.2）中已经隐含使用了这一思想，因此不需要同一类中不同视角的特征相似。在学习共享特征时，使用映射矩阵 $W$ 将来自多个视角的同一类特征映射到一个新空间。因此，我们可以通过同一样本的多个视角的特征更好地表示一个样本的投影特征。因此，视角之间的差异被最小化，式（8.5）中的类内跨视角方差是不必要的。

**讨论**。在式（8.5）中使用标签信息有助于实现有监督的方法。我们也可以通过使 $y=0$，用一个无监督的项来代替这一项。在下面的讨论中，我们将无监督的方法称为 Ours-1，将有监督的方法称为 Ours-2。

### 8.1.3.4 学习

我们开发了一种坐标下降算法来求解式（8.1）中的优化问题，并优化参数 $W$ 和 $\{G^v\}_{v=1}^V$。更具体地说，在每一步中，通过固定其他参数矩阵来更新一个参数矩阵，计算 $Q$ 关于参数的导数，并将该导数设为 0。

**更新 $W$**。在更新 $W$ 时，参数 $\{G^v\}_{v=1}^V$ 是固定的，可以通过设置导数 $\frac{\partial Q}{\partial W}=0$ 来更

新，得到

$$W = \left[ \sum_v (\beta G^v G^{v\mathrm{T}} + y X^v L X^{v\mathrm{T}} + I) \right]^{-1} \cdot (XZ\widetilde{X}^{\mathrm{T}})[\widetilde{X}\widetilde{X}^{\mathrm{T}} + I]^{-1} \tag{8.6}$$

需要注意的是，$XZ\widetilde{X}^{\mathrm{T}}$ 和 $\widetilde{X}\widetilde{X}^{\mathrm{T}}$ 是通过重复损坏 $m \to \infty$ 次来计算的。在弱大数定律中[10]，$XZ\widetilde{X}^{\mathrm{T}}$ 和 $\widetilde{X}\widetilde{X}^{\mathrm{T}}$ 可以分别由它们的期望 $E_p(XZ\widetilde{X}^{\mathrm{T}})$ 和 $E_p(\widetilde{X}\widetilde{X}^{\mathrm{T}})$ 计算，损坏概率为 $p$。

**更新 $G^v$**。固定 $W$ 和 $\{G^u\}_{u=1,u\neq v}^V$，通过设置导数 $\frac{\partial \mathcal{Q}}{\partial G^v} = 0$ 更新参数 $G^v$。给定如下 $G^v$

$$G^v = (\beta WW^{\mathrm{T}} + \gamma X^v L X^{v\mathrm{T}} + I)^{-1} \cdot (\alpha X^v \widetilde{X}^{v\mathrm{T}})[\alpha \widetilde{X}^v \widetilde{X}^{v\mathrm{T}} + I]^{-1} \tag{8.7}$$

与更新 $W$ 的过程类似，$X^v \widetilde{X}^{v\mathrm{T}}$ 和 $\widetilde{X}^v \widetilde{X}^{v\mathrm{T}}$ 由它们的期望值计算，损坏概率为 $p$。

**收敛**。我们的学习算法迭代更新 $W$ 和 $\{G^v\}_{v=1}^V$。式（8.1）中的问题可以分为 $V+1$ 个子问题，每个子问题都是一个关于一个变量的凸问题。因此，通过交替求解子问题，保证学习算法能找到每个子问题的最优解。最后，该算法将收敛到局部解。

### 8.1.3.5 深度架构

受文献［10,32］中深度架构的启发，我们还通过叠加 8.1.3.3 节中描述的多层特征学习器来设计深度模型。逐层进行非线性特征映射，更具体地说，在一层的输出端 $H_w = \sigma(WX)$ 和 $H_g = \sigma(G^v X^v)$ 上应用一个非线性压平函数 $\sigma(\cdot)$，得到一系列隐藏特征矩阵。

本节采用分层训练的方法，对 $K$ 层网络 $\{W_k\}_{k=1}^K$ 和 $\{G_k^v\}_{k=1,v=1}^{K,V}$ 进行训练。具体来说，第 $f$ 层 $H_{kw}$ 和 $H_{kg}^v$ 的输出作为第 $k+1$ 层的输入。然后使用这些输入训练映射矩阵 $W_{k+1}$ 和 $\{G_{k+1}^v\}_{v=1}^V$。对于第一层，输入 $H_{0w}$ 和 $H_{0g}^v$ 分别是原始特征 $X$ 和 $X^v$。更多细节见算法 8.1。

---

**算法 8.1　学习深度顺序上下文网络**

| | |
|---|---|
| 1： | **输入**：$\{(x_i^v, y_i)\}_{i=1,v=1}^{N,V}$ |
| 2： | **输出**：$\{W_k\}_{k=1}^K$，$\{G_k^v\}_{k=1,v=1}^{K,V}$ |
| 3： | for 层 $k=1$ 直到 $K$ do |
| 4： | 　输入 $H_{(k-1)w}$ 并学习 $W_k$ |
| 5： | 　输入 $H_{(k-1)g}^v$ 并学习 $G_k^v$ |
| 6： | 　while 不收敛 do |
| 7： | 　　用式（8.6）更新 $W_k$ |
| 8： | 　　用式（8.7）更新 $\{G_k^v\}_{v=1}^V$ |
| 9： | 　end while |
| 10： | 　计算 $H_{kw}$：$H_{kw} = \sigma(W_k H_{(k-1)w})$ |
| 11： | 　计算 $\{H_{kg}^v\}_{v=1}^V$：$H_{kg}^v = \sigma(G_k^v H_{(k-1)g}^v)$ |
| 12： | end for |

### 8.1.4　实验

我们在两个多视角数据集上评价 Ours-1 和 Ours-2 方法：多视角 IXMAS 数据集[33]，以及日常和体育活动（DSA）数据集[1]。这两个数据集都已被文献［1,24-25,7-9］普遍使用。

我们在这项工作中考虑了两种跨视角分类方案：多对一和一对一。前者在 $V-1$ 个视角上进行训练，在其余视角上进行测试；后者在一个视角上进行训练，在其他视角上进行测试。对于用于测试的第 $v$ 个视角，我们在训练过程中只需在式（8.1）中把训练中使用的相应 $\boldsymbol{X}^v$ 设为 0 即可。采用参数 $C=1$ 的交叉核支持向量机（IKSVM）作为分类器。除非另有指定，否则对于 Ours-1 方法，默认参数为 $\alpha=1$，$\beta=1$，$\gamma=0$，$K=1$，$p=0$，对于 Ours-2 方法，默认参数为 $\alpha=1$，$\beta=1$，$\gamma=1$，$K=1$，$p=0$。出于效率考虑，默认的层数设置为 1。

IXMAS 是一个多摄像机视角的视频数据集，其中每个视角对应一个摄像机视角（见图 8.4b）。IXMAS 数据集由 10 个演员的 12 个动作组成。一个动作由 4 台侧视摄像机和 1 台俯视摄像机记录。每个演员重复一个动作 3 次。

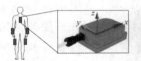 

a）DSA数据集上的传感器设置　　　　　　　　b）多视角IXMAS数据集

图 8.4　多视角问题设置示例：a）DSA 数据集中的多个传感器视角，b）IXMAS 数据集中的多个摄像机视角

我们采用文献［34］中的词袋模型。一个动作视频由一组检测到的基于局部时空轨迹和基于全局帧的描述符来描述[35]。采用 K 均值聚类方法对这些描述符进行量化，建立所谓的视频词。因此，视频可以用视频中检测到的视频词的直方图来表示，它本质上是一个特征向量。一个由 $V$ 个摄像机视角捕捉到的动作由 $V$ 个特征向量来表示，每个特征向量是一个摄像机视角的特征表示。

DSA 是一个多传感器视角数据集，包括 19 项日常和体育活动（例如，坐着、打篮球和在跑步机上以 8 公里/小时的速度跑步），每个活动由 8 名受试者以自己的方式进行 5 分钟。在躯干、手臂和腿部使用了 5 个 Xsens MTx 传感器单元（图 8.4a），从而形成了 5 个视角的数据表示。传感器单元经过校准，以 25Hz 的采样频率采集数据。将 5 分钟的信号分成多个 5 秒的片段，这样每个活动就可以得到 480（=60 秒×8 个受试者）个信号片段。本节以 5 秒的片段作为动作时间序列。

我们按照文献［1］在 5 秒的窗口中对原始动作数据进行预处理，并将数据表示为 234 维的特征向量。具体来说，将原始动作数据表示为 125×9 的矩阵，其中 125

为采样点的数量（125＝25Hz×5s），9 为在一个传感器上获得的数值（$x$，$y$，$z$ 轴的加速度；$x$，$y$，$z$ 轴的转弯速度；$x$，$y$，$z$ 轴的地球磁场）。我们首先计算数据矩阵上的最小值和最大值、平均值、偏度和峰度。将得到的特征进行串联，生成一个 45 维（5 个特征×9 个轴）的特征向量。然后，我们对原始数据矩阵进行离散傅里叶变换计算，选择最大的 5 个傅里叶峰。这就产生了一个 45 维（5 个峰×9 个轴）的特征向量。这些傅里叶峰所对应的 45 个频率值也被提取出来，结果也是 45 维（5 个频率×9 个轴）。之后，对 9 个轴分别计算 11 个自相关样本，得到 99 个维度（11 个样本×9 个轴）的特征。这三种类型的特征被连接起来并生成一个 234 维的特征向量，代表一个传感器在 5 秒的窗口内捕捉到的人体运动。$V$ 个传感器捕获的人类行为由 $V$ 个特征向量表示，每个特征向量对应一个传感器视角。

### 8.1.4.1　IXMAS 数据集

我们从视频中提取定向光流的密集轨迹和直方图[35]。利用 K 均值为每一类特征建立一个大小为 2000 的字典。我们使用词袋模型对这些特征进行编码，并将每个视频表示为一个特征向量。

为了公平比较，我们在文献［25,7-8］中采用了相同的留一动作类的训练方案。每次使用一个动作类进行测试。为了评价我们的方法中信息传递的有效性，本次动作中的所有视频都被排除在特征学习程序之外，包括 K 均值和我们的方法。注意，这些视频可以在训练动作分类器中看到。我们同时评价了无监督方法（Ours-1）和有监督方法（Ours-2）。

一对一跨视角动作识别

本实验在一个摄像机视角（训练视角）的数据上进行训练，并在另一个视角（测试视角）的数据上进行测试。在本实验中，我们只使用学习到的共享特征，丢弃私有特征，因为在一个视角上学习到的私有特征并不能捕获到另一个视角的太多信息。

我们将 Ours-2 方法与文献［36,7-8］进行比较，并在表 8.1 中给出识别结果。Ours-2 方法在 20 个组合中的 18 个组合中取得了最好的性能，明显优于所有被比较的方法。值得注意的是，Ours-2 方法在 16 个案例中实现了 100％，证明了学习共享特征的有效性。由于从学习到的共享特征和标签信息中获得了丰富的判别信息，该方法对视角变化具有很强的鲁棒性，可以在跨视角识别中实现高性能。

我们还将 Ours-1 方法与文献［25,7-8,24,37］进行了比较，并在表 8.2 中给出了比较结果。我们的方法在 20 个组合中的 19 个组合中取得了最好的性能。在某些情况下，我们的方法以较大的优势优于对比方法，例如，C4→C0（C4 为训练视角，C0 为测试视角），C4→C1，C1→C3。由于去掉了标签信息，Ours-1 方法的整体性能比 Ours-2 方法略差。

表 8.1　IXMAS 数据集上各种监督方法的一对一跨视角识别结果。每一行对应训练视角（从视角 C0 到视角 C4），每一列对应测试视角（也是从视角 C0 到视角 C4）。括号内的结果分别是文献 [36,7-8] 和我们的监督方法的识别精度

|     | C0 | C1 | C2 | C3 | C4 |
| --- | --- | --- | --- | --- | --- |
| C0 | NA | (79,98.8,98.5,**100**) | (79,99.1,**99.7**,99.7) | (68,99.4,99.7,**100**) | (76,92.7,99.7,**100**) |
| C1 | (72,98.8,**100**,100) | NA | (74,**99.7**,97.0,**99.7**) | (70,92.7,89.7,**100**) | (66,90.6,**100**,99.7) |
| C2 | (71,99.4,99.1,**100**) | (82,96.4,99.3,**100**) | NA | (76,97.3,**100**,100) | (72,95.5,99.7,**100**) |
| C3 | (75,98.2,90.0,**100**) | (75,97.6,99.7,**100**) | (73,**99.7**,98.2,99.4) | NA | (76,90.0,96.4,**100**) |
| C4 | (80,85.8,99.7,**100**) | (77,81.5,98.3,**100**) | (73,93.3,97.0,**100**) | (72,83.9,98.9,**100**) | NA |
| Ave. | (74,95.5,97.2,**100**) | (77,93.6,98.3,**100**) | (76,98.0,98.7,**99.7**) | (73,93.3,97.0,**100**) | (72,92.4,98.9,**99.9**) |

表 8.2　IXMAS 数据集上各种无监督方法的一对一跨视角识别结果，每一行对应训练视角（从视角 C0 到视角 C4），每一列对应测试视角（也是从视角 C0 到视角 C4）。括号内的结果分别是文献 [25,7-8,24,37] 和我们的无监督方法的识别精度

|     | C0 | C1 | C2 | C3 | C4 |
| --- | --- | --- | --- | --- | --- |
| C0 | NA | (79.9,96.7,99.1, 92.7,94.8,**99.7**) | (76.8,97.9,90.9, 84.2,69.1,**99.7**) | (76.8,97.6,88.7, 83.9,83.9,**98.9**) | (74.8,84.9,95.5, 44.2,39.1,**99.4**) |
| C1 | (81.2,97.3,97.8, 95.5,90.6,**100**) | NA | (75.8,96.4,91.2, 77.6,79.7,**99.7**) | (780,89.7,78.4, 86.1,79.1,**99.4**) | (70.4,81.2,88.4, 40.9,30.6,**99.7**) |
| C2 | (79.6,92.1,99.4, 82.4,72.1,**100**) | (76.6,89.7,97.6, 79.4,86.1,**99.7**) | NA | (79.8,94.9,91.2, 85.8,77.3,**100**) | (72.8,89.1,**100**, 71.5,62.7,99.7) |
| C3 | (73.0,97.0,87.6, 82.4,82.4,**100**) | (74.1,94.2,98.2, 80.9,79.7,**100**) | (74.0,96.7,99.4, 82.7,70.9,**100**) | NA | (66.9,83.9,95.4, 44.2,37.9,**100**) |
| C4 | (82.0,83.0,87.3, 57.1,48.8,**99.7**) | (68.3,70.6,87.8, 48.5,40.9,**100**) | (74.0,89.7,92.1, 78.8,70.3,**100**) | (71.1,83.7,90.0, 51.2,49.4,**100**) | NA |
| Ave. | (79.0,94.4,93.0, 79.4,74.5,**99.9**) | (74.7,87.8,95.6, 75.4,75.4,**99.9**) | (75.2,95.1,93.4, 80.8,72.5,**99.9**) | (76.4,91.2,87.1, 76.8,72.4,**99.9**) | (71.2,84.8,95.1, 50.2,42.6,**99.7**) |

### 多对一跨视角动作识别

在本实验中，用一个视角作为测试视角，其他视角都作为训练视角。在这个实验中评价了我们的方法的性能，它同时使用了学习到的共享和私有特征。

将我们的无监督（Ours-1）和有监督（Ours-2）方法与文献 [38,5,22,25,7,8,6] 中现有的方法进行了比较。此外，还对式（8.2）中 SAM $\mathbf{Z}$ 的重要性、式（8.4）中的不连贯性以及 Ours-2 模型中的私有特征进行了评价。

表 8.3 显示，我们的监督方法（Ours-2）在所有 5 种情况下都达到了 100％ 识别准确率，Ours-1 方法的整体准确率达到了 99.8％。Ours-1 方法和 Ours-2 方法实现了优于所有其他比较方法的整体性能，证明了在这项工作中使用共享和私有特征的好处。我们的方法使用样本亲和矩阵来衡量不同摄像机视角的视频样本之间的相似性。因此，学习到的共享特征准确地描述了视角之间的共性。此外，还减少了共享特征和

私有特征之间的冗余，使得学习到的私有特征更便于分类。尽管文献［8］中的两种方法也利用了私有特征，但它们并没有测量样本在学习共享字典中的不同贡献，使得共享信息的判别性降低。

**表 8.3　IXMAS 数据集上多对一的跨视角动作识别结果，每一列对应一个测试视角**

| 方法 | C0 | C1 | C2 | C3 | C4 |
|---|---|---|---|---|---|
| Junejo et al. [5] | 74.8 | 74.5 | 74.8 | 70.6 | 61.2 |
| Liu and Shah[38] | 76.7 | 73.3 | 72.0 | 73.0 | N/A |
| Weinland et al. [22] | 86.7 | 89.9 | 86.4 | 87.6 | 66.4 |
| Liu et al. [25] | 86.6 | 81.1 | 80.1 | 83.6 | 82.8 |
| Zheng et al. [7] | 98.5 | 99.1 | 99.1 | 100 | 90.3 |
| Zheng and Jiang[8]-1 | 97.0 | 99.7 | 97.2 | 98.0 | 97.3 |
| Zheng and Jjiang[8]-2 | 99.7 | 99.7 | 98.8 | 99.4 | 99.1 |
| Yan et al. [6] | 91.2 | 87.7 | 82.1 | 81.5 | 79.1 |
| No-SAM | 95.3 | 93.9 | 95.3 | 93.1 | 94.7 |
| No-private | 98.6 | 98.1 | 98.3 | 99.4 | 100 |
| No-incoherence | 98.3 | 97.5 | 98.9 | 98.1 | 100 |
| 我们的方法（非监督） | 100 | 99.7 | 100 | 100 | 99.4 |
| 我们的方法（监督） | 100 | 100 | 100 | 100 | 100 |

Ours-2 方法优于 No-SAM 方法，说明了 SAM $Z$ 的有效性。如果没有 SAM $Z$，No-SAM 对不同视角中的样本一视同仁，因此不能准确地权衡不同视角中样本的重要性。从 Ours-2 方法和 No-private 方法的性能差距可以明显看出私有特征的重要性。在没有私有特征的情况下，No-private 方法只能使用共享特征进行分类，如果一些信息量大的运动模式只存在于一个视角中，而不能在不同视角中共享，那么这种方法的判别度就不够。Ours-2 方法和 No-incoherence 方法之间的性能差异表明了鼓励式（8.4）中的非相干性的好处。使用式（8.4）可以让我们减少共享特征和私有特征之间的冗余，并帮助提取每个特征中的判别信息。Ours-2 方法在本实验中的表现略优于 Ours-1 方法，说明在式（8.5）中使用标签信息的有效性。

#### 8.1.4.2　DSA 数据集

*多对一跨视角动作分类*

在本实验中，4 个传感器的数据用于训练（36480 个时间序列），其余 1 个传感器的数据用于测试（9120 个时间序列）。此过程重复 5 次，并报告平均结果。

我们的无监督（Ours-1）和有监督（Ours-2）方法与 mSDA[10]、DRRL[39] 和 IKSVM 进行了比较。此外，还评价了式（8.2）中 SAM $Z$ 的重要性、式（8.4）中的非相干性以及 Ours-2 模型中的私有特征。我们将式（8.2）中的 $Z$ 和式（8.4）中的不一致分量分别从监督模型中去掉，得到"No-SAM"和"No-incoherence"模型。

我们还从监督模型中去掉参数 $\{G^v\}_{v=1}^V$ 的学习，得到"No-private"模型。比较结果见表 8.4。

表 8.4 DSA 数据集上的多对一交叉视角动作分类结果，每一列对应一个测试视角，V0～V4 为躯干、手臂和腿部的传感器视角

| 方法 | 总体 | V0 | V1 | V2 | V3 | V4 |
|---|---|---|---|---|---|---|
| IKSVM | 54.6 | 36.5 | 53.4 | 63.4 | 60.1 | 59.7 |
| DRRL[39] | 55.4 | 35.5 | 56.7 | 62.1 | 61.7 | 60.9 |
| mSDA[10] | 56.1 | 34.4 | 57.7 | 62.8 | 61.5 | 64.1 |
| No-SAM | 55.4 | 35.1 | 57.0 | 60.7 | 62.2 | 62.2 |
| No-private | 55.4 | 35.1 | 57.0 | 60.7 | 62.2 | 62.1 |
| No-incoherence | 55.4 | 35.1 | 56.9 | 60.7 | 62.2 | 62.2 |
| **Ours-1** | 57.1 | 35.7 | 57.4 | 64.4 | 64.2 | 63.9 |
| **Ours-2** | **58.0** | 36.1 | **58.9** | **65.8** | **64.2** | **65.2** |

Ours-2 方法在 5 种情况下都取得了优于其他所有对比方法的性能，总体识别准确率为 58.0%。由于使用了标签信息，Ours-2 方法在整体分类结果上比 Ours-1 方法高出 0.9%。需要注意的是，由于不同身体部位的传感器相关性较弱，DSA 数据集上的跨视角分类具有挑战性。躯干上的传感器（V0）与手臂和腿上的其他四个传感器的相关性最弱。因此，与传感器 V1～V4 相比，所有方法在 V0 上的结果都是性能最低的。Ours-1 方法和 Ours-2 方法由于同时使用了共享和私有特征，因此整体性能优于比较方法 IKSVM 和 mSDA。IKSVM 方法和 mSDA 方法没有发现共享和私有特征，因此不能使用视角之间的相关性和每个视角中的专属信息进行分类。为了更好地平衡视角之间的信息传递，Ours-1 方法和 Ours-2 方法使用样本亲和矩阵来衡量不同摄像机视角之间视频样本的相似性。因此，学习到的共享特征准确地表征了不同视角的共同性。虽然 Ours-1 方法和 Ours-2 方法相对 mSDA 方法的总体改进幅度分别为 1% 和 1.9%，但在本次实验中，Ours-1 方法和 Ours-2 方法比 mSDA 方法分别多出 456 个和 866 个序列的正确分类。

Ours-2 方法和 No-SAM 方法之间的性能差距表明 SAM $Z$ 的有效性。如果没有 SAM $Z$，No-SAM 方法对不同视角中的样本一视同仁，因此不能准确地权衡不同视角中样本的重要性。Ours-2 方法优于 No-private 方法，说明私有特征在学习多视角分类的判别特征中的重要性。在没有私有特征的情况下，No-private 方法只能使用共享特征进行分类，如果一些信息量大的运动模式只存在于一个视角中，而不能跨视角共享，那么这种方法的判别能力就不够。Ours-2 方法的性能优于 No-incoherence 方法，这表明鼓励式（8.4）中的非相干性的好处。使用式（8.4）可以帮助我们减少共享特征和私有特征之间的冗余，并帮助提取每个特征中的判别信息。Ours-2 方法的性能略优于 Ours-1 方法，说明在式（8.5）中使用标签信息的有效性。

## 8.2 基于混合神经网络的深度摄像机动作识别

### 8.2.1 引言

由于最近高性价比的 Kinect 的出现，使用深度摄像机进行动作识别在计算机视觉界越来越受到关注。与典型的可见光摄像机相比，深度传感器具有若干优势。首先，三维结构信息易于捕捉，有助于简化类内运动变化。其次，深度信息为背景减法和遮挡检测提供了有用的线索。最后，深度数据一般不受光照变化的影响，因此在不同的光照条件下，它是一种鲁棒的信息。

不幸的是，通过深度数据提高识别性能并不是一件容易的事情。原因之一是深度数据是有噪声的，当存在未定义的深度点时，可能存在空间和时间上的不连续性。现有的方法是从噪声数据中挖掘判别动作集[40]，利用采样方案[41]，或开发深度时空兴趣点检测器[42-43]，以克服噪声深度数据的问题。然而，这些方法直接使用低级特征，这些特征对于深度视频的判别可能不够有表现力。另一个问题是，单靠深度信息的判别力不够，因为不同动作中的大部分身体部位都有相似的深度值。我们希望从深度数据中提取有用信息，例如 4D 空间中的曲面法线[44] 和 3D 人形[45]，然后有效地使用附加的提示来提高性能，例如关节数据[40,46]。需要注意的是，现有的深度动作视频方法大多只捕捉低阶上下文，如手-臂-腿和脚-腿，不考虑高阶上下文，如头-臂-腿和躯干-臂-腿。此外，所有这些方法都依赖于手工制作的、与问题相关的特征，这些特征对于识别任务的重要性鲜为人知。这一点极为明显，因为类内动作数据通常差异很大，而类间动作数据通常显得相似。

在本章中，我们描述了一种混合卷积-递归神经网络（HCRNN），即 3D 卷积神经网络（3D-CNN）和 3D 递归神经网络（3D-RNN）的级联，以学习用于识别 RGB-D 动作视频的高阶合成特征。HCRNN 的层次性帮助我们提取低级特征，从而产生强大的动作识别特征。HCRNN 对局部相邻身体部位之间的关系进行建模，并允许动作中的身体部位可变形。这使得我们的模型对类内 RGB-D 动作数据中的姿态变化和几何变化具有鲁棒性。此外，HCRNN 还能捕捉到 RGB-D 动作数据中的高阶身体部位上下文信息，这对于学习姿势变化较大的动作具有重要意义[47-48]。在时空三维碎片上进行新的三维卷积，从而在相邻帧中捕获丰富的运动信息，并降低噪声。我们将 HCRNN 中的所有组件组织在不同的层中，并在无须网络调整的情况下以无监督的方式训练 HCRNN。更重要的是，我们证明了即使使用随机权重，3D-RNN 也可以学习高质量的特征。

HCRNN 的目标是从 RGB-D 视频中学习判别特征。如图 8.5 所示的流程图，HCRNN 从原始 RGB-D 视频开始，并首先分别从每个 RGB 和深度模式中提取特征。然后将 RGB 和深度数据这两种独立的模态数据送入 3D-CNN，并分别用 $K$ 个滤波器进行卷积。3D-CNN 输出平移不变的低层特征，即滤波器响应矩阵。然后将这些特征赋予 3D-RNN 以学习合成高阶特征。为了提高特征识别率，采用多个 3D-CNN 联合学习特征。所有模态的 3D-RNN 学习到的最终特征向量被组合成单一的特征向量，这就是输入 RGB-D 视频的动作表示。采用 softmax 分类器对 RGB-D 动作视频进行识别。

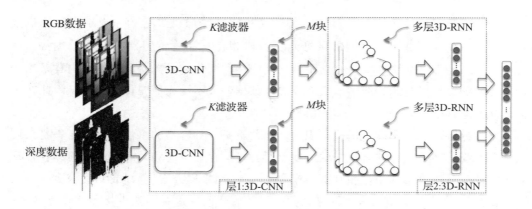

图 8.5    我们的混合卷积–递归神经网络（HCRNN）模型的架构：给定 RGB-D 视频，HCRNN 从 RGB 和深度数据中学习判别特征向量。我们使用 3D-CNN 学习局部邻近身体部位的特征，使用 3D-RNN 分层学习合成特征

### 8.2.2    相关工作

**RGB-D 动作识别**。在深度视频中，深度图像一般包含未定义的深度点，造成空间和时间上的不连续性。这是使用信息性深度信息的一个障碍。例如，流行的时空兴趣点（STIP）检测器[34,49]不能直接应用于深度视频，因为它们会在那些不连续的黑色区域上错误地检测[44]。为了克服这一问题，文献［42-43］中提出了用于深度视频的 STIP 检测器[34,49]，引入了滤波方法 Depth STIP[42]，通过去噪从 RGB-D 视频中检测兴趣点。

为了从嘈杂的深度视频中获得有用的信息，文献［40］提出选择与识别任务最相关的信息关节。因此，一个动作可以由关节子集（actionlet）表示，并由多核支持向量机学习，其中每个核对应一个子集。在文献［44］中，我们计算了面向 4D 的表面法线（HON4D）的直方图，以有效地利用深度视频中动作的几何变化结构。Li 等人[45]将深度图投影到二维平面上，并沿投影轮廓采样一组点，然后对这些点进行聚类以获得显著的姿态。之后进一步采用 GMM 对姿态进行建模，并用动作图进行推理。整体特征[14]和人的姿势（关节）信息也被用于 RGB-D 视频的动作识别[46,50-51]。

Hollywood3D 数据集是一个新的 3D 动作数据集，在文献［43］中发布，并使用传统的 STIP 检测器及其扩展对深度视频进行了评价。结果表明，那些用于深度视频的新型 STIP 检测器可以有效地利用深度数据，抑制由深度图像的空间和时间不连续性引起的误检。

**使用深度模型的应用**。近年来，利用深度模型的特征学习已经成功地应用于物体识别[52-54]和检测[55-56]、场景理解[57-58]、人脸识别和动作识别[59-61]。

物体识别的特征学习方法一般由滤波器库、非线性变换和一些池化层组成。为了评价它们的影响，文献［52］通过这些组件的不同组合建立了几个层次结构，并报告了它们在物体识别和手写数字识别数据集上的性能。3D 物体识别任务也在文献［53-54］中得到解决。文献［55］通过对人体部分交互关系的总结，分层次地建立了行人检测中的相互可见关系。

在传统的动作识别任务中，深度模型已经取得了很好的成果。我们应用卷积神经网络[59]进行三维卷积，从空间和时间两个维度提取特征。研究人员提出了一种无监督门 RBM 模型[61]用于动作识别。Le 等人[60]将独立子空间分析与深度学习技术相结合，建立了对局部转换鲁棒的特征。这些方法都是为彩色视频设计的。在本章中，我们介绍了一个从 RGB-D 视频中识别动作的深度架构。

### 8.2.3    混合卷积递归神经网络

我们采用混合卷积递归神经网络（HCRNN）来学习用于深度摄像机动作识别的高阶合成特征。HCRNN 由两部分组成，即 3D-CNN 模型和 3D-RNN 模型。

利用 3D-CNN 模型生成低层平移不变特征，利用 3D-RNN 模型合成可用于动作分类的高阶特征。架构如图 8.5 所示，这是 3D-CNN 和 3D-RNN 的级联。

#### 8.2.3.1    架构概述

我们的方法将一个 RGB-D 视频 $v$ 作为输入，并输出相应的动作标签。HCRNN 被用来寻找一个变换 $h$，将 RGB-D 视频映射成一个特征向量 $x, x = h(v)$。然后将特征向量 $x$ 送入分类器，得到动作标签 $y$。我们将一段 RGB-D 视频视为多通道数据，从 RGB 和深度模态中提取灰度、梯度、光流和深度数据。HCRNN 被应用于这些通道中的每一个通道。

**3D-CNN**。HCRNN 的低层部分是一个 3D-CNN 模型，可以分层提取特征。3D-CNN（图 8.6）有五个阶段：3D 卷积（8.2.3.2 节）、绝对修正、局部归一化、平均池化和子采样。我们从每个具有步幅大小 $s_p$ 的通道中抽取 $N$ 个大小为 $(s_r, s_c, s_t)$（高度，宽度，帧）的 3D 补丁。3D-CNN $g$ 将这些补丁作为输入，并为每个补丁输出一个 $K$ 维向量 $u$，$g: \mathbb{R}^S \rightarrow \mathbb{R}^K$。这里，$K$ 为学习滤波器的数量，$S = s_r \times s_c \times s_t$。

利用 3D-CNN 中的三维卷积技术捕获丰富的运动和几何变化信息。每个大小（高度、宽度、帧数）为 $d_I$ 的视频用大小为 $d_P$ 的 $K$ 个滤波器进行卷积，从而得到维度为 $N$ 的 $K$ 个滤波器响应（$N$ 为从视频的一个通道中提取的块数）。然后进行绝对修正，将绝对值函数应用于滤波器响应的所有分量。此步骤之后是局部对比度归一化（LCN）。LCN 模块执行局部减法和除法归一化，在特征图中相邻特征之间，以及不同特征图中同一时空位置的特征之间，强制执行一种局部竞争。为了提高特征对小失真的鲁棒性，我们在 3D-CNN 中增加了平均池化和子采样模块。将位置在一个小的时空邻域内的碎片特征进行平均和合并，生成一个维度为 $K$ 的父特征。

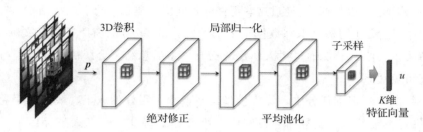

图 8.6　图解 3D-CNN。给定一个 3D 视频块 $p$，3D-CNN $g$ 预先进行了五个阶段的计算：3D 卷积、绝对修正、局部归一化、平均池化和子采样，然后得到 $K$ 维的特征向量 $u$，$u=g(p)$

在本章中，我们用 gradient-$x$、gradient-$y$、opflow-$x$ 和 opflow-$y$ 来增强灰度和深度特征图（通道），如文献［59］中所示。分别沿水平和垂直方向计算梯度得到 gradient-$x$ 和 gradient-$y$ 特征图。通过运行光流算法，分离水平和垂直流场数据，计算出 optflow-$x$ 和 optflow-$y$ 特征图。

**3D-RNN**。3D-RNN 模型要分层学习合成特征。3D-RNN 的图形如图 8.7 所示。它将一个时空块的补丁特征向量合并，生成一个父特征向量。3D-RNN 的输入是一个 $K \times M$ 的矩阵，其中 $M$ 是 3D-CNN 生成的特征向量的数量（$M=N$，因为我们在 3D-CNN 中应用了子采样）。3D-RNN 的输出是一个 $K$ 维向量，也就是视频中一个通道的特征。我们采用了一种具有 $J$ 层的树结构 3D-RNN。在每一层，其时空位置在 3D 块内的子向量合并为一个父向量。此过程继续在顶层生成一个父向量。我们将 3D-RNN 生成的所有通道的特征向量进行串联，并推导出一个 $KC$ 维向量作为给定 $C$ 个通道数据的动作特征。

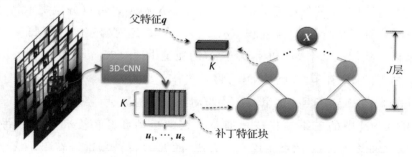

图 8.7　图解 3D-RNN。$u_1$，$\cdots$，$u_8$ 是 3D-CNN 生成的补丁特征块，3D-RNN 将这些特征作为输入，生成一个父特征向量 $q$。3D-RNN 递归合并相邻的特征向量，生成一个通道数据的特征向量 $x$

### 8.2.3.2　3D 卷积神经网络

我们使用 3D-CNN 从 RGB-D 动作视频中提取特征。2D-CNN 已经成功地应用于 2D 图像，如物体识别[52-54]和场景理解[57-58]。在这些方法中，采用二维卷积从特征图上的局部邻域提取特征。然后加入一个附加偏差，并使用一个 sigmoid 函数进行特征映射。然而，在动作识别中，由于视频中的连续帧编码了丰富的运动信息，因此需要 3D 卷积。在这项工作中，我们为 RGB-D 视频开发了一种新的 3D 卷积操作。

3D-CNN 中的 3D 卷积是通过对从 RGB-D 视频中提取的三维碎片进行卷积过滤来实现的。因此，在卷积层中可以很好地捕捉局部时空运动和结构信息。还能捕捉到局部邻域内身体部位的运动和结构关系，如手臂-手和腿-脚。假设 $p$ 是一个从视频中随机提取的三维时空碎片。我们应用非线性映射将 $p$ 映射到下一层的特征图上：

$$g_k(p) = \max(\bar{d}_k - \| p - z_k \|_2, 0) \tag{8.8}$$

其中 $\bar{d}_k = \dfrac{1}{K} \sum_k \| x - z_k \|_2$ 是样本 $p$ 到所有滤波器的平均距离，$z_k$ 是第 $k$ 个滤波器，$K$ 是学习滤波器的数量。请注意，式（8.8）中的卷积与文献［59,62］不同，但原理上是相似的。$\bar{d}_k$ 可以被认为是偏置，$\| p - z_k \|_2$ 类似于卷积运算，它是滤波器 $z_k$ 和碎片 $p$ 之间的相似度量。$\max(.)$ 函数作为 sigmoid 函数是一个非线性映射函数。通过运行 K 均值[63]，以无监督的方式（8.2.3.5 节）轻松地训练了式（8.8）中的滤波器。

在 3D 卷积后，绝对修正、局部对比度归一化和平均子采样与物体识别中的应用一样，但它们是在 3D 碎片上进行的。

3D-CNN 生成 $K$ 维向量列表 $\boldsymbol{u}_i^{rct} \in U (i=1, \cdots, M)$，其中 $r$、$c$、$t$ 分别为向量在行、列和时间维度上的位置，$U$ 为 3D-CNN 生成的向量集。$U$ 中的每个向量都是一个碎片的特征。然后将所有这些碎片特征输入 3D-RNN，组成高阶特征。

我们的 3D-CNN 从 RGB-D 数据中提取有判别性的运动和几何变化信息，能捕捉人体局部邻域的身体部位的关系，并允许身体部位在动作中变形。因此，学习到的特征对 RGB-D 数据中的姿势变化具有鲁棒性。

### 8.2.3.3　3D 递归神经网络

递归神经网络的思想是通过在树形结构中递归应用同一个神经网络来学习层次特征。在我们的案例中，3D-RNN 可以被认为是将 3D 碎片上的卷积和池化结合成一个高效的、分层的操作。

我们使用 3D-RNN 的平衡固定树结构。与以往的 RNN 方法相比，该树结构具有运算速度快、并行性好等优点。在我们的树形结构 3D-RNN 中，每个叶子节点都是一个 $K$ 维向量，并且是 3D-CNN 的输出。在每一层，3D-RNN 将相邻的向量合并成一个向量。随着这一过程的重复，身体部位的高阶关系和长期依赖性可以在学习的特征中编码。

3D-RNN 将 3D-CNN($i=1,\cdots,M$)生成的 $K$ 维向量 $\boldsymbol{u}_i^{rct} \in U$ 的列表作为输入，并将一组向量递归合并为一个父向量 $\boldsymbol{q} \in \mathbb{R}^K$。我们将大小为 $b_r \times b_c \times b_t$ 的 3D 块定义为一个要合并的相邻向量列表。例如，如果 $b_r=b_c=b_t=2$，那么将合并 $B=8$ 个向量。我们将合并函数定义为

$$\boldsymbol{q} = f\left(\boldsymbol{W}\begin{bmatrix}\boldsymbol{u}_1\\ \vdots \\ \boldsymbol{u}_B\end{bmatrix}\right) \tag{8.9}$$

这里，$\boldsymbol{W}$ 是参数，大小为 $K \times BK(B=b_r \times b_c \times b_t)$，$f(\cdot)$ 是一个非线性函数（例如 tanh$(.)$）。由于不影响性能，这里省略了偏置项。

3D-RNN 是一个具有多个层的树，其中第 $j$ 层在第 $j-1$ 层上构成高阶特征。在第 $j$ 层中，使用与式（8.9）中相同的权重 $\boldsymbol{W}$ 将第 $j-1$ 层中的所有向量块合并成一个父向量。这个过程重复进行，直到只剩下一个父向量 $\boldsymbol{x}$。图 8.7 显示了一个大小为 $K \times 2 \times 2 \times 2$ 的池化 CNN 输出和 RNN 树结构的例子，该树结构有 8 个子块，$\boldsymbol{u}_1,\cdots,\boldsymbol{u}_8$。

我们分别将 3D-RNN 应用于 $C$ 个通道数据，从 3D-RNN $\boldsymbol{x}_c(c=1,\cdots,C)$ 中得到 $C$ 个父向量。3D-RNN 中的每个父向量 $\boldsymbol{x}_c$ 是一个 $K$ 维向量，由 RGB-D 视频的一个通道数据计算而成。然后将所有通道的向量连接成一个长向量，以对 RGB-D 视频的丰富运动和结构信息进行编码。最后，将这个特征输入 softmax 分类器进行动作分类。

由 3D-RNN 学习的特征可以捕捉身体部位的高阶关系，并对身体部位的长程依赖关系进行编码。因此，人的行为可以得到很好的体现，并能准确分类。

#### 8.2.3.4　多个 3D-RNN

3D-RNN 以递归方式使用相同权重 $\boldsymbol{W}$ 提取高阶特征。随机学习的权重 $\boldsymbol{W}$ 表示在分类任务的父向量中哪个向量更为重要。但由于 $\boldsymbol{W}$ 的随机性，结果可能不准确。

这个问题可以通过使用多个 3D-RNN 来解决。与文献［54］类似，我们使用具有不同随机权重的多个 3D-RNN。因此，通过不同的权重可以很好地捕捉相邻向量的不同重要性，进而产生高质量的特征向量。我们将多个 3D-RNN 产生的向量连接起来，以反馈到 softmax 分类器中。

#### 8.2.3.5　模型学习

**3D-CNN 滤波器的无监督学习**。CNN 模型可以使用有监督或无监督的方法进行学习[64,59]。由于卷积在数以百万计的 3D 碎片上操作，使用反向传播和微调整个网络可能并不实用。作为替代，我们使用无监督的方法训练 3D-CNN 模型。

受文献［63］的启发，我们通过对随机 3D 碎片进行聚类，以无监督的方式学习

3D-CNN 滤波器。我们将多通道数据（灰度、梯度、光流和深度）视为分离的特征图，并从每个通道中随机生成时空三维碎片。然后将提取的 3D 碎片进行归一化和白化。最后，对这些 3D 碎片进行聚类，建立 $K$ 个簇中心 $z_k,k=1,\cdots,K$，用于 3D 卷积（式 (8.8)）。

**3D-RNN 的随机权重**。最近的工作 [54] 表明，具有随机权重的 RNN 也可以生成具有高判别性的特征。我们按照文献 [54] 来学习随机权重 $W$ 的 3D-RNN。结果表明，通过随机权重学习 RNN，可以为深度摄像机的动作识别提供一个高效而强大的模型。

### 8.2.3.6　分类

如 8.2.3.4 节所述，由多个 3D-RNN 产生的特征将被连接起来以产生深度视频的特征向量 $x$。我们训练一个多类 softmax 分类器来对深度动作 $x$ 进行分类：

$$f(x,y) = \frac{\exp(\theta_y^{\mathrm{T}} x_i)}{\sum\limits_{l \in y} \exp(\theta_l^{\mathrm{T}} x_i)} \qquad (8.10)$$

其中 $\theta_y$ 是类 $y$ 的参数。预测是通过取第 $l$ 个元素为 $f(x,l)$ 的向量的 arg max 进行的，$y^* = \arg\max_l f(x,l)$。在学习所有类的模型参数 $\theta$ 时，定义了多类交叉熵损失函数。模型参数 $\theta$ 采用有限内存可变计量梯度上升法（BFGS）来进行学习。

### 8.2.4　实验

我们在两个流行的 3D 动作数据集 MSR-Gesture3D 数据集[65]和 MSR-Action3D 数据集[40]上评价 HCRNN 模型。这些数据集的示例帧如图 8.8 所示。我们对所有的数据集都使用灰色、深度、gradient-$x$、gradient-$y$、optflow-$x$ 和 optflow-$y$ 特征图。

a）MSR-Action 3D 数据集　　　　b）MSR-Gesture 3D 数据集

图 8.8　来自两个 RGB-D 动作数据集的示例帧

### 8.2.4.1　MSR-Gesture3D 数据集

MSR-Gesture3D 数据集是一个手势数据集，包含 336 个深度摄像机捕捉的深度序列。数据集中有 12 类手势："bathroom""blue""finish""green""hungry""milk""past""pig""store""where""j" 和 "z"。由于自遮挡问题和视觉相似性，这是一个具有挑战性的数据集。HCRNN 接收 $80 \times 80 \times 18$ 大小的输入视频。3D-CNN 中的滤波器数量设置为 256，3D-RNN 的数量设置为 16。3D-CNN 中的卷积核大小（滤波器大小）为 $6 \times 6 \times 4$，3D-RNN 中的感受野大小为 $2 \times 2 \times 2$。与文献 [65] 一样，实验中只使用深度帧。在评价中采用了留一交叉验证。

图 8.9 显示了 HCRNN 在 MSR-Gesture3D 数据集上的混淆矩阵。该方法对手势的识别准确率达到 93.75%。由于"ASL Past"和"ASL Store"、"ASL Finish"和"ASL Past"、"ASL Blue"和"ASL J"在视觉上的相似性，我们的方法漏掉了一些例子。如图 8.9 所示，我们的方法可以识别视觉上相似的手势，这是因为 HCRNN 发现了判别特征，并为任务抽象出了表现性高阶特征。由于自遮挡和类内运动的变化，HCRNN 混淆了图 8.9 所示的一些例子。

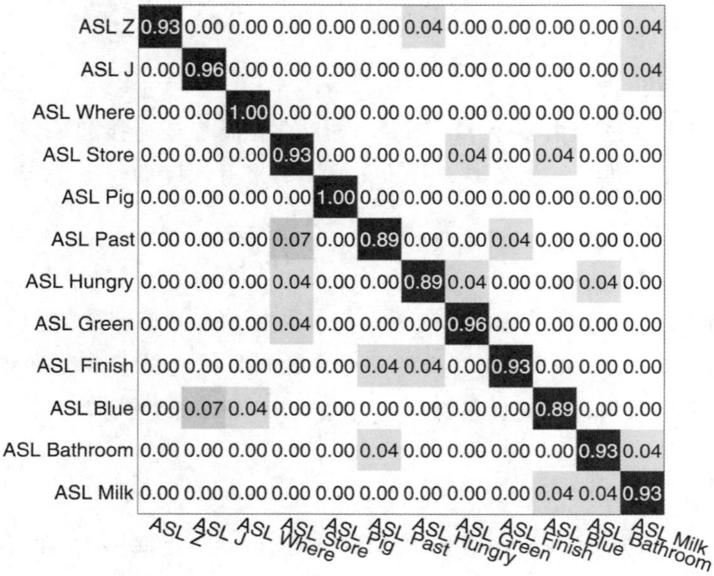

| | ASL Z | ASL J | ASL Where | ASL Store | ASL Pig | ASL Past | ASL Hungry | ASL Green | ASL Finish | ASL Blue | ASL Bathroom | ASL Milk |
|---|---|---|---|---|---|---|---|---|---|---|---|---|
| ASL Z | 0.93 | 0.00 | 0.00 | 0.00 | 0.00 | 0.00 | 0.04 | 0.00 | 0.00 | 0.00 | 0.00 | 0.04 |
| ASL J | 0.00 | 0.96 | 0.00 | 0.00 | 0.00 | 0.00 | 0.00 | 0.00 | 0.00 | 0.00 | 0.00 | 0.04 |
| ASL Where | 0.00 | 0.01 | 1.00 | 0.00 | 0.00 | 0.00 | 0.00 | 0.00 | 0.00 | 0.00 | 0.00 | 0.00 |
| ASL Store | 0.00 | 0.00 | 0.00 | 0.93 | 0.00 | 0.00 | 0.04 | 0.00 | 0.04 | 0.00 | 0.00 | 0.00 |
| ASL Pig | 0.00 | 0.00 | 0.00 | 0.00 | 1.00 | 0.00 | 0.00 | 0.00 | 0.00 | 0.00 | 0.00 | 0.00 |
| ASL Past | 0.00 | 0.00 | 0.00 | 0.07 | 0.00 | 0.89 | 0.00 | 0.04 | 0.00 | 0.00 | 0.00 | 0.00 |
| ASL Hungry | 0.00 | 0.00 | 0.00 | 0.04 | 0.00 | 0.00 | 0.89 | 0.04 | 0.00 | 0.00 | 0.04 | 0.00 |
| ASL Green | 0.00 | 0.00 | 0.00 | 0.04 | 0.00 | 0.00 | 0.00 | 0.96 | 0.00 | 0.00 | 0.00 | 0.00 |
| ASL Finish | 0.00 | 0.00 | 0.00 | 0.00 | 0.00 | 0.04 | 0.04 | 0.00 | 0.93 | 0.00 | 0.00 | 0.00 |
| ASL Blue | 0.00 | 0.07 | 0.04 | 0.00 | 0.00 | 0.00 | 0.00 | 0.00 | 0.00 | 0.89 | 0.00 | 0.00 |
| ASL Bathroom | 0.00 | 0.00 | 0.00 | 0.00 | 0.00 | 0.04 | 0.00 | 0.00 | 0.00 | 0.00 | 0.93 | 0.04 |
| ASL Milk | 0.00 | 0.00 | 0.00 | 0.00 | 0.00 | 0.00 | 0.00 | 0.00 | 0.04 | 0.04 | 0.00 | 0.93 |

图 8.9　HCRNN 在 MSR-Gesture3D 数据集上的混淆矩阵。我们的方法达到了 93.75% 的识别准确率

我们将 HCRNN 与文献 [44,66,65,67] 中的方法在 MSR-Gesture3D 数据集上进行比较。文献 [44,66,65] 中的方法是专门针对深度序列设计的，并且文献 [67] 提出了最初针对颜色序列设计的 HoG3D 描述符。与这些基于手工制作特征的方法相比，HCRNN 从数据中学习特征。表 8.5 的结果表明，我们的方法优于其他方法。我们的方法从数据中学习特征，这些特征能更好地表示类内变化和类间相似性，从而获得更好的性能。此外，HCRNN 对身体部位的高阶上下文信息进行编码，允许身体部位变形。这两个优势有助于提高所学特性的表达能力。

### 8.2.4.2　MSR-Action3D 数据集

MSR-Action3D 数据集 [40] 由 20 类人类动作组成："bend""draw circle""draw tick""draw x""forward kick""forward punch""golf swing""hammer""hand catch""hand clap""high arm wave""high throw""horizontal arm wave""jogging""pick up & throw""side boxing""side kick""tennis serve""tennis swing"和

"two hand wave"。数据集中共包含 567 个深度视频，这些视频是使用深度摄像机拍摄的。

表 8.5　HCRNN 模型与以前的方法在 MSR-Gesture3D 数据集上的性能对比

| 方　　法 | 准确率（%） |
| --- | --- |
| Oreifej et al.[44] | 92.45 |
| Yang et al.[66] | 89.20 |
| Jiang et al.[65] | 88.50 |
| Klaser et al.[67] | 85.23 |
| **HCRNN** | **93.75** |

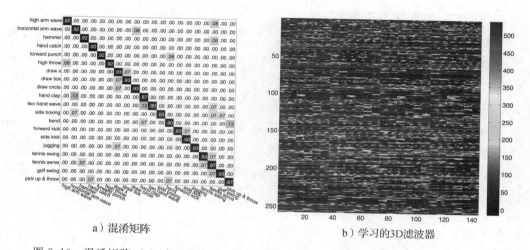

a）混淆矩阵　　　　　　　　b）学习的3D滤波器

图 8.10　混淆矩阵（a）和 HCRNN（b）在 MSR-Action3D 数据集上学习的 3D 滤波器。我们的方法达到了 90.07% 的识别准确率

在此数据集中，对背景进行预处理，以消除由未定义深度区域引起的不连续性。不过，因为很多动作在视觉上非常相似，所以还是很有挑战性的。本实验采用了与文献［44］中相同的训练/测试分割，即前 5 名受试者的视频（295 个视频）用于训练，其余 272 个视频用于测试。HCRNN 采用尺寸为 120×160×30 的输入视频。3D-CNN 的滤波器数量设置为 256，3D-RNN 的数量设置为 32。3D-CNN 中的卷积核大小（滤波器大小）为 6×6×4，3D-RNN 中的感受野大小为 2×2×2。

HCRNN 的混淆矩阵如图 8.10a 所示。我们的方法在 MSR-Action3D 数据集上达到了 90.07% 的识别准确率。混淆多发生在视觉相似的动作之间，如"horizontal hand wave"和"拍手"，"hammer"和"tennis serve"，"draw x"和"draw tick"。实验中使用的学习滤波器也如图 8.10b 所示。我们的滤波学习方法可以发现各种有代表性的模式，用来准确描述局部的 3D 碎片。

表 8.6  HCRNN 模型在 MSRAction3D 数据集上的性能

| a) | 对比结果 | b) | 不同 $n_r$ 时的性能 |
|---|---|---|---|
| 数据 | 准确率（%） | RNN 数量 | 准确率（%） |
| RGGP[14] | 89.30 | 1 | 40.44 |
| Xia and Aggarwal [42] | 89.30 | 2 | 57.72 |
| Oreifej et al. [44] | 88.89 | 4 | 63.24 |
| Jiang et al. [40] | 88.20 | 8 | 73.90 |
| Jiang et al. [65] | 86.50 | 16 | 83.09 |
| Yang et al. [66] | 85.52 | 32 | 90.07 |
| Klaser et al. [67] | 81.43 | 64 | 80.88 |
| Vieira et al. [68] | 78.20 | 128 | 68.01 |
| Dollar[34] | 72.40 | | |
| Laptev[49] | 69.57 | | |
| **HCRNN** | **90.07** | | |

我们比较了专门为深度序列设计的方法[40,65-66,68]，以及使用时空感兴趣点检测器的传统动作识别方法[34,49,67]。表 8.6a 的结果表明，我们的方法优于其他方法。我们的方法达到了 90.07％ 的识别准确率，比目前流行的方法[42,14]要高。需要注意的是，我们的方法没有使用骨架跟踪器，但是优于基于骨架的方法[40]。表 8.6b 是不同数量的 3D-RNN 时 HCRNN 模型在该数据集上的性能。HCRNN 在 $n_r = 32$ 时达到最佳性能。当 $n_r = 1$ 时，HCRNN 的性能较差。随着 3D-RNN 数量的增多，HCRNN 在使用 32 个 3D-RNN 之前可以获得更高的识别准确率。之后，随着 3D-RNN 数量的增多，其性能会因为过拟合问题而下降。

## 8.3  结论

本章研究了基于两种不同数据类型（多视角数据和 RGB-D 数据）的动作识别问题。在第一种情况下，动作数据是由多个摄像机采集的，因此在不同的摄像机视角下，人体的外观看起来有很大的不同，这给动作识别带来了更大的挑战。为了解决这个问题，我们提出了学习视角不变特征的特征学习方法。所提出的方法利用共享和私有特征来准确描述具有较大视角和外观变化的人类行动。本章介绍了样本亲和矩阵，以计算不同视角的样本相似度。该矩阵巧妙地嵌入共享特征的学习中，以精确地衡量每个样本对共享特征的贡献，并平衡信息传递。在 IXMAS 和 DSA 数据集上的大量实验表明，我们的方法在跨视角动作分类方面优于当前一流的其他方法。

动作也可以被 RGB-D 传感器（比如 Kinect）捕捉。Kinect 传感器采集的动作数据有多个数据通道，包括 RGB、深度和骨架。然而，由于它们处于不同的特征空间，要将它们全部用于识别是很有挑战性的。为了解决这个问题，研究人员提出了一种新的 3D 卷积递归深度神经网络（3DCRNN），用于 RGB-D 摄像机的动作识别。网络的架构由 3D-CNN 层和 3D-RNN 层组成。3D-CNN 层学习低级平移不变特征，然后将其作为 3D-RNN 的输入。3D-RNN 将卷积和池化合并为一个高效的分层操作，并学习高阶合成特征。在两个数据集上的结果表明，我们所提出的方法达到了先进的性能。

## 8.4 参考文献

[1] Altun K, Barshan B, Tunçel O. Comparative study on classifying human activities with miniature inertial and magnetic sensors. Pattern Recognition 2010;43(10):3605–20.

[2] Grabocka J, Nanopoulos A, Schmidt-Thieme L. Classification of sparse time series via supervised matrix factorization. In: AAAI; 2012.

[3] Kong Y, Fu Y. Bilinear heterogeneous information machine for RGB-D action recognition. In: IEEE conference on computer vision and pattern recognition; 2015.

[4] Kong Y, Fu Y. Max-margin action prediction machine. IEEE Transactions on Pattern Analysis and Machine Intelligence 2016;38(9):1844–58.

[5] Junejo I, Dexter E, Laptev I, Perez P. Cross-view action recognition from temporal self-similarities. In: ECCV; 2008.

[6] Yan Y, Ricci E, Subramanian R, Liu G, Sebe N. Multitask linear discriminant analysis for view invariant action recognition. IEEE Transactions on Image Processing 2014;23(12):5599–611.

[7] Zheng J, Jiang Z, Philips PJ, Chellappa R. Cross-view action recognition via a transferable dictionary pair. In: BMVC; 2012.

[8] Zheng J, Jiang Z. Learning view-invariant sparse representation for cross-view action recognition. In: ICCV; 2013.

[9] Yang W, Gao Y, Shi Y, Cao L. MRM-Lasso: a sparse multiview feature selection method via low-rank analysis. IEEE Transactions on Neural Networks and Learning Systems 2015;26(11):2801–15.

[10] Chen M, Xu Z, Weinberger KQ, Sha F. Marginalized denoising autoencoders for domain adaptation. In: ICML; 2012.

[11] Ding G, Guo Y, Zhou J. Collective matrix factorization hashing for multimodal data. In: CVPR; 2014.

[12] Singh AP, Gordon GJ. Relational learning via collective matrix factorization. In: KDD; 2008.

[13] Liu J, Wang C, Gao J, Han J. Multi-view clustering via joint nonnegative matrix factorization. In: SDM; 2013.

[14] Liu L, Shao L. Learning discriminative representations from rgb-d video data. In: IJCAI; 2013.

[15] Argyriou A, Evgeniou T, Pontil M. Convex multi-task feature learning. IJCV 2008;73(3):243–72.

[16] Ding Z, Fu Y. Low-rank common subspace for multi-view learning. In: IEEE international conference on data mining. IEEE; 2014. p. 110–9.

[17] Kumar A, Daume H. A co-training approach for multi-view spectral clustering. In: ICML; 2011.

[18] Zhang W, Zhang K, Gu P, Xue X. Multi-view embedding learning for incompletely labeled data. In: IJCAI; 2013.

[19] Wang K, He R, Wang W, Wang L, Tan T. Learning coupled feature spaces for cross-modal matching. In: ICCV; 2013.

[20] Xu C, Tao D, Xu C. Multi-view learning with incomplete views. IEEE Transactions on Image Processing 2015;24(12).

[21] Sharma A, Kumar A, Daume H, Jacobs DW. Generalized multiview analysis: a discriminative latent space. In: CVPR; 2012.

[22] Weinland D, Özuysal M, Fua P. Making action recognition robust to occlusions and viewpoint changes. In: ECCV; 2010.

[23] Junejo IN, Dexter E, Laptev I, Pérez P. View-independent action recognition from temporal self-similarities. IEEE Transactions on Pattern Analysis and Machine Intelligence 2011;33(1):172–85.

[24] Rahmani H, Mian A. Learning a non-linear knowledge transfer model for cross-view action recognition. In: CVPR; 2015.

[25] Liu J, Shah M, Kuipers B, Savarese S. Cross-view action recognition via view knowledge transfer. In: CVPR; 2011.

[26] Li B, Campus OI, Sznaier M. Cross-view activity recognition using Hankelets. In: CVPR; 2012.

[27] Li R, Zickler T. Discriminative virtual views for cross-view action recognition. In: CVPR; 2012.

[28] Zhang Z, Wang C, Xiao B, Zhou W, Liu S, Shi C. Cross-view action recognition via continuous virtual path. In: CVPR; 2013.

[29] Hinton GE, Salakhutdinov RR. Reducing the dimensionality of data with neural networks. Science 2006;313(5786):504–7.

[30] Li J, Zhang T, Luo W, Yang J, Yuan X, Zhang J. Sparseness analysis in the pretraining of deep neural networks. IEEE Transactions on Neural Networks and Learning Systems 2016. https://doi.org/10.1109/TNNLS.2016.2541681.

[31] Chen M, Weinberger K, Sha F, Bengio Y. Marginalized denoising auto-encoders for nonlinear representations. In: ICML; 2014.

[32] Vincent P, Larochelle H, Lajoie I, Bengio Y, Manzagol PA. Stacked denoising autoencoders: learning useful representations in a deep network with a local denoising criterion. JMLR 2010;11:3371–408.

[33] Weinland D, Ronfard R, Boyer E. Free viewpoint action recognition using motion history volumes. Computer Vision and Image Understanding 2006;104(2–3).

[34] Dollar P, Rabaud V, Cottrell G, Belongie S. Behavior recognition via sparse spatio-temporal features. In: VS-PETS; 2005.

[35] Wang H, Kläser A, Schmid C, Liu CL. Dense trajectories and motion boundary descriptors for action recognition. IJCV 2013;103(1):60–79.

[36] Farhadi A, Tabrizi MK, Endres I, Forsyth DA. A latent model of discriminative aspect. In: ICCV; 2009.

[37] Gupta A, Martinez J, Little JJ, Woodham RJ. 3d pose from motion for cross-view action recognition via non-linear circulant temporal encoding. In: CVPR; 2014.

[38] Liu J, Shah M. Learning human actions via information maximization. In: CVPR; 2008.

[39] Kong Y, Fu Y. Discriminative relational representation learning for rgb-d action recognition. IEEE Transactions on Image Processing 2016;25(6).

[40] Wang J, Liu Z, Wu Y, Yuan J. Mining actionlet ensemble for action recognition with depth cameras. In: CVPR; 2012.

[41] Wang Y, Mori G. A discriminative latent model of object classes and attributes. In: ECCV; 2010.

[42] Xia L, Aggarwal J. Spatio-temporal depth cuboid similarity feature for activity recognition using depth camera. In: CVPR; 2013.

[43] Hadfield S, Bowden R. Hollywood 3d: recognizing actions in 3d natural scenes. In: CVPR; 2013.

[44] Oreifej O, Liu Z. HON4D: histogram of oriented 4D normals for activity recognition from depth sequences. In: CVPR; 2013. p. 716–23.

[45] Li W, Zhang Z, Liu Z. Action recognition based on a bag of 3d points. In: CVPR workshop; 2010.

[46] Rahmani H, Mahmood A, Mian A, Huynh D. Real time action recognition using histograms of depth gradients and random decision forests. In: WACV; 2013.

[47] Kong Y, Fu Y, Jia Y. Learning human interaction by interactive phrases. In: ECCV; 2012.

[48] Lan T, Wang Y, Yang W, Robinovitch SN, Mori G. Discriminative latent models for recognizing contextual group activities. PAMI 2012;34(8):1549–62.

[49] Laptev I. On space–time interest points. IJCV 2005;64(2):107–23.

[50] Koppula HS, Saxena A. Learning spatio-temporal structure from RGB-D videos for human activity detection and anticipation. In: ICML; 2013.

[51] Luo J, Wang W, Qi H. Group sparsity and geometry constrained dictionary learning for action recognition from depth maps. In: ICCV; 2013.

[52] Jarrett K, Kavukcuoglu K, Ranzato M, LeCun Y. What is the best multi-stage architecture for object recognition? In: ICCV; 2009.

[53] Nair V, Hinton GE. 3d object recognition with deep belief nets. In: NIPS; 2009.

[54] Socher R, Huval B, Bhat B, Manning CD, Ng AY. Convolutional-recursive deep learning for 3d object classification. In: NIPS; 2012.

[55] Ouyang W. Modeling mutual visibility relationship in pedestrian detection. In: CVPR; 2013.

[56] Szegedy C, Toshev A, Erhan D. Deep neural networks for object detection. In: NIPS; 2013.

[57] Farabet C, Couprie C, Najman L, LeCun Y. Learning hierarchical features for scene labeling. PAMI 2013.

[58] Socher R, Lim CCY, Ng AY, Manning CD. Parsing natural scenes and natural language with recursive neural networks. In: ICML; 2011.

[59] Ji S, Xu W, Yang M, Yu K. 3d convolutional neural networks for human action recognition. IEEE Transactions on Pattern Analysis and Machine Intelligence 2013;35(1):221–31.

[60] Le QV, Zou WY, Yeung SY, Ng AY. Learning hierarchical invariant spatio-temporal features for action recognition with independent subspace analysis. In: CVPR; 2011.

[61] Taylor GW, Fergus R, LeCun Y, Bregler C. Convolutional learning of spatio-temporal features. In: ECCV; 2010.

[62] LeCun Y, Bottou L, Bengio Y, Haffner P. Gradient-based learning applied to document recognition. In: Proceedings of the IEEE; 1998.

[63] Coates A, Lee H, Ng AY. An analysis of single-layer networks in unsupervised feature learning. In: AISTATS; 2011.

[64] Ranzato M, Huang FJ, Boureau YL, LeCun Y. Unsupervised learning of invariant feature hierarchies with applications to object recognition. In: CVPR; 2007.

[65] Wang J, Liu Z, Chorowski J, Chen Z, Wu Y. Robust 3d action recognition with random occupancy patterns. In: ECCV; 2012.

[66] Yang X, Zhang C, Tian Y. Recognizing actions using depth motion maps-based histograms of oriented gradients. In: ACM multimedia. ISBN 978-1-4503-1089-5, 2012.

[67] Klaser A, Marszalek M, Schmid C. A spatio-temporal descriptor based on 3d-gradients. In: BMVC; 2008.

[68] Vieira AW, Nascimento ER, Oliveira GL, Liu Z, Campos MFM. STOP: space–time occupancy patterns for 3D action recognition from depth map sequences. In: 17th Iberoamerican congress on pattern recognition (CIARP); 2012.

# 风格识别和亲属关系理解

Shuhui Jiang, Ming Shao, Caiming Xiong, Yun Fu

## 9.1　基于深度学习的风格分类<sup>⊖</sup>

### 9.1.1　背景

　　风格分类已经吸引了许多领域的研究人员和艺术家的越来越多的关注。风格分类与现有的大多数分类任务相关，但又有本质的区别。例如，当前的在线服装购物网站中，通常将商品分为半身裙、连衣裙、西装等，但一个服装类别可能包括多种时装风格。例如，西装可以是休闲款或新兴的时尚风格，连衣裙既可以是浪漫款也可以是优雅款。风格分类可以帮助人们识别风格类别并生成风格之间的关系。因此，学习具有鲁棒性以及判别性的特征表示的风格分类，就成为一个有趣且具有挑战的研究课题。大多数的风格分类方法都着重于基于低级特征提取判别性局部碎片或模式。一些基于低级特征表示的时尚、漫画、建筑风格分类的最新研究成果如下。

　　**时尚风格分类。** "时尚与人工智能"正在成为近期研究的热点，例如在服装分析[2]、检索[3]、识别[4]和生成[5]等方面。Bossard 等人在上半身的边界框中密集提取了 HOG 等特征描述符，然后再采用词袋模型[6]。在 Hipster Wars[7] 中，Kiapour 等人提出一种在线游戏来采集时尚数据集，通过积累颜色和纹理等视觉特征形成一个风格描述符。然后他们应用均值-方差池化，并将所有池化的特征进行级联，作为最终的风格描述符，最后再用线性 SVM 进行分类。

　　**漫画风格分类。** Chu 等人[8] 提出的方法可区分漫画风格是针对年轻男孩（即 shonen）还是年轻女孩（即 shojo）的，为漫画风格的分类开创了道路。他们既设计了显性的（如线段密度）特征描述符，也设计了隐性的（如线段之间的夹角）特征描述符，并将这些特征描述符的级联作为特征表示。

　　**建筑风格分类。** Goel 等人专注于建筑风格分类（如巴洛克式和哥特式）[9]。他们从不同尺度的低级特征中挖掘出具有语义效用的特征。Van 等人通过广义的空间金字塔匹配方式创建了跨图像的对应关系[10]。他们假设一个类别内的图像具有相似的风

---

　　⊖　© 2017 IEEE. Reprinted, with permission, from Jiang, Shuhui, Ming Shao, Chengcheng Jia, and Yun Fu. "Learning consensus representation for weak style classification." IEEE Transactions on Pattern Analysis and Machine Intelligence (2017).

格，这些风格由色彩丰富度和光照等属性来定义。Xu 等人采用可变形的基于部件的模型（DPM）来捕捉基本建筑部件的形态特征[11]。

然而，风格通常是通过高层次的抽象概念来体现的。上述这些研究可能无法提取一些中/高层的特征来进行风格演示，此外，他们也没有讨论文献［12,1］中观察到的风格分类图像中的扩散现象（见图 9.1）。我们以哥特风和学院风的风格分类为例，每一类中心的代表性图像都被赋予强风格级别 $l_3$，在强风格中很容易区分哥特风和学院风。而代表性不强、距离中心较远的图像则被赋予较低的风格级别 $l_1$，它们被称为弱风格图像。一个风格内的弱风格图像在视觉上可以是多样的，并且在两个类别中的图像可以非常相像（如加框的图像所示）。扩散属性使得弱风格图像非常容易与其他类别的图像发生误分类。为了更好地说明扩散现象，在图 9.2 中，可视化了由 shojo 和 shonen 类[8]组成的漫画数据的两个特征描述符。这里通过 PCA 将特征描述符的维度降低为两个，可以看到，强风格的数据点密度高，分离度好，但弱风格数据点比较分散，难以被分类。

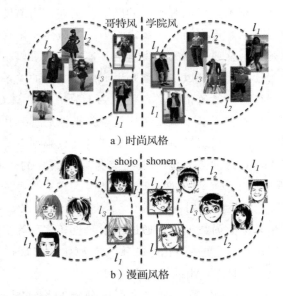

a）时尚风格

b）漫画风格

图 9.1 时尚和漫画风格图像中的弱风格现象。风格图像通常是"扩散"的，从 $l_1$ 到 $l_3$ 表示风格级别从最弱到最强

此外，如上所述，通常所有的特征描述符都会被级联在一起，从而形成风格描述符。这就意味着，所有的特征描述符都一样重要。然而，对于不同的风格，不同特征描述符的重要程度有所不同。例如，在哥特风中，颜色可能要比其他特征描述符更为重要，因为哥特风通常是黑色的。因此，自适应地为不同的特征描述符分配权重成为风格分类中的另一个挑战。为了解决这一问题，文献［12,1］中引入了一种"共识"（consensus）思想，在表征学习中联合学习不同视觉特征的权重。例如，如果图像中的一个图像块对识别至关重要（如眼部图像块对人脸识别非常重要），那么相对于所有特

征，应该为该图像块分配较高的权重，这意味着不同特征描述符的权重具有一致性。

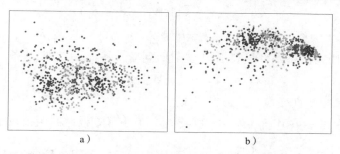

a)　　　　　　　　　　　　　b)

图 9.2　漫画风格的 shojo 和 shonen 类中扩散现象的数据可视化。通过 PCA 将"线段
　　　　密度"和"线段之间的夹角"的特征描述符维度降低到 2D 中。可以看到，强
　　　　风格数据点密集，而弱风格数据点分散

　　接下来，我们将描述一种名为共识风格中心化自编码器（CSCAE）的深度学习解决
方案，这种方法被用于鲁棒风格特征提取，特别是用于弱风格分类[1]。首先，我们描述了
一个风格中心化自编码器（SCAE），它逐步将弱风格图像拉回一个特征描述符的类中心。
SCAE 的输入来自图像的所有局部图像碎片（如人脸图像中的眼部、鼻部、嘴部图像碎
片）的低级特征的级联。如图 9.3 所示，对于每个自编码器（AE），对应的输出特征是
同一类的特征，但比输入特征要强一个风格级别。只有相邻的样本才会被向该类的中心
拉拢，因为即使在一个类别中，弱风格图像也可能非常多样化。然后通过渐进的步骤，
逐步减轻弱风格图像之间的区别，确保模型的平稳性。此外，为了解决不同种类间的视
觉特征缺乏共同点的问题，基于共识思想，可以通过秩约束群稀疏度自编码器（RCG-
SAE），由 CSCAE 联合学习权重。我们在这里展示了深度学习和非深度学习方法在三种
应用上的评价指标，这三种应用分别为时尚风格分类、漫画风格分类和建筑风格分类。

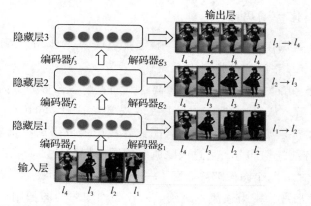

图 9.3　栈式风格中心化自编码器（SSCAE）示意图。在步骤 $k$ 中，$l_k$ 中的样本被
　　　　$l_{k+1}$ 样本（红色）在 $l_k$ 中的最近邻所代替。比 $l_k$ 高级别的样本不会更改

　　诸如自编码器的深度学习结构已经被用来学习判别性特征表示[13-15]。传统的
AE[13] 包括两部分：编码器和解码器。编码器 $f(\cdot)$ 尝试将输入特征 $\boldsymbol{x}_i \in \mathbb{R}^D$ 映射到

隐藏层表示 $z_i \in \mathbb{R}^d$：

$$z_i = f(x_i) = \sigma(W_1 \times x_i + b_1) \tag{9.1}$$

其中，$W_1 \in \mathbb{R}^{d \times D}$ 为线性变换，$b_1 \in \mathbb{R}^d$ 为偏置，$\sigma$ 为非线性激活（如 sigmoid 函数）。解码器 $g(\cdot)$ 则设法将隐藏层表示 $z_i$ 映射回到输入特征 $x_i$，即

$$x_i = g(z_i) = \sigma(W_2 \times z_i + b_2) \tag{9.2}$$

其中 $W_2 \in \mathbb{R}^{D \times d}$ 为线性变换，$b_2 \in \mathbb{R}^D$ 为偏置。

为了优化模型参数 $W_1$、$b_1$、$W_2$ 以及 $b_2$，最小平方误差问题被表示为

$$\min_{\substack{W_1, b_1 \\ W_2, b_2}} \frac{1}{2N} \sum_{i=1}^{N} \| x_i - g(f(x_i)) \|^2 + \lambda R(W_1, W_2) \tag{9.3}$$

其中 $N$ 为数据点的数量，$R(W_1, W_2) = (\| W_1 \|_F^2 + \| W_2 \|_F^2)$ 作为正则器，$\| \cdot \|_F^2$ 为 Frobenius 范数，$\lambda$ 为权重衰减参数，用来抑制任意大的权重。

### 9.1.2 栈式自编码器的预备知识

栈式自编码器（SAE）[16-17] 将多个 AE 堆叠起来，从而形成一个深度结构。它将第 $k$ 个 AE 的隐藏层作为输入特征输入第 $k+1$ 层。然而，在弱风格分类问题中，由于扩散现象，AE 或 SAE 的性能会有所下降。这是因为传统的 AE 或 SAE 以无监督的方式学习中/高层的特征表示，也就是说无法将同一类别中图像引导得很近，或将不同类别中的图像引导得很远。这与传统的 PCA 非常相似（SAE 可以被看作多层非线性 PCA）。在图 9.2 中，图中的数据是经过 PCA 处理的数据，从中可以看出弱风格类别是分散的并与其他类别有重叠。因此，用 AE 或 SAE 来表示的中/高层特征会出现扩散现象。针对这些问题，引入了一种风格中心化自编码器[1,12]。

### 9.1.3 风格中心化自编码器

局部视觉特征被用作 SCAE 的输入。假定有来自 $N_c$ 个风格类别的 $N$ 张图像，$x_i$ $(i \in \{1, \cdots, N\})$ 是第 $i$ 张图像的特征表示。

首先，将每张图像均划分为几个图像碎片（如人脸图像被划分为眼部、鼻部和嘴部图像碎片）。然后，从每个图像碎片中提取视觉特征（如 HOG、RGB、Gabor）。对于每个特征描述符（如 HOG），从所有图像碎片中提取出的特征将被级联在一起，作为 SCAE 输入特征的一部分。通过级联所有不同的视觉特征，我们将获得 SCAE 的最终输入特征。此外，每个图像都被分配了一个风格级别的标签。直观上来讲，每种风格的代表图像通常都被分配为强风格级别，而代表性较弱的图像则被分配为弱风格级别。我们使用 $L$ 个不同的风格级别，从最弱到最强依次被表示为 $\{l_1, l_2, \cdots, l_k, \cdots, l_L\}$。

#### 9.1.3.1 一层基本 SCAE

与具有相同的输入输出特征的传统 AE 不同，SCAE 的输入和输出并不相同。图 9.3 展示了 SCAE 的完整数据流。假定有 $L = 4$ 个风格级别，并且 SCAE 在第一层

中的输入是按风格级别的升序进行排列的图像特征，即 $X_1$、$X_2$、$X_3$ 和 $X_4$。例如，$X_2$ 是风格级别为 $l_2$ 的图像特征集。令 $X^{(k)}$ 为第 $k$ 步的输入特征，其中 $x_i^{(k)} \in X^{(k)}$ 是第 $i$ 个样本的特征，且它的隐藏表示是从第 $k-1$ 步中学习得来的。SCAE 处理以下映射：

$$\{X_k^{(k)}, X_{k+1}^{(k)}, \cdots, X_L^{(k)}\} \rightarrow \{X_{k+1}^{(k)}, X_{k+1}^{(k)}, \cdots, X_L^{(k)}\} \tag{9.4}$$

其中，只有 $X_k$ 被拉向较强的风格级别 $l_{k+1}$，其他的在第 $k$ 步前后都保持相同的风格级别。这样，弱风格级别会被逐渐拉向强风格级别，即中心化，直到 $k=L-1$。因此，$L-1$ 层栈式 AE 是栈式 SCAE 的体现。需要注意的是，$X_k$ 与 $X_{k+1}$ 之间的映射仍不清晰。为了保证风格级别的平滑过渡，对于每个输出特征 $x \in X_{k+1}$，需将 $X_k$ 中同一风格类的最近邻作为相应的输入来学习 SCAE。整个过程如图 9.3 所示。

#### 9.1.3.2　栈式 SCAE

在介绍了一层基本 SCAE 之后，我们将解释如何构建栈式 SCAE（SSCAE）。假设有 $L$ 个风格级别，在第 $k$ 步和风格类别 $c$ 中，与输出 $x_{i,k+1}^{(k,c)}$ 相对应的输入由下式给出：

$$\widetilde{x}_{i,\xi}^{(c)} = \begin{cases} x_{j,\xi}^{(k,c)} \in u(x_{i,\xi+1}^{k,c}), & \xi = k \\ x_{i,\xi}^{(k,c)}, & \xi = k+1, \cdots, L \end{cases} \tag{9.5}$$

其中 $u(x_{i,\xi+1}^{(k,c)})$ 是第 $x_{i,\xi+1}^{(k,c)}$ 层的最近邻集。

由于有 $N_c$ 个风格类别，在每一层中，我们首先分别学习每个类别 SCAE 的参数以及隐藏层特征 $Z^{(k,c)}$，然后将所有的 $Z^{(k,c)}$ 组合在一起作为 $Z^{(k)}$。从数学上看，SSCAE 可以表述为：

$$\min_{\substack{W_1^{(k,c)}, b_1^{(k,c)} \\ W_2^{(k,c)}, b_2^{(k,c)}}} \sum_{\substack{i,j \\ x_{j,k}^{(k,c)} \in u(x_{i,k+1}^{(k,c)})}} \| x_{i,k+1}^{(k,c)} - g(f(x_{j,k}^{(k,c)})) \|^2 +$$

$$\sum_{\xi=k+1}^{L} \sum_i \| x_{i,\xi}^{(k,c)} - g(f(x_{i,\xi}^{(k,c)})) \|^2 + \lambda R(W_1^{(k,c)}, W_2^{(k,c)}) \tag{9.6}$$

上述问题可以用类似于传统 AE 的方式通过反向传播算法来解决[18]。同样，深度结构也可以采用分层的方式来构建，算法 9.1 对此进行了概述。

---

**算法 9.1　栈式风格中心化自编码器**

---

1 输入：包含弱风格特征的风格特征 $X$

2 输出：风格中心化特征 $Z^{(k)}$。模型参数 $W_m^{(k,c)}$，$b_m^{(k,c)}$，$K \in [1, L-1], c \in [1, N_c], m \in \{1, 2\}$

 1：初始化 $Z^{(0)} = X$

 2：for $k = 1, 2, \cdots, L-1$ do

 3： $X^{(k)} = Z^{(k-1)}$

 4： for $c = 1, \cdots, N_c$ do

 5： 用式（9.6）计算 $W_m^{(k,c)}, b_m^{(k,c)}$

 6： 用式（9.1）计算 $Z^{(k,c)}$

 7： end for

 8： 将所有 $Z^{(k,c)}$ 组合成 $Z^{(k)}$

 9：end for

### 9.1.3.3　SCAE 中的编码特征可视化

图 9.4 展示了在漫画风格分类的渐进步骤 $k=1,2,3$ 中编码特征的可视化。与图 9.2 类似，采用 PCA 来降低描述符的维度。低级输入特征是文献［8］中的"线段密度"。在所有的子图中，一个点代表一个样本。在右侧的子图中，用颜色来区分不同的风格；而在左侧的子图中，则用颜色来区分不同的风格级别。

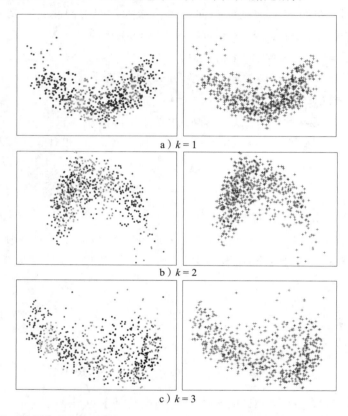

a）$k=1$

b）$k=2$

c）$k=3$

图 9.4　在漫画数据集的渐进步骤 $k=1,2,3$ 中，SCAE 中的编码特征的可视化。注意，在可视化之前已用 PCA 进行降维

从图 9.4 中可以看到，在步骤 $k=1$ 处，在右侧的子图中，shojo 样本和 shonen 样本有重叠。不过，弱风格级别中的样本之间也会有重叠。在渐进的步骤中，不同风格种类的样本由于风格中心化逐渐被区分开。在步骤 $k=2,3$ 中，我们可以在右侧的子图中看到弱风格样本和强风格样本被逐渐分开。在左侧的子图中可以看到，在风格中心化的过程中，弱风格样本逐渐移向强风格样本的两种不同风格类别中。因为强风格级别可以被轻易区分，所以中心化的过程使得弱风格样本变得更加容易被区分。

### 9.1.3.4　对 SCAE 的几何解释

回顾式（9.4）中提出的映射，如果我们将 $\boldsymbol{X}_k$ 视为 $\boldsymbol{X}_{k+1}$ 的损坏版本，SCAE 可

以被认为是一种去噪自编码器（DAE）[16]，它将部分损坏的特征作为输入，将干净的无噪声特征作为输出，以学习鲁棒的表示[16,19]。因此，受流形假设[20]下的几何视角的启发，我们可以为 SCAE 提供一个几何解释，类似于 DAE[16] 的解释。

图 9.5 以哥特式时尚风格的图像为例，说明了流形学习视角下的 SCAE。假设较高级别的 $l_{k+1}$ 哥特式风格的图像靠近于低维度的流形，那么弱风格的图像会比更高级别的图像更可能远离流形。应注意，$x_{j,k}$ 是被运算符 $q(X_k|X_{k+1})$ 破坏的 $x_{i,k+1}$ 的版本，因此它位于远离流形的地方。在 SCAE 中，$q(X_k|X_{k+1})$ 设法找到 $x_{i,k+1}$ 在 $l_k$ 级别中的最近邻，从而获得与 $x_{i,k+1}$ 属于同一类别的损坏版本 $x_{j,k}$。在中心化训练的过程中，与 DAE 类似，SCAE 学习将较低风格级别的样本 $X_k$ 映射回更高级别的随机运算符 $p(X_{k+1}|X_k)$。成功的中心化意味着运算符 $p(\cdot)$ 能够将分散的弱风格数据映射回接近流形的强风格数据。

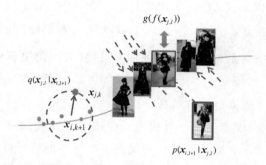

图 9.5   流形学习视角下哥特风时尚图像的 SCAE

## 9.1.4 共识风格中心化自编码器

给定多个低级视觉描述符（如 HOG、RGB、Gabor），通常基于低级特征的方法将其视为相同的，并将它们级联起来作为最终的表示[7,8]。因此，它们可能无法考虑不同种类的特征描述符之间的相关性，即共识[21,22]。

本节在 SCAE 的基础上，介绍具有低秩组稀疏约束的共识风格中心化自编码器（CSCAE）[1]。直观上讲，来自同一个图像碎片的两个特征的权重应该是相似的，因为它们编码的视觉信息是相同的，只不过方式不同。以人脸识别为例，眼部图像碎片应比面颊部的图像碎片更重要，这在很多人脸识别的项目中都有体现。因此，对于漫画风格分类，鉴于不同 SCAE 使用的特征种类不同，不同 SCAE 中的眼部图像碎片应该同等重要。为此，将一个最小化不同特征描述符中同一图像碎片的权重差的共识约束加入 SCAE 中，从而形成 CSCAE。

在下文中，我们首先介绍低秩约束和组稀疏度约束。然后，我们将介绍秩约束组稀疏自编码器（RCGSAE）及其解决方案。最后，在 RCGSAE 的基础上介绍 CSCAE。

### 9.1.4.1 模型上的低秩约束

低秩约束已被广泛用于发现底层结构和数据恢复[23,24]。有人建议在尽管有噪声的情况下，对潜在的低秩表示（LaLRR）[24]采用下式来对突出特征进行提取。如上所述，同一图像碎片的不同特征描述符应有相似的权重。这将会产生一种有趣的现象：如果我们级联所有不同特征描述符的权重矩阵，并记为 $W$，则 $W$ 的秩应该很低。主要原因是 $W$ 中不同列间的值相似。因此，我们对级联后的权重矩阵 $W$ 进行低秩约束，从而实现这种想法。

为此，我们引入一个秩约束自编码器模型[1]来实现权重矩阵 $W$ 的低秩性，公式如下：

$$\min_{W,E} \|W\|_* + \lambda \|E\|_{2,1}, \text{s. t. } X = W\widetilde{X} + E \tag{9.7}$$

其中，$\widetilde{X}$ 是输入特征，$X$ 是 $AE$ 的输出特征，类似于 SCAE；$\|\cdot\|_*$ 是作为原秩约束的凸替代矩阵的核范数，$\|E\|_{2,1}$ 是表征稀疏噪声 $E$ 的矩阵 $\ell_{2,1}$ 范数，$\lambda$ 是平衡参数。直观上讲，残差项 $E$ 鼓励稀疏性，就像 $W$ 和 $W\widetilde{X}$ 也都是低秩矩阵。这一点也被许多低秩恢复/表示工作所利用[24,23,14,22]。式（9.7）也可被认为是文献［24］中的一种特殊形式，即只考虑列空间的特征。

图 9.6a 说明了这种现象。每一行代表一个图像碎片中的一个特定特征，不同的颜色代表不同种类的特征。此外，每一列代表一个样本的所有特征。可以看出，一个样本的级联特征首先由同一图像碎片的不同特征进行堆叠，然后再堆叠不同图像碎片而成。需要注意的是，为了简单起见，一个小格代表一个图像碎片中的一种特征。可以看到，理想情况下，眼部特征 1 和眼部特征 2 的权重都应是最高的，其次是鼻部特征 1 和鼻部特征 2 的权重。同时，为了抑制噪声，最不重要的脸颊部特征 1 和脸颊部特征 2 的权重应该是较低的。简而言之，根据矩阵秩的定义，不同特征之间的共识约束产生了图 9.6a 中确定的矩阵 $W$ 的低秩结构。

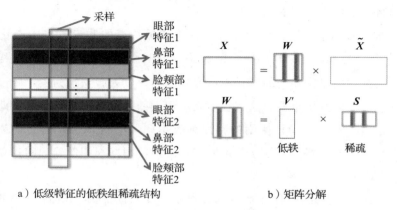

a）低级特征的低秩组稀疏结构　　　　b）矩阵分解

图 9.6　共识风格中心化自编码器（CSCAE）

### 9.1.4.2　模型上的组稀疏约束

为了进一步考虑在新的秩约束自编码器框架下使用式（9.3）中介绍的正则器，我们在 $W$ 上引入一个额外的组稀疏约束。原因有三：第一，就像在神经网络中传统的正则器一样，它有助于避免 $W$ 中任意大的权重；第二，它强制对 $W$ 进行行选择，与低秩约束一起保证更好的共识效果；第三，它有助于找到最具判别力的表示。

从数学上讲，我们可以通过增加一个矩阵 $\ell_{2,1}$ 范数 $\|W\|_{2,1} = \sum_{i=1}^{D} \|W(i)\|_2$ 来实现，它等于 $W$ 中所有列的欧式范数之和。$\ell_2$ 范数约束被分别用在每一组（即 $W$ 的每一列）。它保证了在同一列中的所有元素都同时接近零或非零。$\ell_1$ 范数保证只有少数列是非零的。图 9.6a 也说明了组稀疏性的原理。如果 $X$ 的第 $j$ 行、第 $i$ 列元素表示一个不重要的图像碎片，那么第 $j$ 行的所有元素都不是很重要，反之亦然。如上所述，这些图像碎片应该被赋予很低的权重或是零，从而抑制噪声。

### 9.1.4.3　秩约束组稀疏自编码器

同时考虑秩和组稀疏约束，秩约束组稀疏自编码器（RCGSAE）的目标函数如下：

$$\hat{W}_r = \underset{\mathrm{rank}(W) \leqslant r}{\arg\min} \{\|X - W\widetilde{X}\|_F^2 + 2\lambda\|W\|_{2,1}\} \tag{9.8}$$

其中，当 $W$ 的秩 $\mathrm{rank}(W) \leqslant r$ 时，$\hat{W}_r$ 为式（9.8）中的优化矩阵投影；$\lambda$ 为平衡参数。应注意，为了简单起见，我们跳过了式（9.7）中的稀疏误差项。显然，对于 $r = D$，在式（9.8）中并没有秩约束，这就退化为一个组稀疏问题，而对于 $\lambda = 0$，我们得到的是降秩回归估计器。因此，一个合适的秩 $r$ 和 $\lambda$ 可以平衡这两部分，以获得更好的性能。

低秩和组稀疏约束不仅可以使不同描述符间的图像碎片权重之差最小化，还可以将不重要的权重全部赋值为零。通过这样的方式，可降低噪声对不重要的图像碎片的影响，与此同时，我们也能找到最具判别力的表示方法。

### 9.1.4.4　RCGSAE 的高效解决方案

本节将介绍如何求解 RCGSAE 的目标函数。需要注意的是，式（9.8）所定义的问题是非凸的，对 $W$ 没有封闭解。因此，采用迭代算法来快速求解。如图 9.6b 所示，$W$ 被分解为 $W = V'S$，其中 $V$ 是一个 $r \times D$ 的正交矩阵，$V'$ 为 $V$ 的转置，$S$ 为具有秩稀疏约束的 $r \times D$ 矩阵[25]。那么，式（9.8）中 $W$ 的优化问题就变成了

$$(\hat{S}, \hat{V}) = \underset{S \in \mathbb{R}^{r \times D}, V \in \mathbb{R}^{r \times D}}{\arg\min} \{\|X - V'S\widetilde{X}\|_F^2 + 2\lambda\|S\|_{2,1}\} \tag{9.9}$$

这个算法的细节在算法 9.2 中进行了描述。此外，下面的定理提出了算法 9.2 的收敛分析，并保证无论起始点在何处，算法都能很好地收敛。

---

**算法 9.2　RCGSAE 的解**

---

1 输入：原始风格特征 $\boldsymbol{X}$，损坏的风格特征 $\widetilde{\boldsymbol{X}}$，$1 \leqslant r \leqslant N \wedge D$，$\lambda \geqslant 0$，$\boldsymbol{V}_{r,\lambda}^{(0)} \in \mathbb{O}^{n \times r}$，$j \leftarrow 0$，收敛 $\leftarrow$ 否

2 输出：模型参数 $\boldsymbol{W}$

  1：while 不收敛 do

  2：  (a) $\boldsymbol{S}_{r,\lambda}^{(j+1)} \leftarrow \arg \min \boldsymbol{s} \dfrac{1}{2} \| \boldsymbol{V}_{r,\lambda}^{(j)} \boldsymbol{X} - \boldsymbol{S} \widetilde{\boldsymbol{X}} \|_F^2 + \lambda \| \boldsymbol{S} \|_{2,1}$

  3：  (b) 使得 $\boldsymbol{Q} \leftarrow \boldsymbol{S}_{r,\lambda}^{(j+1)} \widetilde{\boldsymbol{X}} \boldsymbol{X}' \in \mathbb{R}^{n \times 1}$，执行 SVD，$\boldsymbol{Q} = \boldsymbol{U}_w \boldsymbol{D}_w \boldsymbol{V}'_w$；$\boldsymbol{X}'$ 是 $\boldsymbol{X}$ 的逆

  4：  (c) $\boldsymbol{V}_{r,\lambda}^{(j+1)} \leftarrow \boldsymbol{U}_m \boldsymbol{V}'_w$

  5：  (d) $\boldsymbol{W}_{r,\lambda}^{(j+1)} \leftarrow (\boldsymbol{V}_{r,\lambda}^{(j+1)})' \boldsymbol{S}^{(j+1)}$

  6：  (e) 收敛 $\leftarrow | F(\boldsymbol{W}_{r,\lambda}^{(j+1)}; \lambda) - F(\boldsymbol{W}_{r,\lambda}^{(j)}; \lambda) | < \varepsilon$

  7：  (f) $j \leftarrow j + 1$

  8：end while

  9：$\hat{\boldsymbol{W}}_{r,\lambda} = \boldsymbol{W}_{r,\lambda}^{(j+1)}$，$\hat{\boldsymbol{S}}_{r,\lambda} = \boldsymbol{S}_{r,\lambda}^{(j+1)}$，$\hat{\boldsymbol{V}}_{r,\lambda} = \boldsymbol{V}_{r,\lambda}^{(j+1)}$

---

**定理 9.1**　给定 $\lambda$ 和一个任意的起点 $\boldsymbol{V}_{r,\lambda}^{(0)} \in \mathbb{O}^{r \times D}$，令 $(\boldsymbol{S}_{r,\lambda}^{(j)}, \boldsymbol{V}_{r,\lambda}^{(j)})(j = 1, 2, \cdots)$ 为由算法 9.2 产生的迭代序列。那么，任意一个 $(\boldsymbol{S}_{r,\lambda}^{(j)}, \boldsymbol{V}_{r,\lambda}^{(j)})$ 的累积点都是 $F$ 的坐标最小点（也是静止点），并且对于某些坐标最小点 $(\boldsymbol{S}_{r,\lambda}^*, \boldsymbol{V}_{r,\lambda}^*)$ 来说，$F(\boldsymbol{S}_{r,\lambda}^{(j)}, \boldsymbol{V}_{r,\lambda}^{(j)})$ 单调收敛到 $F(\boldsymbol{S}_{r,\lambda}^*, \boldsymbol{V}_{r,\lambda}^*)$。

文献 [25] 的附录 A.7 中对此给出了证明。

#### 9.1.4.5　渐进式 CSCAE

在介绍 RCGSAE 之后，我们继续讨论渐进式 CSCAE，它以渐进的方式堆叠多个 RCGSAE。在第 $k$ 步中，它将 $\widetilde{\boldsymbol{X}}$ 的风格级别从 $k$ 提升到 $k+1$，同时保持不同特征间的共识。如算法 9.3 中所示，CSCAE 的输入为风格特征 $\boldsymbol{X}$，算法的输出是第 $k$ 步的编码特征 $\boldsymbol{h}^{(k)}$ 和投影矩阵 $\boldsymbol{W}^{(k)}$，其中 $k \in [1, L-1]$。

---

**算法 9.3　改进的 CSCAE**

---

1 输入：原始风格特征 $\boldsymbol{X}$，风格级别的数量为 $L$

2 输出：风格归一化特征 $\boldsymbol{h}^{(k)}$，模型参数 $\boldsymbol{W}^{(k)}$，$k \in [1, L-1]$

  1：初始化 $\boldsymbol{h}^{(0)} = \boldsymbol{X}$

  2：for $k = 1, 2, \cdots L - 1$ do

  3：  $\boldsymbol{X}^{(k)} = \boldsymbol{h}^{(k-1)}$

  4：  用式 (9.5) 计算 $\widetilde{\boldsymbol{X}}^{(k)}$

  5：  用算法 9.2 计算 $\boldsymbol{W}^{(k)}$

  6：  用 $\boldsymbol{h}^{(k)} = \tanh(\boldsymbol{W}^{(k)} \boldsymbol{X}^{(k)})$ 计算编码特征

  7：end for

---

初始化时，我们设置 $\boldsymbol{h}^{(0)} = \boldsymbol{X}$。对于第 $k$ 步，将编码特征 $\boldsymbol{h}^{(k-1)}$ 作为输入。首先，我们计算 $\boldsymbol{X}^{(k)}$ 的输出，如式 (9.5) 所示。然后，我们使用算法 9.2，通过 CSCAE 优化 $\boldsymbol{W}$。学习到的 $\boldsymbol{W}$ 同时实现了组稀疏性和低秩的性质。之后，我们计算新的特征 $\boldsymbol{W}\widetilde{\boldsymbol{X}}$，然后用非线性函数进行归一化。按照文献 [26] 中的建议，我们使用 $\tanh(\cdot)$

来进行非线性操作。编码特征 $h^{(k)}$ 被视为第 $k+1$ 步的输入。经过 $L-1$ 个步骤后，我们将得到 $L-1$ 组权重矩阵和相应的编码特征。

### 9.1.5　实验

在本节中，我们将讨论几种基于低级特征和基于深度学习的特征表示方法在时尚、漫画以及建筑风格分类任务中的性能。

#### 9.1.5.1　数据集

**时尚风格分类数据集**。Kiapour 等人收集了一个名为 Hipster Wars[7] 的时尚风格数据集，包括 5 种时尚风格的 1893 张图片，如图 9.7 所示。他们还推出了一个在线风格比较游戏来收集人们的判断，并对每张图片提供风格等级信息。

图 9.7　Hipster Wars 数据集中 5 个类别的示例：a) 波希米亚风格，b) 嬉皮士风格，
c) 哥特风格，d) 海报女郎风格，e) 学院风格

姿势估计被用来提取人体的关键位置[27]。对每个位置提取 7 个密集特征[7]：RGB 颜色值，LAB 颜色值，HSI 颜色值，Gabor，MR8 纹理响应[28]，HOG 描述符，以及属于皮肤类别的像素的概率。

**漫画风格分类数据集**。Chu 等人收集了 shonen（针对男生）和 shojo（针对女生）的漫画数据集，包括 240 组漫画 [8]。其中共计算 6 个特征，包括：线与线之间的角度，线的方向，线段密度，附近线的方向，方向和强度都近似的附近线的数量，以及线的强度。图 9.8 展示了 shojo 和 shonen 风格的漫画组。

由于漫画数据集并不提供人工标记的风格等级信息，因此采用自动计算风格等级的方法。首先，应用均值漂移聚类，根据线的强度特征找到每种风格图像的密度峰值。线的强度特征在 6 个特征中的判别力最强，用 $p$ 值来衡量。处于密度峰值的图像被认为是最具有代表性的图像。然后根据与最中心的图像之间的距离对图像进行排序，并最终将它们从最小距离到最大距离分为 5 个风格等级。

**建筑风格分类数据集**。Xu 等人收集了一个包含 5000 张图片的建筑风格数据集[11]。这是最大的公开的建筑风格分类数据集，其中风格种类的定义是根据 Wikimedia 所提供的"Architecture_by_style"得到的⊖。图 9.9 所示为 10 个类别的实例图片。由于没有手动标记的风格等级信息,因此采用了与漫画数据集类似的策略来生成风格等级信息。

图 9.8　漫画数据集中 shojo 风格和 shonen 风格的示例。第一排是 shojo 风格,第二排是 shonen 风格

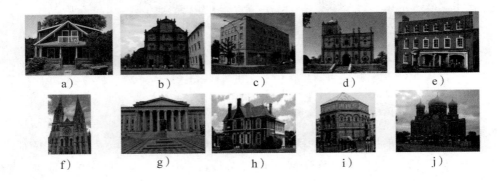

图 9.9　建筑风格数据集中 10 个类别的示例:a) 美国工匠建筑,b) 巴洛克式建筑,c) 芝加哥学校建筑,d) 殖民地时期式建筑,e) 格鲁吉亚建筑,f) 哥特式建筑,g) 希腊复兴式建筑,h) 安妮女王建筑,i) 罗马式建筑,j) 俄罗斯复兴式建筑

### 9.1.5.2　比较方法

这里我们简要描述几种基于时尚[7,29,6]、漫画[8]和建筑[11]风格分类任务中的低级特征的表示方法。然后我们对普通的深度学习方法以及基于深度学习方法的风格分类任务进行描述。

#### 基于低级特征的方法

Kiapour 等人在文献[7]中对服装图像中的 7 个密集低级特征应用均值-方差池

---

⊖　参见 https://commons.wikimedia.org/wiki/Category:Architecture_by_style。

化，然后将它们级联作为分类器的输入，并将级联后的特征命名为风格描述符。

Yamaguchi 等人在文献［29］中通过检索来处理服装分析，并考虑用鲁棒风格特征来检索相似风格。它们将类似于文献［7］中的池化特征进行级联，然后用 PCA 进行降维。

Bossard 等人在文献［6］中专注于服装分类与风格。对于风格特征的表示，他们首先通过基于低级特征的 K 均值聚类学习了一个码本，然后通过空间金字塔和最大池化对词袋特征进行进一步处理。

Chu 和 Chao 在文献［8］中设计了 6 个来自线段的计算特征，从而描述绘画风格。然后，他们将 6 个特征以相等的权重进行级联。

Xu 等人在文献［11］中采用了可变形的基于局部的模型（Deformable Part-based Model，DPM）来捕捉基本建筑构件的形态特征，其中 DPM 通过多尺度的 HOG 特征金字塔来描述图像。

MultiFea[12,1]。文献［11］中的对照组只采用 HOG 特征，但 CSCAE 采用了多种特征。另一种基于低级特征的多特征方法是为了公平比较而产生的。根据 SUN 数据集⊖选择 6 个低级特征，包括 HOG、GIST、DSIFT、LAB、LBP 以及细微图像。首先对每个特征进行 PCA 降维，然后将归一化的特征级联在一起。

基于深度学习的方法

AE[13]。传统的自编码器[13]被应用于学习中/高级特征。AE 的输入是级联的低级特征。

DAE[26]。边缘化去噪自编码器（mSDA）是去噪自编码器（DAE）的一种应用非常广泛的版本。SCAE 和 DAE 均采用了"噪声"的想法。DAE 的输入是有损的图像特征。与文献［15］、［19］和［26］中一样，丢弃噪声的损坏率是通过交叉验证学习得到的。其他设置，如堆叠层数和层数大小则与 SCAE 相同。

SCAE[12,1]。风格中心化自编码器（SCAE)[12,1]被用于学习中/高层特征。SCAE 的输入是各类低级特征描述符的级联，即 SCAE 的早期融合。

CAE[1]。为了证明"渐进式风格中心化"在 CSCAE 中的作用，产生了共识自编码器（CAE）作为另一个对照。CAE 与 CSCAE 类似，只是在每个渐进步骤中，输入和输出特征完全相同。

CSCAE[1]。这种方法包括文献［1］中 CSCAE 的完整流水线。

在所有的分类任务中，交叉验证的训练集与测试集比为 9∶1。SVM 分类器按照文献［7,8］中的设置应用于 Hipster Wars 和 Manga 数据集，而最近邻分类器（Nearest Neighbor Classifier，NN）被用于 Architecture 数据集。对于所有深度学习

---

⊖　参见 http://vision.cs.princeton.edu/projects/2010/SUN/。

的对照组，都使用相同的层数。

### 9.1.5.3 实验结果

时尚风格分类实验结果

表 9.1 展示了基于低级特征和深度学习的方法在不同风格等级 $L=1,\cdots,5$ 下的准确率（%）。首先，从表 9.1 中可以看出，基于深度学习的方法（表中后 5 行）总体上比基于低级特征的方法（表中前 3 行）表现更好。CSCAE 和 CAE 在所有风格级别下都具有最优和次优的性能。比较 DAE 和 SCAE 时，可以看到 SCAE 比 DAE 性能更好，这说明在风格分类中风格中心化策略比一般的去噪策略更优。比较 CSCAE 和 CAE 时，可以看到 CSCAE 在所有的设置下都优于 CAE，这也是由于风格中心化学习策略的作用。

表 9.1　时尚风格分类算法在 Hipster Wars 数据集上的性能（%）。每种设置下的最优和次优结果以粗体和下划线显示

| 性能 | $L=5$ | $L=4$ | $L=3$ | $L=2$ | $L=1$ |
|---|---|---|---|---|---|
| Kiapour et al. [7] | 77.73 | 62.86 | 53.34 | 37.74 | 34.61 |
| Yamaguchi et al. [29] | 75.75 | 62.42 | 50.53 | 35.36 | 33.36 |
| Bossard et al. [6] | 76.36 | 62.43 | 52.68 | 34.64 | 33.42 |
| AE[13] | 83.76 | 75.73 | 60.33 | 44.42 | 39.62 |
| DAE[26] | 83.89 | 73.58 | 58.83 | 46.87 | 38.33 |
| SCAE[12,1] | 84.37 | 72.15 | 59.47 | 48.32 | 38.41 |
| CAE[1] | <u>87.55</u> | <u>76.34</u> | <u>63.55</u> | <u>50.06</u> | <u>41.33</u> |
| CSCAE[1] | **90.31** | **78.42** | **64.35** | **54.72** | **45.31** |

漫画风格分类实验结果

表 9.2 展示了基于深度学习的方法（表中后 5 行）和基于低级特征的方法（表中第一行）在 Menga 数据集上 5 个风格等级下的准确率（%）。其中，CSCAE 和 CAE 在所有风格等级下都具有最优和次优的性能。CSCAE 在人脸图像上表现尤为出色。我们认为人脸结构与不同图像碎片的权重（如眼部权重应该比脸颊部权重更高）在低秩和组稀疏的假设下效果尤为突出。

表 9.2　漫画风格分类的性能（%）

| 性能 | $L=5$ | $L=4$ | $L=3$ | $L=2$ | $L=1$ |
|---|---|---|---|---|---|
| LineBased[8] | 83.21 | 71.35 | 68.62 | 64.79 | 60.07 |
| AE[13] | 83.61 | 72.52 | 69.32 | 65.18 | 61.28 |
| DAE[26] | 83.67 | 72.75 | 69.32 | 65.86 | 62.86 |
| SCAE[12,1] | 83.75 | 73.43 | 69.32 | 65.42 | 63.60 |
| CAE[1] | <u>85.35</u> | <u>76.45</u> | <u>72.57</u> | <u>67.85</u> | <u>65.79</u> |
| CSCAE[1] | **90.70** | **80.96** | **77.97** | **77.63** | **79.90** |

建筑风格分类实验结果

表 9.3 展示了在建筑风格数据集上的分类准确率。首先,将 MultiFea 与文献 [8] 中的方法进行比较,我们发现其余的低级特征确实对性能提升有所帮助。其次,所有基于深度学习的方法(表中后 5 行)比基于低级特征(表中前 2 行)的方法性能更好。

表 9.3　建筑风格分类的性能(%)

| 性能 | $L=5$ | $L=4$ | $L=3$ | $L=2$ | $L=1$ |
|---|---|---|---|---|---|
| Xu et al. [8] | 40.32 | 35.96 | 32.65 | 33.32 | 31.34 |
| MultiFea | 52.78 | 53.00 | 50.29 | 49.93 | 46.79 |
| AE[13] | 58.72 | 56.32 | 52.32 | 52.32 | 48.31 |
| DAE[26] | 58.55 | 56.99 | 53.34 | 52.39 | 50.33 |
| SCAE[12,1] | 59.61 | 57.00 | 53.27 | 54.28 | 51.76 |
| CAE[1] | 59.54 | 58.66 | 54.55 | 53.46 | 51.88 |
| CSCAE[1] | **60.37** | **59.41** | **55.12** | **54.74** | **54.68** |

## 9.2　可视化亲属关系理解

### 9.2.1　背景

亲属关系分析和解析在心理学界和生物学界[30]一直是研究的热点,因为亲属关系建立了最基础的社会联系。然而,验证人与人的亲属关系并不是一件容易的事,因为还没有迅速而经济的方法来精确验证。尽管使用 DNA 亲子鉴定等现代技术和先进手段能够提供高水平的准确性,但时间和金钱上的高昂成本使其无法成为普遍使用的验证工具。最近,亲属关系验证已引起计算机视觉和人工智能界的广泛关注[31-42]。受子女遗传父母基因这一事实的启发,这些研究通过发掘照片中的面部外观和社交环境来预测亲属关系。在确认亲属关系后,在现实世界中建立家谱、寻找失踪的孩子、家族照片检索等应用都会变得更有价值。

大多数最新的研究都集中在成对的亲属关系验证上,也就是说给定一对面部图像,算法将判断两个人是否具有亲属关系。一般来说,亲属关系仅限于"父母-子女"关系。在更一般的情况下,亲属关系还可以包括兄弟姐妹,在实际应用中应该考虑更高阶的关系,即"多对一"验证。一个典型的场景是,给定一张测试图像和一个家族相册,我们需要判断这个测试图像是否来自这个家族,这在文献 [37] 中首次讨论。显然,这个问题比一对一验证更加通用,而后一个问题其实是一个特例。本节,我们正式将其命名为"家族成员识别"(Family Membership Recognition,FMR)。图 9.10说明了该问题。

图 9.10　亲属关系验证和家族成员身份识别问题图示

　　除了传统的亲属关系验证问题，在 FMR 中，我们遇到了新的挑战：如何从家族而非个体的角度定义亲属关系特征，以及如何从输入图像中有效提取亲缘关系特征。本节将提出一种针对 FMR 问题的由低阶正则化家族面部引导的并行自编码器（rPAE），所提出的方法通过一个继承框架解决了挑战。此外，rPAE 很容易适应传统的亲属关系验证问题，并显著提升性能。

　　为此，我们首先提出了一个新概念——"家族面部"（family faces），它是由训练集中家族的面部均值及其分量级的最近邻构建而成的。其次，我们设计了一种新的结构，称为并行自编码器，其输出由多个家族面部引导。具体来说，每个编码器的输入都是来自不同家族的面部图像，而输出是与之对应的家族面部。通过这种方式，在假设他们都来自不同家族成员的情况下，我们就有更好的机会来捕捉继承的家族面部特征。最后，为了保证学习到的自编码器能产生共同的特征空间，我们在第一层对模型参数施加了低阶约束，从而能够在统一的框架中学习并行自编码器，而不是逐一学习。在 KFW[36] 和 Family 101 数据集[37] 上的大量实验表明，与当前最先进的方法相比，我们所提出的模型在解决亲属关系验证和家族成员识别问题上都是有效的。

## 9.2.2　相关工作

　　相关研究涉及三个方面：家族特征，自编码器，低阶矩阵分析。

　　在亲属关系验证和 FRM 问题中，面部外观及其表示[43,44] 一直被认为是两个最重要的家族特征。在现有的研究[31-38,41-42] 中，局部特征[45-47] 和基于组件的策略提供了更好的性能[31-33]。这些面部组件携带明确的语义，如眼睛、鼻子、嘴巴、脸颊、额头、下巴、眉毛等，可以通过它们进行亲属关系判断。最终的特征向量通常都级联了所有的从上述组件中提取的局部描述符，以此来进行特征组装。此外，度量学习已经在亲属关系验证中被广泛研究，以此来产生高级的家族表示[36,39-40]。

虽然上述手工制作的特征（hand-craft features）[45-47]在经验上提供了优越的性能，但最近已被文献［48-52］中基于学习的特征表示赶超。其中，自编码器[50-52]能够通过隐藏层生成如实反映的特征。不仅如此，基于自编码器的学习方法还可以灵活地堆叠多个编码器来构建深度结构[53]，这在视觉识别中已经被证实是有效的[54,17]。与传统的自编码器在输入和输出都采用相同的数据不同，我们对模型进行了调整，并令输出为多个家族面部。因此，我们对一组自编码器采用并行结构，并且每个自编码器在家族面部的引导下以监督学习的方式运行。需要注意的是，最近门控自编码器已经被用于亲属关系验证和家族成员识别问题，并获得了很好的结果[55]。

由于低阶矩阵约束在数据恢复[56]、子空间分割[57]、图像分割[58]、视觉域适应[59]和多任务学习[60]中的成功应用，低阶矩阵约束近来得到了广泛的应用。其基本假设是线性特征空间的低阶约束能够在噪声任意大的情况下发现主成分。这种约束可以作用于重建系数来恢复隐藏的子空间结构[57,59]。它也是具有内在联系的多个特征/任务的首选[58,60]。与上述方法不同的是，我们鼓励不同自编码器的模型参数是低阶的，这有助于发现不同家族面部所共享的共同特征空间。此外，这种低秩约束使我们能够在联合框架中学习并行自编码器，而不是逐个学习。

### 9.2.3　家族面部

近来对亲属关系验证中的家族特征的讨论，大多数都是基于经验观察，即子女继承了父母的面部特征。因此，这组方法的基础是儿童与父母在面部组成方面的配对比较。由于测试需要参考整个家族的面部特征，而不是单人的面部特征，因此 FMR 的引入突破了配对比较的局限。所以，从一组家族照片中形成家族特征就变得至关重要。

很容易想到以家族照片的面部均值作为一个家族的简单家族特征。不过，使用面部均值不可避免地会在外观层面上引入模糊和人为影响。此外，这样做不利于将其扩展到多个家族表征，从而引导并行自编码器。

相反，我们将家族面部图像中面部均值的前几个近邻作为家族特征的理想表征，并称之为"家族面部"，如图 9.11 所示。假设有 $n$ 个家族$[\mathcal{X}_1,\mathcal{X}_2,\cdots,\mathcal{X}_n]$，每个家族都有 $m_i$ 个人的图像文件夹$[\boldsymbol{X}_{(i,1)},\boldsymbol{X}_{(i,2)},\cdots,\boldsymbol{X}_{(i,m_i)}]$，其中 $i$ 为家族的索引。此外，我们用 $x_{(i,j,k)}$ 表示来自第 $i$ 个家族的第 $j$ 个人的第 $k$ 张照片的面部图像。由此，第 $i$ 个家族的家族面部均值可以表示为

$$f_i=\frac{1}{m_i\times m_{ij}}\sum_{j,k}\boldsymbol{x}_{(i,j,k)}\qquad(9.10)$$

其中 $m_i$ 和 $m_{ij}$ 是第 $i$ 个家族的人数，以及第 $i$ 个家族中第 $j$ 个人的图像数量，$\boldsymbol{x}_{(i,j,k)}$

可以是原始图像也可以是视觉描述符。因此，第 $i$ 个家族的第一个家族面部很容易通过最近邻搜索找到，我们将其表示为 $\bar{x}_{(i,1)}$。为了扩大家族中面部的大小，可以通过考虑第 2 个、第 3 个直至第 $k$ 个邻域，即 $\bar{x}_{(i,2)}$，$\bar{x}_{(i,3)}$，$\cdots$，$\bar{x}_{(i,k)}$，将更多的面部均值的邻域加入家族面部中。

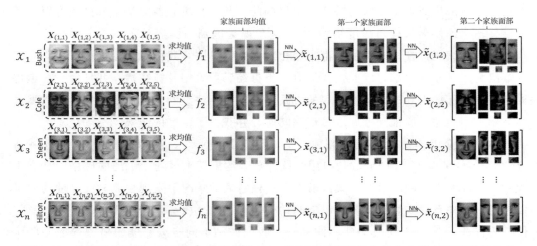

图 9.11　构建家族面部。对于每个家族相册 $X_i$，我们通过求家族文件夹中所有面部图像的均值来计算其家族面部均值。然后，对于每个家族，我们以逐个组件的方式找到该家族中家族面部的 $k$ 近邻。请注意，在每个家族面部中，左侧的单个面部图像是基于整个面部的近邻搜索结果，而右侧的面部组件是通过逐个组件的方式获得的结果。第一行中加框的第二个家族面部表明家族面部的组件不一定来自同一个面部

受到之前研究的启发，面部组件比整体特征的效果更好，因此我们用一种组件化的方式构建家族面部。面部组件可以由面部的几个关键点来定义。因此，现在式 (9.10) 中的每个面部图像都被特定的某个面部组件 $x^c_{(i,j,k)}$ 替代，且 $f_i$ 被 $f^c_i$ 替代，其中 $c$ 是这个组件的索引。经过最近邻搜索后，我们获得了第 $i$ 个家族第 $j$ 个最近邻和第 $c$ 个分量的局部家族面部 $\bar{x}^c_{(i,j)}$。最后，我们将这些局部分量集合成一个特征向量，仍然用 $\bar{x}_{(i,j)}$ 来表示这个家族面部。

有趣的是，当我们将这些局部家族面部在像素级别上组合成一个综合面部时，可发现并不是所有的组件均来自同一个图像甚至同一个人，如图 9.11 所示。这是很合理的，因为面部均值本身就是一个虚拟的面部，并且来自同一面部的局部组件在均值面部的最近邻搜索中可能有不同的排名。此外，它支持孩子继承父母基因的事实，并且不同的人可能携带不同的家族特征。

## 9.2.4　正则化并行自编码器

在本节中，我们将详细介绍并行自编码器的结构（如图 9.12 所示），并解释如何利用低阶正则器来构建并行自编码器。

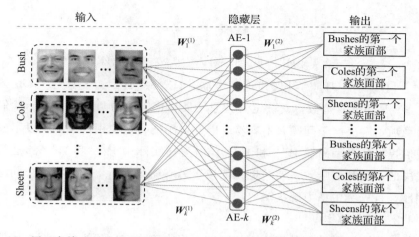

图 9.12　用于家族成员身份识别的低秩正则化并行自编码器（rPAE）。这里 $W_1^{(1)}$，…，$W_k^{(1)}$ 和 $W_1^{(2)}$，…，$W_k^{(2)}$ 是输入层和隐藏层的权重矩阵。对 $W = [W_1^{(1)}$，…，$W_k^{(1)}]$ 施加低秩约束，以更好地表示家族成员特征

### 9.2.4.1　问题的提出

有 $N$ 个训练样本的自编码器的典型目标函数为

$$\min_{W,b} \frac{1}{N} \sum_i L(W,b;x_i,y_i) + \lambda \Omega(W) \tag{9.11}$$

其中 $L(W,b;x,y)$ 是损失函数，$\Omega(W)$ 是正则项，$W$ 和 $b$ 为模型参数，$x_i$ 和 $y_i$ 为输入值和目标值，权重衰减参数 $\lambda$ 平衡这两个数值的相对重要性。在这部分，损失函数由假设值与目标值之间的平方误差来实现，即

$$L(W,b;x_i,y_i) = \| h_{W,b}(x_i) - y_i \|^2 \tag{9.12}$$

而正则项可以写成在第一层和第二层的权重矩阵中所有元素的平方和，它等于 $\| W^{(1)} \|_F^2$ 和 $\| W^{(2)} \|_F^2$ 的范数，其中 $\| \cdot \|_F$ 为矩阵的 $F$ 范数。

假定有 $k$ 个家族面部，那么可以采用如下由家族面部引导的自编码器的损失函数

$$\frac{1}{N \times k} \sum_{i,j} \| h_{W_j,b_j}(x_i) - \bar{x}_{(i,j)} \|^2 \tag{9.13}$$

其中 $j$ 为家族面部的索引，$k$ 表示每个家族中家族面部的数量。显然，式（9.13）中包括 $k$ 个自编码器，这些编码器可以被同时学习。因此，我们将其称为并行自编码器，这为我们提供了一种宽的结构，而不是深的结构。

然而，由于自编码器之间并没有联系，所以单纯地组合这些自编码器并不一定能提升最终性能。为了保证所有编码器都共享共同的特征空间，我们引入了一个低秩正则项，使得由 $k$ 个自编码器组成的权重矩阵采用矩阵低秩结构，从而保证由 $k$ 个自编码器的隐藏层产生的家族特征具有共同的特征空间。结合并行自编码器，我们提出的低秩正则化目标函数为

$$\min_{\boldsymbol{W}_j, \boldsymbol{b}_j} \frac{1}{N \times k} \sum_{i,j} \parallel h_{\boldsymbol{W}_j, \boldsymbol{b}_j}(x_i) - \bar{\boldsymbol{x}}_{(i,j)} \parallel^2$$

$$+ \lambda_1 (\parallel \mathcal{W}^{(1)} \parallel_F^2 + \parallel \mathcal{W}^{(2)} \parallel_F^2) + \lambda_2 \parallel \mathcal{W}^{(1)} \parallel_* \qquad (9.14)$$

其中 $\mathcal{W}^{(1)} = [\boldsymbol{W}_1^{(1)}, \cdots, \boldsymbol{W}_k^{(1)}]$ 是列式矩阵级联，$\mathcal{W}^{(2)} = [\boldsymbol{W}_1^{(2)}, \cdots, \boldsymbol{W}_k^{(2)}]$ 具有类似的结构，$\parallel \cdot \parallel_*$ 是矩阵核范数，它被定义为原秩最小化问题的凸替代。由于我们引入了一个非平稳项，解决这个问题并不容易。因此，不能直接使用传统的梯度下降的方法来解决我们提出的自编码器 $\mathcal{W}^{(1)}$ 和 $\mathcal{W}^{(2)}$。因为在实际中 $\mathcal{W}^{(1)}$ 和 $\mathcal{W}^{(2)}$ 都是使用迭代的方式解决的，这就意味着一项的更新依赖于另一项的更新，我们将这个问题分解成两个子问题，首先集中精力解决 $\mathcal{W}^{(1)}$。

### 9.2.4.2 低秩重构

尽管低秩的非平稳性使其无法直接求解，但由于它有助于恢复不同编码器间的共同特征空间，我们仍需要保留它。最近，有人提出用原子分解[61]来解决大规模的低秩正则化分类问题[60]，其中矩阵的迹范数被转换为向量 $\ell_1$ 范数，因此可以通过坐标下降算法有效解决。由于低秩重构的思想在我们的问题中快速且高效，因此我们借鉴它来解决问题。

假设在我们的问题中，有一个超完备且不可计数的无限字典包含所有可能的"原子"或秩为 1 的矩阵，用矩阵集 $\mathcal{M}$ 表示：

$$\mathcal{M} = \{\boldsymbol{u}\boldsymbol{v}^\mathrm{T} \mid \boldsymbol{u} \in \mathbb{R}^{d_1}, \boldsymbol{v} \in \mathbb{R}^{d_2}, \parallel \boldsymbol{u} \parallel_2 = \parallel \boldsymbol{v} \parallel_2 = 1\} \qquad (9.15)$$

注意，$\mathcal{M}$ 不一定非要在 $\mathbb{R}^{d_1 \times d_2}$ 中建立，我们使用 $\mathcal{I}$ 来表示 $\mathcal{M}$ 中跨越秩为 1 的矩阵的索引集，即

$$\mathcal{M} = \{\boldsymbol{M}_i \in \mathbb{R}^{d_1 \times d_2} \mid i \in \mathcal{I}\} = \{\boldsymbol{u}_i \boldsymbol{v}_i^\mathrm{T} \mid i \in \mathcal{I}\} \qquad (9.16)$$

接下来，我们考虑一个向量 $\boldsymbol{\theta} \in \mathbb{R}^{\mathcal{I}}$ 及 $\mathrm{supp}(\boldsymbol{\theta} = \{i, \boldsymbol{\theta}_i \neq 0\})$，并进一步定义一个向量集 $\Theta = \{\boldsymbol{\theta} \in \mathbb{R}^{\mathcal{I}} \mid \mathrm{supp}(\boldsymbol{\theta})\}$ 是无穷的）。然后，我们得到矩阵 $\mathcal{W}^{(1)}$ 对 $\mathcal{M}$ 中原子的分解：

$$\mathcal{W}^{(1)} = \sum_{i \in \mathrm{supp}(\boldsymbol{\theta})} \boldsymbol{\theta}_i \boldsymbol{M}_i \qquad (9.17)$$

实际上，这是矩阵 $\mathcal{W}^{(1)}$ 在一系列秩为 1 的矩阵上的原子分解，由于原子字典是超完备的，所以这种分解可能不唯一。通过这种分解的函数，我们可以将式（9.14）重新整理为如下函数：

$$\min_{\boldsymbol{\theta} \in \Theta^+} I(\boldsymbol{\theta}) = \min_{\boldsymbol{\theta} \in \Theta^+} \lambda_2 \sum_{i \in \mathrm{supp}(\boldsymbol{\theta})} \boldsymbol{\theta}_i + R(\mathcal{W}_{\boldsymbol{\theta}}) \qquad (9.18)$$

其中 $R(\mathcal{W}_{\boldsymbol{\theta}})$ 表示式（9.14）中除低阶正则器外的其余部分。可以看到 $\sum_{i \in \mathrm{supp}(\boldsymbol{\theta})} \boldsymbol{\theta}_i$ 实际上是 $\boldsymbol{\theta}$ 的向量 $\ell_1$ 范数。

### 9.2.4.3 求解

下面介绍如何使用坐标下降法来求解式（9.18）。这里描述的算法实际上属于坐标下降算法族，其停止标准由 $\varepsilon$ 近似最优性给出：

$$\begin{cases} \forall i \in \mathcal{I}: \dfrac{\partial R(\boldsymbol{W})}{\partial \boldsymbol{\theta}_i} \geqslant -\lambda_2 - \varepsilon \\[3mm] \forall i \in \mathrm{supp}(\boldsymbol{\theta}): \mid \dfrac{\partial R(\boldsymbol{W})}{\partial \boldsymbol{\theta}_i} + \lambda_2 \mid \leqslant \varepsilon \end{cases} \tag{9.19}$$

坐标下降的基本流程类似于梯度下降，但在每次 $\boldsymbol{\theta}_t$ 进行迭代时⊖，我们需要找到一个坐标，沿着这个坐标可以实现最陡峭的下降，同时保持在 $\Theta^+$。在我们的模型中，这等于选取具有最大 $-\partial I(\boldsymbol{\theta}_t)/\partial\boldsymbol{\theta}_i$ 的 $i \in \mathcal{I}$。

在实践中很容易发现，最大的 $-\partial I(\boldsymbol{\theta}_t)/\partial\boldsymbol{\theta}_i$ 所对应的坐标可以通过矩阵 $-\Delta R(\mathcal{W}_{\boldsymbol{\theta}_t})$ 的最大值所对应的奇异向量来计算，即

$$\max_{\|\boldsymbol{u}\|_2 = \|\boldsymbol{v}\|_2 = 1} \boldsymbol{u}^{\mathrm{T}}(-\nabla R(\mathcal{W}_{\boldsymbol{\theta}_t}))\boldsymbol{v} \tag{9.20}$$

在找到下降方向后有两种可能的情况：如果坐标 $i \notin \mathrm{supp}(\boldsymbol{\theta}_t)$，那么只能向正向移动；否则既可以向正向也可以向负向移动。为了避免过大的更新，我们在实践中采用一个足够陡峭的方向（最高为 $\varepsilon/2$）来替代。

在每轮迭代中，找到由 $\boldsymbol{u}_t\boldsymbol{v}_t^{\mathrm{T}}$ 定义的足够陡峭的方向后，我们需要解决每次更新的步长。因为算法中没有采用最陡峭的方向，所以我们将采用直线搜索的方式来保证目标值 $I(\boldsymbol{\theta})$ 在每次迭代中都有所减小。所以每次更新可以被描述为：$\mathcal{W}_{t+1} = \mathcal{W}_t + \delta\boldsymbol{u}_t\boldsymbol{v}_t^{\mathrm{T}}$，$\boldsymbol{\theta}_{t+1} = \boldsymbol{\theta}_t + \delta\boldsymbol{e}_t$，其中 $\boldsymbol{e}_t$ 为指标向量，第 $t$ 次迭代中第 $t$ 个元素为1。总体过程可参见算法9.4。

---

**算法 9.4    重构低阶正则化问题的坐标下降算法**

**输入**：权重衰减和正则化参数 $\lambda_1$ 和 $\lambda_2$，初始点 $\mathcal{W}_{\boldsymbol{\theta}_0}$ 收敛阈值 $\varepsilon$

**输出**：$\varepsilon$ 最优 $\mathcal{W}_{\boldsymbol{\theta}}$

1    for $t = 0$ to $T$ do

2        计算顶部奇异向量对 $\boldsymbol{u}_t$ 和 $\boldsymbol{v}_t$，并确保
$\boldsymbol{u}^{\mathrm{T}}(-\nabla R(\mathcal{W}_{\boldsymbol{\theta}_t}))\boldsymbol{v} \geqslant \|\nabla R(\mathcal{W}_t)\|_{\sigma,\infty}$

3        $g_t = \lambda_2 + \langle\nabla R(\mathcal{W}_t), \boldsymbol{u}_t\boldsymbol{v}_t^{\mathrm{T}}\rangle$

4        IF
$g_t \leqslant -\varepsilon/2$，那么 $\mathcal{W}_{t+1} = \mathcal{W}_t + \delta\boldsymbol{u}_t\boldsymbol{v}_t^{\mathrm{T}}$，其中 $\delta$ 从线性查找中学习得到，并且 $\boldsymbol{\theta}_{t+1} = \boldsymbol{\theta}_t + \delta_{\boldsymbol{e}_t}$

5        ELSE
如果 $\boldsymbol{\theta}_t$ 满足停止条件，则停止并返回 $\boldsymbol{\theta}_t$；否则用公式 $\min_{\boldsymbol{\theta}} \lambda_2 \sum\limits_{i=1}^{s} \boldsymbol{\theta}_i + R\left(\sum\limits_{i}^{s} \boldsymbol{\theta}_i \boldsymbol{u}_i\boldsymbol{v}_i^{\mathrm{T}}\right) \forall \boldsymbol{\theta}_i \geqslant 0$ 解出 $\boldsymbol{\theta}_t + 1$，其中 $s$ 是迭代 $t$ 时 $\boldsymbol{\theta}$ 的支撑数

6    end

---

回想一下，在式（9.14）中提出的由正则化家族面部引导的并行自编码器本应该

---

⊖   注意，我们在这里稍微滥用 $\boldsymbol{\theta}_t$ 来表示迭代 $t$ 时的支持向量，而 $\boldsymbol{\theta}_i$ 代表向量中的第 $i$ 个元素。

采用梯度下降算法来解决，然而，新的正则项的非平稳性使得它不可微。算法 9.4 实际上告诉我们，即使是低秩项，也可以用梯度算法来解决。为了解决原来的问题，我们仍然需要在式（9.14）上运行梯度下降算法，并通过反向传播来求偏导。不同的是，每次更新 $\mathcal{W}^{(1)}$ 时需要运行一次算法 9.4 的迭代。式（9.14）的完整解法见算法 9.5。

---

**算法 9.5** 正则化家族面部引导的并行自编码器的梯度下降算法

---

**输入**：权重衰减和正则化参数 $\lambda_1$ 和 $\lambda_2$，初始点 $\mathcal{W}_0^{(1)}$ 和 $\mathcal{W}_0^{(2)}$

**输出**：$\mathcal{W}^{(1)}$，$\mathcal{W}^{(2)}$

1　初始化：随机初始化 $\mathcal{W}^{(1)}$ 和 $\mathcal{W}^{(2)}$ 以实现对称性破缺

2　repeat.

3　$\quad \mathcal{W}_{t+1}^{(1)} = \mathcal{W}_t^{(1)} - \alpha \left( \frac{1}{N} \nabla \mathcal{W}_t^{(1)} + \lambda_1 \mathcal{W}_t^{(1)} \right)$

4　$\quad \mathcal{W}_{t+1}^{(2)} = \mathcal{W}_t^{(2)} - \alpha \left( \frac{1}{N} \nabla \mathcal{W}_t^{(2)} + \lambda_1 \mathcal{W}_t^{(2)} \right)$

$\quad$ 其中 $\mathcal{W}_t^{(1)}$ 在算法 9.4 中学习得到，$\mathcal{W}_t^{(2)}$ 在反向传播中学习得到，$\alpha$ 是步长，$\nabla \mathcal{W}_t$ 是目标梯度（在 $t$ 次迭代时）

5　until　$\mathcal{W}^{(1)}$ 和 $\mathcal{W}^{(2)}$ 的变化不超过预定阈值

---

**备注**。在本节中，我们主要关注 rPAE 的求解，由于对涉及"前馈"和"反向传播"过程以及"非线性激活"函数的自编码器的求解在很多文献及研究中均可找到，故并没有详细列出。

我们在实验中根据经验设置模型参数为：$\lambda_1 = \lambda_2 = 0.1$，$T = 50$，$\varepsilon = 0.01$，并取得了可以接受的结果。这些参数可能有更好的设置方式，但我们把空间留给对其他重要模型参数的讨论。

尽管 rPAE 是针对 FMR 问题提出的，但它可以通过对训练数据的几个子集进行采样，引导并行自编码器的学习，从而轻松适应亲属关系验证问题。我们将在实验部分介绍实现细节。

深度结构可以按照分层的方式进行训练，这只涉及 rPAE 单个隐藏层的训练。

## 9.2.5　实验结果

本节将通过两组实验来证明所提出的方法的有效性：亲属关系验证和家族成员识别。对于亲属关系验证实验，我们使用在文献 [36,40] 中发布的 KFW 数据集，而对于通过家族特征进行的人脸识别实验，我们采用文献 [37] 中发布的 Family 101 数据集。

### 9.2.5.1　亲属关系验证

KFW（Kinship Face in the Wild）是一个收集用于研究从无限制的人脸图像中验证亲属关系问题的数据集⊖。它包括 KFW-Ⅰ 和 KFW-Ⅱ 两部分，这两个部分均包括

---

⊖　参见 http://www.kinfacew.com/。

四种亲属关系：父亲–儿子（Father-Son，F-S）、父亲–女儿（Father-Daughter，F-D）、母亲–儿子（Mother-Son，M-S）以及母亲–女儿（Mother-Daughter，M-D）。在KFW-Ⅰ数据集中，这四种亲属关系分别有 156 对、134 对、116 对以及 127 对亲属关系图像；而在 KFW-Ⅱ数据集中，每种亲属关系包含 250 对亲属关系图像。不同的是，KFW-Ⅰ数据集使用不同照片的面部图像来建立亲属关系对，而 KFW-Ⅱ数据集则使用相同照片中的面部图像。因此，在 KFW-Ⅰ中光线和面部表情的变化要更剧烈一些，这会导致性能相对降低。数据集中所有的人脸图像都被人工对齐并裁剪成除去背景的 $64 \times 64$ 像素的图像。样本图像可在图 9.13 中找到。在下面的 KFW 相关实验中，我们使用 KFW 基准网站所提供的 HOG 特征作为 rPAE 的输入。

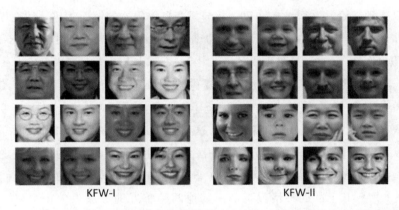

图 9.13　来自 KFW-Ⅰ和 KFW-Ⅱ数据集的样本面部。四行分别为四种不同的亲属关系：父子、父女、母子和母女

与 FMR 中由家族面部图像引导的 rPAE 不同，这里我们从训练数据中抽取几个小集合，并利用其中的每一个集合建立自编码器，并利用所有的集合建立 rPAE。对于每种特定的亲属关系，我们从给定的正向对中随机抽取一半的图像，然后再将这些样本放回。我们重复多次这样的操作，以获得足够多的数据集以用于 rPAE 的训练。rPAE 的输入为[child, parent]，对应的目标值为[parent, child]。在学习完 rPAE 后，我们通过 rPAE 编码输入特征，并将所有特征进行级联来形成最终的特征向量，这个特征向量将会被输入一个二分类的 SVM 分类器中。我们将正亲属关系对的向量差的绝对值作为正样本，将负亲属关系对的向量差的绝对值作为负样本。注意，我们使用带有 rbf 核的 LibSVM[63]来训练二元模型，并使用其概率输出来计算 ROC 和 AUC。SVM 的模型参数，如松弛变量 $C$ 和带宽 $\sigma$ 是通过对训练数据进行网络搜索学习的。我们严格按照 KFW 的协议准则给出了图像受限的实验结果，并进行了 5 折交叉验证。

模型中有几个关键的参数：每层中隐藏单元的数量、隐藏层数量，以及生成不同自编码器的采样次数。为了评价这些参数对模型的影响，我们一步步进行实验来显示它们的效果。首先使用单隐藏层的自编码器，在 KFW-II 上使用 4 种亲属关系进行实验，其中隐藏单元数为 200 到 1800，如图 9.14a 所示。可以看到，在这个范围内的 4 种亲属关系中存在一个性能峰值，一般情况下，不同亲属关系的峰值不同。为了平衡性能以及时间成本，我们建议在下面的实验中使用 800 个隐藏单元。其次，我们将层数从 1 逐渐增加到 4，看是否对图 9.14b 中的性能有所帮助。这里，我们根据经验选择了 [800,200,100,50] 作为最深层数的设置，并层层叠加来查看其影响。显然，深度结构总是有利于特征学习的，这已经被许多深度学习研究证实。因此，我们选择 [800,200, 100,50] 作为层数设置。此外，我们还对 rPAE 中的自编码器进行实验并加以分析，如图 9.14c 所示。从图中可以看出，更多的采样数量可以带来性能的提升，但同时也需要更长的时间。因此，我们建议在框架中使用 10 个并行自编码器。最后，从这三次实验中我们可以得到结论，并行结构和正则化与只有自编码器的情况相比，性能得到提升。

进一步将模型与其他基于 KFW-I 和 KFW-II 的新方法进行比较，ROC 曲线和曲线下面积（AUC）的结果见图 9.14 和图 9.15，以及表 9.4 和表 9.5。在这些比较中，HOG 表示直接使用 KFW 基准网页提供的 HOG 特征作为二元 SVM 的输入，然后进行训练并对亲属关系对进行分类。SILD（图像受限）[62] 和 NRML（图像不受限）[36,40] 表示先将原有的 HOG 特征输入这两种对比中，然后将其作为二元 SVM 的新特征。从结果可以看出，几乎所有的方法都比直接使用 HOG 的方法表现更好，这也说明这些方法在亲属关系验证问题上效果不错。在 rPAE 的帮助下，我们的方法在 KFW-I 和 KFW-II 上的四种情况下都比其他两种相近的方法表现得更好。最后，我们还与最新的基于门控自编码器（GAE）[55] 的研究进行了比较，如表 9.6 所示。

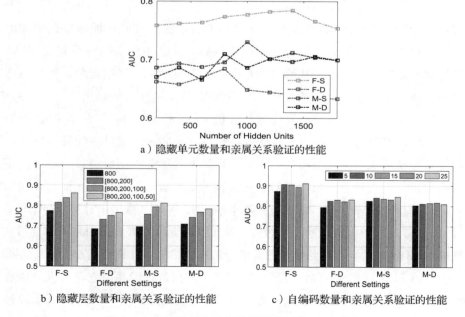

a）隐藏单元数量和亲属关系验证的性能

b）隐藏层数量和亲属关系验证的性能　　c）自编码数量和亲属关系验证的性能

图 9.14　KFW-I 上的亲属关系验证的 ROC 曲线

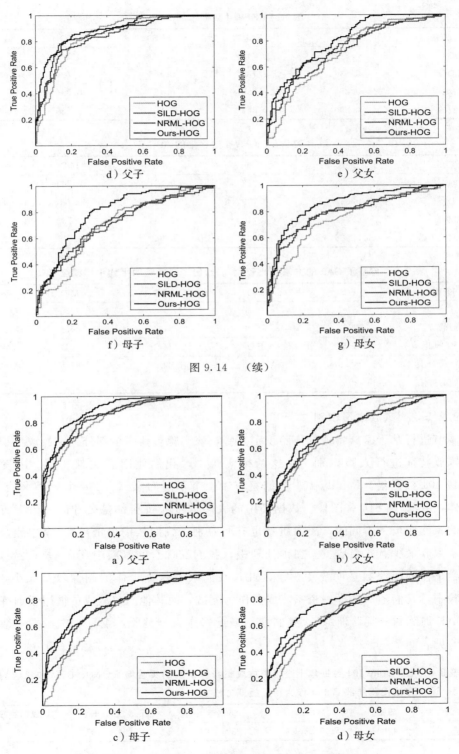

图 9.14    （续）

图 9.15    KFW-Ⅱ上的亲属关系验证的 ROC 曲线

表 9.4　KFW-I 数据集的 AUC

| 方法 | F-S | F-D | M-S | M-D | 平均值 |
|---|---|---|---|---|---|
| HOG[47] | 0.849 | 0.717 | 0.703 | 0.747 | 0.754 |
| SILD[62] | 0.838 | 0.730 | 0.708 | 0.797 | 0.769 |
| NRML[40] | 0.862 | 0.757 | 0.721 | 0.801 | 0.785 |
| 我们的方法 | 0.890 | 0.808 | 0.801 | 0.856 | 0.838 |

表 9.5　KFW-II 数据集的 AUC

| 方法 | F-S | F-D | M-S | M-D | 平均值 |
|---|---|---|---|---|---|
| HOG[47] | 0.833 | 0.723 | 0.721 | 0.723 | 0.750 |
| SILD[62] | 0.853 | 0.739 | 0.765 | 0.723 | 0.770 |
| NRML[40] | 0.871 | 0.740 | 0.784 | 0.738 | 0.783 |
| 我们的方法 | 0.906 | 0.823 | 0.840 | 0.811 | 0.845 |

表 9.6　与基于 GAE 的方法的比较[55]。给出了该实验的平均平均精度（%）

| KFW-I | F-S | F-D | M-S | M-D | 平均值 |
|---|---|---|---|---|---|
| GAE[55] | 76.4 | 72.5 | 71.9 | 77.3 | 74.5 |
| 我们的方法 | 87.7 | 78.9 | 81.1 | 86.4 | 83.5 |
| **KFW-II** | **F-S** | **F-D** | **M-S** | **M-D** | **平均值** |
| GAE[55] | 83.9 | 76.7 | 83.4 | 84.8 | 82.2 |
| 我们的方法 | 90.5 | 82.0 | 82.6 | 78.5 | 83.4 |

### 9.2.5.2　家族成员识别

本节进行基于家族特征的人脸识别实验，该实验包括两个部分：家族成员识别和通过家族特征进行人脸识别。在这两个实验中，我们使用了文献［37］中发布的 Family 101 数据集。Family 101 数据集有 101 个不同的家谱，206 个核心家族，607 个个体，共有 14 816 张图像。数据集中的大多数个人资料都是公开的。由于每个家族中的家族成员是不同的，图像质量也有所差别，我们从中挑选出 25 个家族，并保证每个家族最少有 5 名成员。在预处理中，我们发现有的家族中存在一些主要成员，即某个个体的图像数量明显更多。因此，我们限制每个个体的图像数量应少于 50。在实验中，我们随机选择一个家族成员作为测试，而其他的家族成员被用于训练（包括 rPAE 训练和分类器训练）。我们使用最近邻作为分类器，重复 5 次，平均性能及标准差见表 9.7。

表 9.7　在 Family 101 数据集上进行家族成员身份识别的实验结果。NN、SVM 和我们的方法使用局部 Gabor 作为特征提取方法

| 方法 | 随机 | NN | SVM | Group Sparsity[37] | 我们的方法 |
|---|---|---|---|---|---|
| 准确率（%） | 4.00 | 15.59±5.6 | 19.93±6.94 | 20.94±5.97 | 23.96±5.78 |

在下面的评价过程中，我们仍然按照上一节讨论的亲缘关系验证的参数设置，使

用局部 Gabor[33] 作为输入特征。也就是说，首先将图像剪裁成 $127 \times 100$ 像素，然后将图像按照人脸上的四个关键部位进行裁剪分割：双眼、鼻尖、嘴唇中心。从每个组件的 8 个方向和 5 个维度中提取 Gabor 特征，然后将其级联以组成一个长向量。简单起见，我们使用 PCA 来将向量长度减小到 1000。从表 9.7 中可以看出，家族成员识别是非常具有挑战性的[37]，之前也很少有发表的结果。大多数方法都只是比随机的胡乱猜测稍好一点。尽管如此，我们的方法在家族树＋rPAE 框架的帮助下表现最好。有趣的是，我们发现在所有实验中，标准差都比较大。原因是当被选为测试集时，当前的个体可能不会从家族成员中继承到太多特点，而对于他人来说，则可能会继承更多。因此，在 5 次评价中，准确率的波动很大。

此外，我们还展示了家族特征如何辅助普通的人脸识别。如果我们将 FMR 中所有的训练数据视为一个人脸识别中的参考/图库，那么 FMR 也可以被视为一个人脸识别问题。唯一不同之处在于，在人脸识别问题中，参照物是测试个体的其他面部图像，而在 FMR 中，参照物是家族成员的面部图像。从表 9.7 中得到的启发是，由于 FMR 可以通过额外辅助的数据来进行人脸识别，因此 FMR 可以提高人脸识别的准确率。所以，在接下来的实验中，我们比较了有/无辅助数据的人脸识别（FR）结果。在图 9.16 中可以观察到，家族特征和家族成员的面部图像对人脸识别问题是有帮助的。

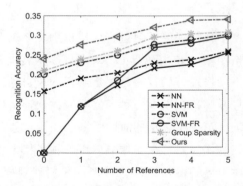

图 9.16　家族成员身份识别的准确率和训练集中参照物的数量。带 "FR" 的方法表示
不使用家族成员的面部图像作为训练数据，而仅使用同一个人的多个参照物
进行训练。注意目前组稀疏[37] 是进行 FMR 的唯一较令人满意的方法

最后，我们说明了一些基于所提出的家族特征的，带有查询图像和返回最近邻的人脸识别的结果。在图 9.17 中，我们在第 1～3 行中展示了三种情况。第一种是失败的情况，它返回的是来自其他家族的不正确的面部图像。第二个查询图像被正确识别，因为它的最近邻与被查询图像来自同一家族。在第三种情况中，我们使用点阵来表示来自查询本身的训练图像，它遵循传统的人脸识别过程。从图 9.16 和图 9.17 中可以得出结论，我们所提出的方法通过家族成员的确可以辅助进行人脸识别。

图 9.17 图像的第一列是查询图像，第二～六列是它们在训练集中的前 5 个最近邻。第一行是失败案例，其中最近邻不是来自 Babbar 家族的面部图像。第二行是成功案例，因为查询的最近邻来自同一家族。最后一行也是成功案例，但与之前的案例不同。由于我们还在训练集中包含了两个查询图像，因此查询的最近邻变成查询本身的图像，类似于传统的人脸识别问题

## 9.3 研究挑战和未来工作

在本章中，我们介绍了使用深度学习进行风格识别和亲属关系理解。

对于风格分类，风格中心化自编码器（SCAE）逐步将弱风格图像拉向类中心，以提高特征的判别度。不同描述符的权重是根据共识约束自动分配的。我们描述了一种新型的秩约束组稀疏自编码器，以及一种与之对应的快速解决方案来实现较强的性能，同时也比非线性的训练节省了一半的时间。

目前，我们正在研究的场景是每张图像只属于一种风格。然而，有时一张图像也可能属于多种风格，如时尚界的混搭风格。未来，我们计划探索多风格的风格分类。此外，本章介绍的风格分类应用全是基于视觉的，我们未来计划探索音频和文档的风格分类，例如音乐风格分类。我们认为，在音频或文件风格中也存在弱风格现象。在基于视觉的应用中，我们采用图像的图像碎片共识来约束不同特征的共识。如果能找出音频或文档中的共识规则，将会是非常有趣的。

## 9.4 参考文献

[1] Jiang S, Shao M, Jia C, Fu Y. Learning consensus representation for weak style classification. IEEE Transactions on Pattern Analysis and Machine Intelligence 2017.

[2] Yamaguchi K, Kiapour MH, Ortiz LE, Berg TL. Parsing clothing in fashion photographs. In: IEEE conference on computer vision and pattern recognition. IEEE; 2012. p. 3570–7.

[3] Jiang S, Wu Y, Fu Y. Deep bi-directional cross-triplet embedding for cross-domain clothing retrieval. In: Proceedings of the 2016 ACM on multimedia conference. ACM; 2016. p. 52–6.

[4] Liu S, Song Z, Liu G, Xu C, Lu H, Yan S. Street-to-shop: cross-scenario clothing retrieval via parts alignment and auxiliary set. In: IEEE conference on computer vision and pattern recognition. IEEE; 2012. p. 3330–7.

[5] Jiang S, Fu Y. Fashion style generator. In: Proceedings of the twenty-sixth international joint conference on artificial intelligence, IJCAI-17; 2017. p. 3721–7.

[6] Bossard L, Dantone M, Leistner C, Wengert C, Quack T, Van Gool L. Apparel classification with style. In: Asian conference on computer vision. Springer; 2013. p. 321–35.

[7] Kiapour MH, Yamaguchi K, Berg AC, Berg TL. Hipster wars: discovering elements of fashion styles. In: European conference on computer vision. Springer; 2014. p. 472–88.

[8] Chu WT, Chao YC. Line-based drawing style description for manga classification. In: ACM international conference on multimedia. ACM; 2014. p. 781–4.

[9] Goel A, Juneja M, Jawahar C. Are buildings only instances?: exploration in architectural style categories. In: Indian conference on computer vision, graphics and image processing. ACM; 2012.

[10] Van Gemert JC. Exploiting photographic style for category-level image classification by generalizing the spatial pyramid. In: ACM international conference on multimedia retrieval. ACM; 2011. p. 1–8.

[11] Xu Z, Tao D, Zhang Y, Wu J, Tsoi AC. Architectural style classification using multinomial latent logistic regression. In: European conference on computer vision. Springer; 2014. p. 600–15.

[12] Jiang S, Shao M, Jia C, Fu Y. Consensus style centralizing auto-encoder for weak style classification. In: Proceedings of the thirtieth AAAI conference on artificial intelligence. AAAI; 2016.

[13] Bengio Y. Learning deep architectures for AI. Foundations and Trends in Machine Learning 2009;2(1):1–127.

[14] Ding Z, Shao M, Fu Y. Deep low-rank coding for transfer learning. In: International joint conference on artificial intelligence; 2015. p. 3453–9.

[15] Vincent P, Larochelle H, Bengio Y, Manzagol PA. Extracting and composing robust features with denoising autoencoders. In: Proceedings of the 25th international conference on machine learning. ACM; 2008. p. 1096–103.

[16] Vincent P, Larochelle H, Lajoie I, Bengio Y, Manzagol PA. Stacked denoising autoencoders: learning useful representations in a deep network with a local denoising criterion. The Journal of Machine Learning Research 2010;11:3371–408.

[17] Kan M, Shan S, Chang H, Chen X. Stacked progressive auto-encoders (SPAE) for face recognition across poses. In: IEEE CVPR. IEEE; 2014. p. 1883–90.

[18] Rumelhart DE, Hinton GE, Williams RJ. Learning representations by back-propagating errors. Cognitive Modeling 1988;5:696–9.

[19] Chen M, Xu Z, Weinberger KQ, Sha F. Marginalized stacked denoising autoencoders. In: Learning workshop; 2012.

[20] Chapelle O, Scholkopf B, Zien A. Semi-supervised learning. IEEE Transactions on Neural Networks 2009;20(3):542.

[21] Zhao H, Fu Y. Dual-regularized multi-view outlier detection. In: Proceedings of international joint conference on artificial intelligence; 2015. p. 4077–83.

[22] Ding Z, Shao M, Fu Y. Deep robust encoder through locality preserving low-rank dictionary. In: European conference on computer vision. Springer; 2016. p. 567–82.

[23] Liu G, Lin Z, Yan S, Sun J, Yu Y, Ma Y. Robust recovery of subspace structures by low-rank representation. IEEE Transactions on Pattern Analysis and Machine Intelligence 2013;35(1):171–84.

[24] Liu G, Yan S. Latent low-rank representation for subspace segmentation and feature extraction. In: International conference on computer vision. IEEE; 2011. p. 1615–22.

[25] Bunea F, She Y, Wegkamp MH, et al. Joint variable and rank selection for parsimonious estimation of high-dimensional matrices. The Annals of Statistics 2012;40(5):2359–88.

[26] Chen M, Xu Z, Weinberger K, Sha F. Marginalized denoising autoencoders for domain adaptation. arXiv preprint arXiv:1206.4683, 2012.

[27] Yang Y, Ramanan D. Articulated pose estimation with flexible mixtures-of-parts. In: IEEE conference on computer vision and pattern recognition. IEEE; 2011. p. 1385–92.

[28] Varma M, Zisserman A. A statistical approach to texture classification from single images. International Journal of Computer Vision 2005;62(1–2):61–81.

[29] Yamaguchi K, Kiapour MH, Berg TL. Paper doll parsing: retrieving similar styles to parse clothing items. In: IEEE international conference on computer vision. IEEE; 2013. p. 3519–26.

[30] Barnes JA. Physical and social kinship. Philosophy of Science 1961;28(3):296–9.

[31] Fang R, Tang KD, Snavely N, Chen T. Towards computational models of kinship verification. In: ICIP. IEEE; 2010. p. 1577–80.

[32] Xia S, Shao M, Fu Y. Kinship verification through transfer learning. In: IJCAI. AAAI Press; 2011. p. 2539–44.

[33] Xia S, Shao M, Luo J, Fu Y. Understanding kin relationships in a photo. IEEE TMM 2012;14(4):1046–56.

[34] Zhou X, Lu J, Hu J, Shang Y. Gabor-based gradient orientation pyramid for kinship verification under uncontrolled environments. In: ACM-MM. ACM; 2012. p. 725–8.

[35] Xia S, Shao M, Fu Y. Toward kinship verification using visual attributes. In: International conference on pattern recognition. IEEE; 2012. p. 549–52.

[36] Lu J, Hu J, Zhou X, Shang Y, Tan YP, Wang G. Neighborhood repulsed metric learning for kinship verification. In: IEEE CVPR. IEEE; 2012. p. 2594–601.

[37] Fang R, Gallagher AC, Chen T, Loui A. Kinship classification by modeling facial feature heredity. In: ICIP. IEEE; 2013.

[38] Dibeklioglu H, Salah AA, Gevers T. Like father, like son: facial expression dynamics for kinship verification. In: IEEE ICCV. IEEE; 2013. p. 1497–504.

[39] Yan H, Lu J, Deng W, Zhou X. Discriminative multi-metric learning for kinship verification. IEEE TIFS 2014;9(7):1169–78.

[40] Lu J, Zhou X, Tan Y, Shang Y, Zhou J. Neighborhood repulsed metric learning for kinship verification. IEEE TPAMI 2014;36(2):331–45.

[41] Robinson JP, Shao M, Wu Y, Fu Y. Families in the wild (FIW): large-scale kinship image database and benchmarks. In: Proceedings of the 2016 ACM on multimedia conference. ACM; 2016. p. 242–6.

[42] Zhang J, Xia S, Shao M, Fu Y. Family photo recognition via multiple instance learning. In: Proceedings of the 2017 ACM on international conference on multimedia retrieval. ACM; 2017. p. 424–8.

[43] Zhao W, Chellappa R, Phillips PJ, Rosenfeld A. Face recognition: a literature survey. ACM Computing Surveys (CSUR) 2003;35(4):399–458.

[44] Li SZ, Jain AK. Handbook of face recognition. Springer; 2011.

[45] Lowe DG. Distinctive image features from scale-invariant keypoints. IJCV November 2004;60(2):91–110.

[46] Ahonen T, Hadid A, Pietikäinen M. Face recognition with local binary patterns. In: ECCV. Springer; 2004. p. 469–81.

[47] Dalal N, Triggs B. Histograms of oriented gradients for human detection. In: IEEE CVPR. IEEE; 2005. p. 886–93.

[48] Fei-Fei L, Perona P. A Bayesian hierarchical model for learning natural scene categories. IEEE CVPR, vol. 2. IEEE; 2005. p. 524–31.

[49] Yang J, Yu K, Gong Y, Huang T. Linear spatial pyramid matching using sparse coding for image classification. In: IEEE CVPR. IEEE; 2009. p. 1794–801.

[50] Bourlard H, Kamp Y. Auto-association by multilayer perceptrons and singular value decomposition. Biological Cybernetics 1988;59(4–5):291–4.

[51] Bengio Y, Lamblin P, Popovici D, Larochelle H. Greedy layer-wise training of deep networks. NIPS 2007.

[52] Coates A, Ng AY, Lee H. An analysis of single-layer networks in unsupervised feature learning. In: AISTATS; 2011. p. 215–23.

[53] Hinton GE, Salakhutdinov RR. Reducing the dimensionality of data with neural networks. Science 2006;313(5786):504–7.

[54] Luo P, Wang X, Tang X. Hierarchical face parsing via deep learning. In: IEEE CVPR. IEEE; 2012. p. 2480–7.

[55] Dehghan A, Ortiz EG, Villegas R, Shah M. Who do I look like? Determining parent–offspring

resemblance via gated autoencoders. In: CVPR. IEEE; 2014. p. 1757–64.

[56] Candès EJ, Li X, Ma Y, Wright J. Robust principal component analysis? Journal of the ACM (JACM) 2011;58(3):11.

[57] Liu G, Lin Z, Yu Y. Robust subspace segmentation by low-rank representation. In: ICML; 2010. p. 663–70.

[58] Cheng B, Liu G, Wang J, Huang Z, Yan S. Multi-task low-rank affinity pursuit for image segmentation. In: ICCV. IEEE; 2011. p. 2439–46.

[59] Jhuo IH, Liu D, Lee D, Chang SF. Robust visual domain adaptation with low-rank reconstruction. In: CVPR. IEEE; 2012. p. 2168–75.

[60] Dudik M, Harchaoui Z, Malick J, et al. Lifted coordinate descent for learning with trace-norm regularization. In: AISTATS, vol. 22; 2012.

[61] Chen SS, Donoho DL, Saunders MA. Atomic decomposition by basis pursuit. SIAM Journal on Scientific Computing 1998;20(1):33–61.

[62] Kan M, Shan S, Xu D, Chen X. Side-information based linear discriminant analysis for face recognition. In: BMVC; 2011. p. 1–12.

[63] Chang CC, Lin CJ. LIBSVM: a library for support vector machines. ACM Transactions on Intelligent Systems and Technology (TIST) 2011;2(3):27.

# 图像除雾：改进技术

Yu Liu，Guanlong Zhao，Boyuan Gong，Yang Li，Ritu Raj，Niraj Goel，
Satya Kesav，Sandeep Gottimukkala，Zhangyang Wang，
Wenqi Ren，Dacheng Tao

## 10.1　引言

在自动/辅助驾驶、智能视频监控和救援机器人等众多新兴应用中，视觉传感和分析的性能在很大程度上受到各种不利视觉条件的危害，例如，恶劣天气和来自无约束和动态环境的照明条件。虽然目前的大多数视觉系统都被设计成在清晰的环境中执行，即在没有（显著的）衰减或改变的情况下，被摄者易于被观察到，但可靠的视觉系统必须考虑到复杂的无约束户外环境的整个光谱。以自动驾驶为例，业界人士一直在应对恶劣天气带来的挑战，然而，大雨、雾或积雪仍会遮挡车载摄像机的视线，并产生混乱的反射和眩光，让最先进的自动驾驶汽车陷入困境。另一个例子可以在视频监控摄像机中找到：即使是政府采用的商业化摄像机，在充满挑战的天气条件下也显得脆弱不堪。因此，非常有必要研究在多大程度以及何种意义上，可以应对这种不利的视觉条件，以在野外实现强大的计算机视觉系统的目标，从而有利于隐私/安全、自动驾驶、机器人和更广泛的应用。

尽管相关课题（如除雾、除雨等）的研究如火如荼，但对这些问题一直没有统一的看法，所以也没有同心协力解决其共同的瓶颈问题。一方面，这种不利的视觉条件通常会引起复杂的、非线性的、依赖于数据的退化，这些退化遵循一些先验的参数化物理模型。这自然会促使基于模型和数据驱动的方法相结合。另一方面，现有的研究工作大多局限于解决图像修复或增强问题。相比之下，一般的图像恢复和增强被视为低级视觉任务的一部分，通常被认为是中高级视觉任务的预处理步骤。高级的计算机视觉任务，如物体检测、识别、分割和跟踪等，在不利的视觉条件下性能会有所下降，而且很大程度上受处理这些退化的质量影响。因此，研究基于恢复的方法来缓解不良视觉条件是否会真正提升目标高层任务性能是非常有意义的。近来，已经有不少工作在探索将低级和高级视觉任务作为一个流水线进行联合考虑，并实现优越的性能。

本章以图像除雾为具体实例来说明上述难题的处理方法。在受空气污染、灰尘、

雾气和烟雾影响的室外环境中拍摄的图像往往含有复杂的、非线性的、与数据相关的噪声，也就是雾。雾使许多高级计算机视觉任务变得复杂，如物体检测和识别都受到雾的影响。因此，在计算摄影和计算机视觉领域，除雾已经被广泛研究。早期的除雾方法通常需要额外的信息，例如通过比较同一场景的几个不同图像来提供或捕获场景深度[1-3]。自此以后，许多方法提出利用自然图像先验并进行统计分析[4-7]。最近，基于神经网络[8-10]的除雾算法已经提供了最先进的性能。例如，AOD-Net[10]训练了一个端到端系统，并根据多个评价指标显示出优越的性能，利用端到端训练除雾和检测模块，改善了雾中的物体检测。

## 10.2　回顾和任务描述

这里我们研究了两个与雾相关的任务：提升单幅图像的除雾性能，作为图像恢复问题；提高有雾情况下的物体检测精度。正如文献［10-12］所指出的，第二项任务与第一项任务相关，但往往不一致。

虽然第一项任务在最近的研究中得到了很好的探索，但我们提出的第二项任务在实践中更有意义，更值得关注。雾对人类视觉感知质量的影响并不像分辨率、噪声和模糊那样大，事实上，一些朦胧的照片甚至可能更具美感。然而，在无限制的户外环境中，雾可能会对机器视觉系统不利，因为大多数机器视觉系统只对无雾的场景有良好的作用。

### 10.2.1　雾建模和除雾方法

在除雾工程中，大气散射模型已被广泛用于表示朦胧图像[13-15]：

$$I(x) = J(x)t(x) + A(1 - t(x)) \qquad (10.1)$$

其中 $x$ 对观测到的朦胧图像中的像素进行索引，$I(x)$ 为观测到的朦胧图像，$J(x)$ 为待恢复的干净图像。参数 $A$ 表示全局大气光照，$t(x)$ 是传输矩阵，定义为，

$$t(x) = e^{-\beta d(x)} \qquad (10.2)$$

其中 $\beta$ 为散射系数，$d(x)$ 代表物体与摄像机之间的距离。

传统的单幅图像除雾方法通常利用自然图像先验（例如，暗通道先验（DCP）[4-5]、颜色衰减先验[6]和非局部色簇先验[7]），并进行统计分析以恢复传输矩阵 $t(x)$。卷积神经网络（CNN）在许多计算机视觉任务中取得成功后，已被应用于除雾。一些有效的模型包括：多尺度 CNN（MSCNN），可以预测整个图像的粗尺度整体传输图，并对其进行局部细化[9]；DehazeNet，一个可训练的传输矩阵估计器，可以结合估计的全局大气光照来恢复干净的图像[8]；以及端到端除雾网络 AOD-Net[10,16]，它将一个朦胧的图像作为输入，直接生成并输出干净的图像。AOD-Net 还被扩展到了视频领域[17]。

## 10.2.2　RESIDE 数据集

我们以 RESIDE（REalistic Single Image DEhazing）数据集[12]为基准进行测试。RESIDE 是第一个用于单幅图像除雾算法基准测试的大规模数据集，包括室内和室外的朦胧图像⊖。此外，RESIDE 既包含合成图像也包含真实世界的朦胧图像，从而突出了多样化的数据来源和图像内容。它分为 5 个子集，每个子集服务于不同的训练或评价目的。RESIDE 在训练集中包含 110 500 张合成室内朦胧图像（ITS）和 313 950 张合成室外朦胧图像（OTS），并可选择将其拆分进行验证。RESIDE 测试集由合成客观测试集（SOTS）、注释真实世界任务驱动测试集（RTTS）和混合主观测试集（HSTS）组成，分别包含 1000 张、4332 张和 20 张朦胧图像。三个测试集涉及不同的评价观点，包括还原质量（PSNR、SSIM 和无参考指标）、主观质量（人为评定）和任务驱动效用（例如使用对象检测）。

值得注意的是，RTTS 是唯一现有的公共数据集，可用于评价朦胧图像中的物体检测，主要代表真实世界的交通和驾驶场景。每张图像都被注释了对象边界框和类别（人、自行车、公共汽车、汽车或摩托车）。此外，数据集中还包含了 4807 张未注释的真实世界朦胧图像，用于潜在的领域适应。

对于任务 1，我们使用 ITS+OTS 的训练集和验证集，评价基于 PSNR 和 SSIM。对于任务 2，我们使用 RTTS 进行测试，并使用平均精度（MAP）分数进行评价。

## 10.3　任务 1：除雾恢复

大多数 CNN 除雾模型[8-10]都提到了均方误差（MSE）或基于 $\ell_2$ 范数的损失函数。然而，众所周知，MSE 与人类对图像质量的感知是不完全相关的[18-19]。具体来说，对于除雾，$\ell_2$ 范数隐含地假设退化是叠加性白高斯噪声，这对于雾来说是过于简单且无效的。另一方面，$\ell_2$ 范数将噪声的影响独立于结构信息、亮度和对比度等局部图像特征进行处理。但根据文献 [20]，人类视觉系统（HVS）对噪声的敏感性取决于视觉的局部特性和结构。

我们的目的是找出更符合人类感知的损失函数来训练一个除雾神经网络。我们使用 AOD-Net[10]（最初使用 MSE 损失进行优化）作为主要方法，但用以下选项替换了其损失函数：

- $\ell_1$ 损失。碎片 $\boldsymbol{P}$ 的 $\ell_1$ 损失可以写成：

$$\mathcal{L}^{\ell_1}(\boldsymbol{P}) = \frac{1}{N} \sum_{p \in \boldsymbol{P}} \mid \boldsymbol{x}(p) - \boldsymbol{y}(p) \mid \qquad (10.3)$$

---

⊖　RESIDE 数据集在 2018 年 3 月进行了更新，对数据集组织进行了一些修改。我们的实验都是在原来的 RESIDE 版本上进行的，现在称为 RESIDE-v0。

其中，$N$ 为碎片中的像素数，$p$ 为像素的索引，$x(p)$ 和 $y(p)$ 分别为生成图像和实际真实图像的像素值。

- SSIM 损失。按照文献 [19]，我们将像素 $p$ 的 SSIM 写成：

$$\mathrm{SSIM}(p) = \frac{2\mu_x\mu_y + C_1}{\mu_x^2 + \mu_y^2 + C_1} \cdot \frac{2\sigma_{xy} + C_2}{\sigma_x^2 + \sigma_y^2 + C_2} \tag{10.4}$$

$$= l(p) \cdot cs(p)$$

均值和标准差使用标准差为 $\sigma_G$ 的高斯滤波计算，SSIM 的损失函数可以定义为

$$\mathcal{L}^{\mathrm{SSIM}}(\boldsymbol{P}) = \frac{1}{N}\sum_{p \in \boldsymbol{P}} 1 - \mathrm{SSIM}(p) \tag{10.5}$$

- MS-SSIM 损失。$\sigma_G$ 的选择将影响 SSIM 的训练性能。这里我们采用多尺度 SSIM 的思想[19]，预先选择 $M$ 个不同的 $\sigma_G$ 值并进行融合：

$$\mathcal{L}^{\mathrm{MS\text{-}SSIM}}(\boldsymbol{P}) = l_M^\alpha(p) \cdot \prod_{j=1}^{M} cs_j^{\beta_j}(\boldsymbol{P}) \tag{10.6}$$

- MS-SSIM$+\ell_2$ 损失。使用 MS-SSIM 的加权和，$\ell_2$ 作为损失函数：

$$\mathcal{L}^{\mathrm{MS\text{-}SSIM}\text{-}\ell_2} = \alpha \cdot \mathcal{L}^{\mathrm{MS\text{-}SSIM}} + (1-\alpha) \cdot G_{\sigma_G^M} \cdot \mathcal{L}^{\ell_2} \tag{10.7}$$

$\ell_2$ 损失函数项中加入了 $G_{\sigma_G^M}$ 和 $\mathcal{L}^{\ell_2}$ 之间的逐点乘积，因为 MS-SSIM 根据其对中心像素 $q$ 的 MS-SSIM 的贡献在像素 $q$ 上传播误差，这是由高斯权重决定的。

- MS-SSIM$+\ell_1$ 损失。使用 MS-SSIM 的加权和，$\ell_1$ 作为损失函数：

$$\mathcal{L}^{\mathrm{MS\text{-}SSIM}\text{-}\ell_1} = \alpha \cdot \mathcal{L}^{\mathrm{MS\text{-}SSIM}} + (1-\alpha) \cdot G_{\sigma_G^M} \cdot \mathcal{L}^{\ell_1} \tag{10.8}$$

$\ell_1$ 损失同样是由 $G_{\sigma_G^M}$ 加权的。

我们从 ITS+OTS 中选取 1000 张图像作为验证集，其余图像进行训练。所有方法的初始学习率和系统的迷你批大小分别设置为 0.01 和 8。除非另有说明，否则所有权重都初始化为高斯随机变量。我们使用 0.9 的动量和 0.0001 的权重衰减。我们还将梯度的 $\ell_2$ 范数剪裁在 $[-0.1, 0.1]$ 内，以稳定网络训练。所有模型都在 NVIDIA GTX 1070 GPU 上训练了约 14 次迭代，经验上导致了收敛。对于 SSIM 损失，$\sigma_G$ 设置为 5，式（10.4）中的 $C_1$ 和 $C_2$ 分别为 0.01 和 0.03。对于 MS-SSIM 损失，按照文献 [19] 构建多个高斯滤波器，设置 $\sigma_G^i = \{0.5, 1, 2, 4, 8\}$；对于 MS-SSIM$+\ell_1$，$\alpha$ 设置为 0.025，对于 MS-SSIM$+\ell_2$，$\alpha$ 设置为 0.1。

如表 10.1 和表 10.2 所示，简单地更换损失函数后，性能有明显的差异。原有的带 MSE 损失的 AOD-Net 在室内图像上表现良好，但在室外图像上效果较差，而室外图像通常是实践中需要除雾的图像。在所有选项中，MS-SSIM$+\ell_2$ 实现了最高的整体 PSNR 和 SSIM 结果，结果比当前最先进的 AOD-Net 提高了 0.88dB PSNR 和

0.182 SSIM。我们进一步对 MS-SSIM＋$\ell_2$ 模型进行微调，包括使用预训练的 AOD-Net 作为热初始化，采用较小的学习率（0.002）和较大的迷你批大小（16）。最后，最佳可实现的 PSNR 和 SSIM 分别为 23.43dB 和 0.8747。请注意，最好的 SSIM 意味着相对于 AOD-Net 近 0.02 的改进。

表 10.1 任务 1 的 PSNR 结果比较（dB）

| 模型 | PSNR | | |
|---|---|---|---|
| | 室内 | 室外 | 全部 |
| AOD-Net 基准 | **21.01** | 24.08 | 22.55 |
| $\ell_1$ | 20.27 | 25.83 | 23.05 |
| SSIM | 19.64 | 26.65 | 23.15 |
| MS-SSIM | 19.54 | **26.87** | 23.20 |
| MS-SSIM＋$\ell_1$ | 20.16 | 26.20 | 23.18 |
| MS-SSIM＋$\ell_2$ | 20.45 | 26.38 | **23.41** |
| MS-SSIM＋$\ell_2$（微调） | 20.68 | 26.18 | **23.43** |

表 10.2 任务 1 的 SSIM 结果比较（dB）

| 模型 | SSIM | | |
|---|---|---|---|
| | 室内 | 室外 | 全部 |
| AOD-Net 基准 | **0.8372** | 0.8726 | 0.8549 |
| $\ell_1$ | 0.8045 | 0.9111 | 0.8578 |
| SSIM | 0.7940 | 0.8999 | 0.8469 |
| MS-SSIM | 0.8038 | 0.8989 | 0.8513 |
| MS-SSIM＋$\ell_1$ | 0.8138 | **0.9184** | 0.8661 |
| MS-SSIM＋$\ell_2$ | 0.8285 | 0.9177 | **0.8731** |
| MS-SSIM＋$\ell_2$（微调） | 0.8229 | **0.9266** | **0.8747** |

## 10.4 任务 2：用于检测的除雾

### 10.4.1 解决方案集 1：增强级联中的除雾和检测模块

在文献［10］中，作者提出采用 AOD-Net 除雾和 Faster R-CNN[21] 检测模块的级联来检测朦胧图像中的物体。因此，我们认为在级联中尝试更强大的除雾/检测模块的不同组合是直观的。需要注意的是，这样的级联可以像之前的许多工作[22-23,10]一样进行进一步的联合优化。然而，为了与文献［12］中的结果保持一致，本节使用的所有检测模型都是原始的预训练版本，没有进行任何再训练或适应。

我们的解决方案集 1 考虑了几个流行的除雾模块，包括 DCP[4]、DehazeNet[8]、AOD-Net[10] 和最近提出的密集连接的金字塔除雾网络（DCPDN）[24]。由于朦胧图像往往具有较低的对比度，我们还加入了一种称为对比度有限自适应直方图均衡

（CLAHE）的对比度增强方法。关于检测模块，我们的选择包括 Faster R-CNN[21]⊖、SSD[26]、RetinaNet[27] 和 Mask R-CNN[28]。

　　比较的流水线如表 10.3 所示。在每条流水线中，"X＋Y"默认是指直接在 X 的输出上依次应用 Y。最重要的观察是，由于雾/除雾和干净图像（典型的检测器都是在此基础上训练的）的域之间的差距，单纯应用更复杂的检测模块不太可能提升除雾检测级联的性能。更复杂的预训练检测器（RetinaNet 和 Mask-RCNN）可能已经过拟合了干净图像域，再次强调了现实世界检测问题中处理域转移的需求。此外，在还原性能方面更好的除雾模型并不意味着其预处理图像（如 DPDCN）的检测结果更好，添加除雾预处理也并不总是能保证更好的检测效果（例如，比较 RetinaNet 与 AOD-Net＋RetinaNet），这与文献［12］中的结论一致。AOD-Net 倾向于产生更平滑的结果，但对比度比其他的低，可能会影响检测。因此，我们创建了表 10.3 最后两行的两个三级级联，发现使用 DCP 处理 AOD-Net 的除雾（对比度较大）略微改善了结果。

表 10.3　RTTS 上的解决方案集 1 的 mAP 结果

| 流水线 | mAP |
| --- | --- |
| Faster R-CNN | 0.541 |
| SSD | 0.556 |
| RetinaNet | 0.531 |
| Mask-RCNN | 0.457 |
| DehazeNet＋Faster R-CNN | 0.557 |
| AOD-Net＋Faster R-CNN | 0.563 |
| DCP＋Faster R-CNN | 0.567 |
| DehazeNet＋SSD | 0.554 |
| AOD-Net＋SSD | 0.553 |
| DCP＋SSD | 0.557 |
| AOD-Net＋RetinaNet | 0.419 |
| DPDCN＋RetinaNet | 0.543 |
| DPDCN＋Mask-RCNN | 0.477 |
| AOD-Net＋DCP＋Faster R-CNN | 0.568 |
| CLACHE＋DCP＋Mask-RCNN | 0.551 |

## 10.4.2　解决方案集 2：域自适应 Mask-RCNN

　　在解决方案集 1 上的观察结果的激励下，我们接下来的目标是更明确地解决雾/除雾图像和干净图像的域之间的差距，以进行物体检测。受最近提出的域自适应 Faster-RCNN[29] 的启发，我们应用类似的方法设计了一个域自适应掩码 RCNN

---

⊖　为了提高性能，我们从 VGG 16 中移除了 Faster R-CNN 的主要部分（这与文献［12］中的做法一样），取而代之的是 ResNet101 模型[25]。

(DMask-RCNN)。

在图 10.1 所示的模型中，DMask-RCNN 的主要目标是在源域（干净的输入图像）和目标域（带雾的图像）之间屏蔽特征提取网络产生的特征，使其尽可能对域具有不变性。具体来说，DMask-RCNN 在 Mask-RCNN 的基础特征提取卷积层之后放置了一个域自适应的分量分支。域分类器的损失是二元交叉熵损失：

$$-\sum_i (y_i \log(p_i) + (1 - y_i)\log(1 - p_i)) \tag{10.9}$$

其中 $y_i$ 是第 $i$ 张图像的域标签，$p_i$ 是域分类器的预测概率。因此，DMask-RCNN 的整体损失可以写成

$$
\begin{aligned}
L(\theta_{\mathrm{res}}, \theta_{\mathrm{head}}, \theta_{\mathrm{domain}}) = {} & L_{C,B}(C, B \mid \theta_{\mathrm{res}}, \theta_{\mathrm{head}}, x \in D_s) \\
& - \lambda L_d(G_d \mid \theta_{\mathrm{res}}, x \in D_s, D_t) \\
& + \lambda L_d(G_d \mid \theta_{\mathrm{domain}}, x \in D_s, D_t)
\end{aligned} \tag{10.10}
$$

其中 $x$ 为输入图像，$D_s$ 和 $D_t$ 分别代表源域和目标域，$\theta$ 表示各网络组件对应的权重，$G$ 表示特征提取器的映射函数，$I$ 为特征图分布，$B$ 为对象的边界框，$C$ 为对象类。需要注意的是，在计算 $L_{C,B}$ 时，由于目标域没有标签，所以只将源域输入计算进去。

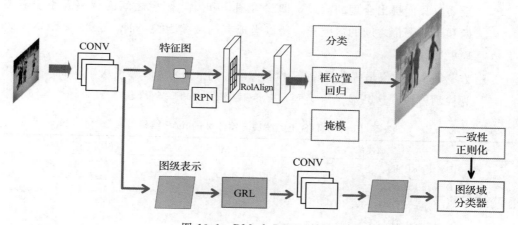

图 10.1　DMask-RCNN 结构

从式（10.10）可以看出，域分类器损失的负梯度需要传播回 ResNet，其实现依赖于梯度反向层[30]（GRL，见图 10.1）。GRL 是在 ResNet 生成的特征图之后添加的，并将其输出反馈给域分类器。这个 GRL 除了超参数 $\lambda$ 外没有其他参数，在前向传播过程中，超参数 $\lambda$ 作为恒等变换。但在反向传播过程中，它从上层取梯度，并将其乘以 $-\lambda$，然后再传递给前几层。

实验

为了训练 DMask-RCNN，MS COCO（干净的图像）始终被用作源域，同时设计

了两个目标域选项来考虑两种类型的域差异：来自 RESIDE 的所有未标记的真实雾图像；这些未标记图像的除雾结果，使用 MSCNN[9]。对应的 DMaskRCNN 分别称为 DMask-RCNN1 和 DMask-RCNN2。

我们在 MS COCO 上用预先训练好的模型初始化 DMask-RCNN 的 Mask-RCNN 组件。所有模型都以学习率 0.001 进行了 50 000 次迭代训练，然后再以学习率 0.0001 进行 20 000 次迭代训练。我们使用值为 2 的朴素批大小，包括从源域随机选取的一张图像和从目标域随机选取的另一张图像，注意到更大的批数量可能会进一步提升性能。我们还尝试将除雾预处理（AOD-Net 和 MSCNN）与 DMask-RCNN 模型并发，形成新的除雾检测级联。

表 10.4 是解决方案集 2 的结果（命名方式与表 10.3 相同），由此我们可以得出结论：

- 域自适应检测器提出了一种非常有前途的方法，其性能明显优于表 10.3 中的最佳结果。⊖
- 在适当的域适配下，强检测模型（Mask-RCNN）的威力得到充分发挥，与表 10.3 中普通 Mask RCNN 的糟糕表现形成鲜明对比。
- DMask-RCNN2 始终优于 DMask-RCNN1，说明选择除雾图像作为目标域很重要。我们提出合理的假设，即除雾图像和干净图像之间的域差异小于雾图像和干净图像之间的域差异，所以当现有的域差距较小时，DMask-RCNN 表现更好。
- 方案集 2 中效果最好的是除雾–检测级联，MSCNN 为除雾模块，DMask-RCNN 为检测模块，这凸显了除雾预处理和域自适应的联合价值。

表 10.4    RTTS 上的解决方案集 2 的 mAP 结果

| 流水线 | mAP |
| --- | --- |
| DMask-RCNN1 | 0.612 |
| DMask-RCNN2 | 0.617 |
| AOD-Net＋DMask-RCNN1 | 0.602 |
| AOD-Net＋DMask-RCNN2 | 0.605 |
| MSCNN＋Mask-RCNN | 0.626 |
| MSCNN＋DMask-RCNN1 | 0.627 |
| MSCNN＋DMask-RCNN2 | 0.634 |

## 10.5  结论

本章讨论了单幅图像除雾的挑战，并将其扩展到雾中的物体检测。本章从不同的

---

⊖ 需要强调的是，表 10.3 的结果没有像文献 [31,10] 那样进行联合调优，所以还有进一步改进的可能。

角度提出了解决方案，包括从新型损失函数（任务1）到增强型除雾检测级联，以及域自适应检测器（任务2）。通过仔细的实验，我们显著提高了这两个任务的性能，并在 RESIDE 数据集上得到了验证。随着对这一重要数据集和任务的继续研究，我们期待进一步的改进。

## 10.6　参考文献

[1] Tan K, Oakley JP. Enhancement of color images in poor visibility conditions. In: Image processing, 2000. Proceedings. 2000 International conference on, vol. 2. IEEE; 2000. p. 788–91.

[2] Schechner YY, Narasimhan SG, Nayar SK. Instant dehazing of images using polarization. In: Computer vision and pattern recognition, 2001. CVPR 2001. Proceedings of the 2001 IEEE computer society conference on, vol. 1. IEEE; 2001.

[3] Kopf J, Neubert B, Chen B, Cohen M, Cohen-Or D, Deussen O, et al. Deep photo: model-based photograph enhancement and viewing, vol. 27. ACM; 2008.

[4] He K, Sun J, Tang X. Single image haze removal using dark channel prior. IEEE Transactions on Pattern Analysis and Machine Intelligence 2011;33(12):2341–53.

[5] Tang K, Yang J, Wang J. Investigating haze-relevant features in a learning framework for image dehazing. In: Proceedings of the IEEE conference on computer vision and pattern recognition; 2014. p. 2995–3000.

[6] Zhu Q, Mai J, Shao L. A fast single image haze removal algorithm using color attenuation prior. IEEE Transactions on Image Processing 2015;24(11):3522–33.

[7] Berman D, Avidan S, et al. Non-local image dehazing. In: Proceedings of the IEEE conference on computer vision and pattern recognition; 2016. p. 1674–82.

[8] Cai B, Xu X, Jia K, Qing C, Tao D. DehazeNet: an end-to-end system for single image haze removal. IEEE Transactions on Image Processing 2016;25(11):5187–98.

[9] Ren W, Liu S, Zhang H, Pan J, Cao X, Yang MH. Single image dehazing via multi-scale convolutional neural networks. In: European conference on computer vision. Springer; 2016. p. 154–69.

[10] Li B, Peng X, Wang Z, Xu J, Feng D. AOD-Net: all-in-one dehazing network. In: Proceedings of the IEEE international conference on computer vision; 2017. p. 4770–8.

[11] Wang Z, Chang S, Yang Y, Liu D, Huang TS. Studying very low resolution recognition using deep networks. In: Proceedings of the IEEE conference on computer vision and pattern recognition; 2016. p. 4792–800.

[12] Li B, Ren W, Fu D, Tao D, Feng D, Zeng W, et al. RESIDE: a benchmark for single image dehazing. arXiv preprint arXiv:1712.04143, 2017.

[13] McCartney EJ. Optics of the atmosphere: scattering by molecules and particles. New York: John Wiley and Sons, Inc.; 1976. 421 p.

[14] Narasimhan SG, Nayar SK. Chromatic framework for vision in bad weather. In: Computer vision and pattern recognition, 2000. Proceedings. IEEE conference on, vol. 1. IEEE; 2000. p. 598–605.

[15] Narasimhan SG, Nayar SK. Vision and the atmosphere. International Journal of Computer Vision 2002;48(3):233–54.

[16] Li B, Peng X, Wang Z, Xu J, Feng D. An all-in-one network for dehazing and beyond. arXiv preprint arXiv:1707.06543, 2017.

[17] Li B, Peng X, Wang Z, Xu J, Feng D. End-to-end united video dehazing and detection. arXiv preprint arXiv:1709.03919, 2017.

[18] Zhang L, Zhang L, Mou X, Zhang D. A comprehensive evaluation of full reference image quality assessment algorithms. In: Image processing (ICIP), 2012 19th IEEE international conference on. IEEE; 2012. p. 1477–80.

[19] Zhao H, Gallo O, Frosio I, Kautz J. Loss functions for image restoration with neural networks. IEEE Transactions on Computational Imaging 2017;3(1):47–57.

[20] Wang Z, Bovik AC, Sheikh HR, Simoncelli EP. Image quality assessment: from error visibility to structural similarity. IEEE Transactions on Image Processing 2004;13(4):600–12.

[21] Ren S, He K, Girshick R, Sun J. Faster R-CNN: towards real-time object detection with region proposal networks. In: Advances in neural information processing systems; 2015. p. 91–9.

[22] Liu D, Wen B, Liu X, Wang Z, Huang TS. When image denoising meets high-level vision tasks: a deep learning approach. arXiv preprint arXiv:1706.04284, 2017.

[23] Cheng B, Wang Z, Zhang Z, Li Z, Liu D, Yang J, et al. Robust emotion recognition from low quality and low bit rate video: a deep learning approach. arXiv preprint arXiv:1709.03126, 2017.

[24] Zhang H, Patel VM. Densely connected pyramid dehazing network. In: The IEEE conference on computer vision and pattern recognition (CVPR); 2018.

[25] He K, Zhang X, Ren S, Sun J. Deep residual learning for image recognition. In: Proceedings of the IEEE conference on computer vision and pattern recognition; 2016. p. 770–8.

[26] Liu W, Anguelov D, Erhan D, Szegedy C, Reed S, Fu CY, et al. SSD: single shot multibox detector. In: European conference on computer vision. Springer; 2016. p. 21–37.

[27] Lin TY, Goyal P, Girshick R, He K, Dollár P. Focal loss for dense object detection. arXiv preprint arXiv:1708.02002, 2017.

[28] He K, Gkioxari G, Dollár P, Girshick R. Mask R-CNN. In: Computer vision (ICCV), 2017 IEEE international conference on. IEEE; 2017. p. 2980–8.

[29] Chen Y, Li W, Sakaridis C, Dai D, Van Gool L. Domain adaptive faster R-CNN for object detection in the wild. In: Proceedings of the IEEE conference on computer vision and pattern recognition; 2018. p. 3339–48.

[30] Ganin Y, Lempitsky V. Unsupervised domain adaptation by backpropagation. arXiv preprint arXiv:1409.7495, 2014.

[31] Liu D, Cheng B, Wang Z, Zhang H, Huang TS. Enhanced visual recognition under adverse conditions via deep networks. arXiv preprint arXiv:1712.07732, 2017.

# 生物医学图像分析：自动肺癌诊断

## 11.1 引言

2017 年，肺癌仍然是全球范围内癌症死亡的主要原因[6]。计算机辅助诊断，即由软件工具分析患者的医学影像结果并提出可能的诊断，是一个很有前景的方向。针对输入的低分辨率三维 CT 扫描图像，计算机可以利用图像处理技术将肺部扫描中的结节分类为潜在的癌症或良性。但这种系统需要高质量的 3D 训练图像，以确保分类器得到充分训练，从而具有足够的通用性。肺癌结节检测仍然存在缺乏训练图像的问题，这阻碍了对 CT 扫描癌症风险分析的有效自动化和改进[7]。在这项工作中，我们提出通过自动生成结节的合成 3D 图像来解决这个问题，以有意义的（计算机生成的）肺结节图像来增强此类系统的训练数据集。

Li 等人展示了如何利用三维图像的计算特征（如体积、紧凑程度和不规则性等）来分析结节[8]，然后将这些计算出的特征作为结节分类算法的输入。二维肺结节图像的生成已经使用生成式对抗网络（GAN）进行了研究[9]，其质量足以被放射科医生分类为实际的 CT 扫描图像。在我们的工作中，目标是生成三维肺结节图像，它与分析程序确定的实际结节的特征统计相匹配。我们提出了一个受自编码器启发的新系统，并广泛评价其生成能力。确切地说，我们介绍了 LuNG——一个合成的肺结节生成器，它是一个经过训练的神经网络，以生成符合广泛学习类别的 3D 形状的新样例。

我们的工作目标是在难以获得输入图像的情况下创建合成图像。例如，美国国家科学基金会特定领域计算中心的自适应肺结节筛查基准（ALNSB）使用了一种利用压缩传感从低剂量 CT 扫描重建图像的方法。这些图像与那些从滤波背投建立的图像略有不同，后者是一种拥有更多现成样本的技术（如 LIDC/IDRI[10]）。为了评价结果，我们将我们的工作与 ALNSB 系统[11]整合在一起。ALNSB 系统可以自动处理低剂量的 3D CT 扫描，重建更高分辨率的图像，分离 3D 图像中的所有结节，计算它们的特征，并将每个结节分类为良性或可疑。我们使用原始患者数据来训练 LuNG，然后用它来生成合成结节，并由 ALNSB 进行处理。我们创建了一个网络，它优化了 3 个指标：增加生成的图像被结节分析仪接受的百分比，增加生成的输出图像相对于有限的种子图像的变化，减少输入自编码器时种子图像与自身的误差。我们做出了以下贡献：

- 一个新的 3D 图像生成系统，它可以创建与训练图像（在特征方面）相似的合成图像。该系统是完全实现和自动化的。
- 一些新的指标，使得 3D 图像生成的数值评价与肺结节生成的定性目标相一致。
- 对该系统的肺结节 3D 图像生成，及其在现有计算机辅助诊断基准应用中的使用进行广泛的评价。
- 评价迭代训练技术与 ALNSB 结节分类器软件的结合，以进一步完善图像生成器的质量。

## 11.2 相关研究

提高 CT 肺结节自动分类技术和三维图像生成技术是备受关注的研究领域。

Valente 等人对医学放射学中对 CADe（计算机辅助检测）系统的要求进行了很好的概述，并对最近的方法的现状进行了评价[7]。我们的目的是提供一种工具，通过使用增加的结节进行分析和训练，既能提高 CADe 分类器的真阳性率（灵敏度），又能降低假阳性率，从而改善这种 CADe 系统的结果。他们的综述论文详细讨论了与我们在本项目中使用的 ALNSB 结节分析器/分类器类似的预处理、分割和结节检测步骤。

Li 等人在他们的论文 "GRASS：generative recursive autoencoders for shape structures"[12]中对最近的 3D 形状生成方法进行了很好的概述。虽然我们没有探讨具有卷积层和反卷积层的自编码器的设计，但我们给出的相同的图像生成质量指标可以用来评价这种设计。在设置卷积层的网络深度和特征图的数量时，也必须考虑种子图像的过拟合和低错误率之间的类似权衡。

Durugkar 等人很好地描述了训练 GAN 的挑战，并讨论了用多个对手训练的多生成网络的优势，以提高生成图像的质量[13]。LuNG 在图像反馈实验过程中探索使用多个网络。Larsen 等人[14]提出了一个将自编码器与 GAN 相结合的系统，该系统通过保留 "生成与现有种子形状相似的形状" 这一目标，可以成为未来将 GAN 方法引入 LuNG 系统的基础。

## 11.3 方法论

首先，使用引导训练，修改其中每个结节以创建 15 个额外的训练样本。我们称提供了 51 个样本的初始结节集为 "种子" 结节，其中的例子如图 11.1 所示。"基础" 结节包括图像反射和偏移，以创建每个种子结节的 15 个修改样本，共 816 个样本。图 11.2 给出了 LuNG 系统的总体结构。基础结节用于训练一个自编码器神经网络，瓶颈层带有 3 个潜在特征神经元。神经网络输出的图像经过重新连接算法，以保证生成可行的完全连接的结节，供结节分析器分析。然后，结节分析器程序从结节中提取相关的 3D 特征，并修剪掉对分类不感兴趣的结节（绝对不是癌变的结节）。分析仪对特征进行范围检查，包括结节大小、伸长率、表面积与体积比。在创建 51 个种子结节之前，原始的 CT 扫描候选结节将通过这些检查，LuNG 生成的图像也以同样的标准进行处理。"分析器接受的图像"是 LuNG 的最终输出，可以用来增强分类器的图像训练集。我们在 LuNG 项目中使用了 ALNSB[11] 结节分析器和分类器代码，但类似的分析器也可以计算类似的 3D 特征来帮助分类。支持向量机是一个分类器的例子，LuNG 可以为其提供增强数据。这样的增强数据有助于克服当前肺结节分类工作中的不足[7]。为了评价生成的结节，我们开发了一个类似于马氏距离的统计距离度量。给定 LuNG 输出的结节集，我们探索将其加入自编码器训练集中，以提高生成器的通用性。我们还使用 Score 来评价各种结节重连接选项和网络超参数。

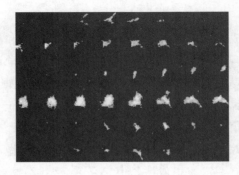

图 11.1　51 个原始结节中的 6 个，显示了来自 CT 扫描的中间 8 个 2D 切片的 3D 图像

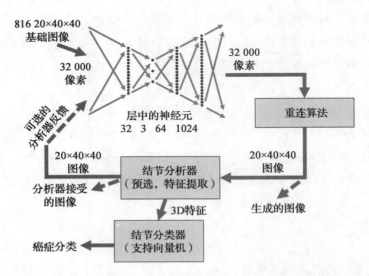

图 11.2　自编码器、结节分析器和支持向量机之间的相互作用。分析器接受的图像适合
　　　　增强分类器的训练数据集

我们为 LuNG 选择了自编码器架构，因为它可以分为编码器和解码器网络，以适应不同的使用模式。编码器（或称"特征网络"）是自编码器的一部分，它将32 000个体素图像作为输入，输出 3 个介于－1 和 1 之间的瓶颈特征神经元值；解码器（或称"生成器网络"）也是自编码器的一部分，它将 3 个介于－1 和 1 之间的特征神经元值作为输入，生成 32 000 个体素输出图像。因此，给定两个种子结节，可以使用特征网络找到它们的潜在空间坐标，然后用生成器网络的输入从一个结节步入另一个结节。我们分析在 3 个特征神经元上使用从－1 到 1 的均匀随机值来生成随机结节，并分析如何将这些结节用于增强分类器训练集。

虽然 LuNG 模型依赖于同时拥有由自编码器训练提供的编码器和解码器网络，但未来的工作可以将我们的技术与生成式对抗网络整合，以增强生成器或测试卷积/反卷积层是否可以帮助提高整体质量指标[12]。

图像评分指标

LuNG 的目标是生成对分析器来说具有高接受率的图像和相对于种子图像的高变异，同时将种子图像重现时网络的误差降到最低。我们简单地以随机生成的结节被分析器接受的百分比来跟踪接受率。对于变化的度量，我们根据分析器中使用的 12 个 3D 图像特征计算特征距离 FtDist。为了跟踪输出图像的分布与种子图像均值的匹配程度，我们根据分布均值计算 FtMMSE。网络重现给定种子图像的能力是用图像输出体素的均方误差来跟踪的，这是自编码器图像训练的典型做法。

FtDist 与马氏距离有一定的相似性，但它是在 12 维分析器特征空间中，找到所有接受图像到最接近种子图像的距离的平均值。随着 FtDist 的增加，网络生成的图像与种子图像中的特定样本相似度较低，因此我们希望通过 LuNG 来增加这一指标。给定一组被接受的 $n$ 张图像 $Y$ 和一组 51 张种子图像 $S$，并给定 $y_i$ 表示图像的特征 $i$ 的值，$\sigma_{S_i}$ 表示特征 $i$ 在 $S$ 内的标准差：

$$\text{FtDist} = \frac{1}{n} \sum_{y \in Y} \min_{s \in S} \sqrt{\sum_{i=1}^{12} \left( \frac{y_i - s_i}{\sigma_{S_i}} \right)^2}$$

FtMMSE 跟踪 12 个 3D 特征在接受的图像集 $X$ 和种子图像 $S$ 之间具有相同平均值的程度，随着 FtMMSE 的增加，网络产生的平均图像在典型的种子图像分布之外不断增加，因此它是我们希望通过 LuNG 降低的指标。给定 $\mu_{S_i}$ 是种子图像集中特征 $i$ 的平均值，$\mu_{Y_i}$ 是最终接受图像集中特征 $i$ 的平均值：

$$\text{FtMMSE} = \frac{1}{12} \sum_{i=1}^{12} (\mu_{Y_i} - \mu_{S_i})^2$$

Score 是我们的综合网络评分指标，用于比较不同的网络、超参数、反馈选项和重新连接选项。除了 FtDist 和 FtMMSE，我们还使用 AC 和 MSE。前者是分析器接受的生成图像的分数，后者是传统的均方误差，当自编码器用于再生 51 个种子结节图像时，会产生这种误差：

$$Score = \frac{FtDist - 1}{(FtMMSE + 0.1) * (MSE + 0.1) * (1 - AC)}$$

Score 随着 FtDist 或 AC 的增加而增加，当 FtMMSE 或 MSE 增加时，Score 就会减少。等式中的常数是基于对网络结果的定性评价，例如，使用 MSE+0.1 意味着低于 0.1 的 MSE 值不会覆盖其他组件的贡献，并且在数学上与定性声明一致，即 MSE 为 0.1 时，与种子图像相比，视觉上产生了可接受的图像。

## 11.4  实验

使用训练好的编码器网络找到种子结节 2 和 4 的潜在特征坐标，图 11.3 显示了这些结节之间的 6 步图像。可以看出，图像中的顶部和底部结节可以准确地再现图 11.1 中的种子结节 2 和 4。中间结节 4 是生成器的新图像，可用于改进自动分类器系统。

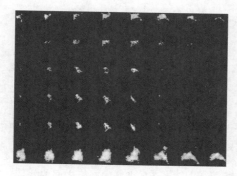

图 11.3　生成种子结节 2 和 4 的潜在特征空间的 6 步图像

除了步入潜在特征空间值外，我们还使用 Score 指标来评价完整的结节生成系统，包括使用 −1 和 1 之间的均匀随机值作为生成器网络的输入，然后通过重新连接算法和分析器发送图像，并对接受的图像进行分析。图 11.4 显示了我们对网络所做的最终参数分析的得分。请注意，MSE 指标（网络在训练集上的均方误差）会随着网络规模的扩大而持续降低，但所测量到的最大 Score 发生在 3 个瓶颈潜在特征神经元的情况下。

Score 指标用于评价系统，将其作为一个整体来探索自编码器训练的变化。我们测试了使用接受的图像来增强自编码器训练集的多种方法，但最终发现，这样的图像会导致确认偏差，降低了系统的总得分，如图 11.5 所示。继续探索不同的系统方案，所得到的系统最终包含来自种子结节集的实际结节形状的知识、分析器接受标准中编码的专家领域知识以及 LuNG 的网络规模和系统特征所代表的机器学习研究者的知识。

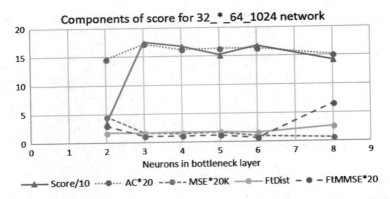

图 11.4    用于计算网络得分的 4 个组件。组件值按所示比例缩放，以便可以将它们全部按相同比例绘制

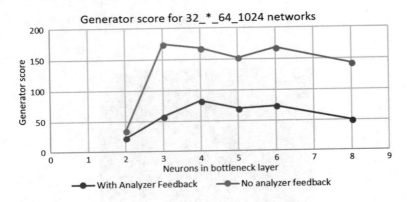

图 11.5    使用 816 个基础图像且没有分析器反馈进行 150 000 次迭代训练的网络与在基础图像上进行了 25 000 次迭代训练的网络之间的比较。然后添加 302 个生成的结节以进行 25 000 次迭代训练，然后再添加不同的 199 个生成的结节并进行 25 000 次迭代训练，最后在基础图像上进行 75 000 次迭代训练

作为评价网络架构和接口选择的结节指标的一个例子，我们分析了由结节分析器（ALNSB）计算的 12 个 3D 特征。表 11.1 显示，当 LuNG 生成 400 张新的随机图像时，所有 12 个 3D 特征的平均特征值都保持在种子结节的 30% 以内。（当在训练集中使用图像反馈时，我们看到生成图像的均值倾向于进一步远离任何给定特征的种子结节均值。因此我们的结论是，确认偏差会对使用图像反馈的系统的 Score 值带来不利影响。）在此基础上，我们在图 11.6 中绘制了 1000 个结节和 51 个种子结节的 SVM 距离值。应用支持向量后，比负中心点更接近正中心点的结节被划分为可疑结节。结果表明，LuNG 生成的结节很好地增强了可用的分析结节，包括提供了许多靠近现有边界的结节，有助于提高分类器的灵敏度。例如，通过让训练有素的放射科医生对 1000 个生成的结节中的 100 个子集进行分类，这些结节靠近现有分类器边界或在边界的"癌变"一侧，可以产生一个更加平衡和多样化的分类器训练集，从而改进分类。

表 11.1　400 个生成结节与 51 个种子结节的特征平均比

| 分析特征 | 比率 |
| --- | --- |
| 2D area | 1.1 |
| 2D max（xL,yL） | 1.0 |
| 2D perimeter | 1.2 |
| 2D area/peri$^2$ | 0.8 |
| 3D volume | 1.3 |
| 3D rad/MeanSqDis | 1.0 |
| min（xL,yL）/max（xL,yL） | 1.0 |
| minl/maxl | 1.0 |
| surface area$^3$/volume$^2$ | 1.2 |
| mean breadth | 1.3 |
| euler3D | 1.1 |
| mask Tem area/peri$^2$ | 1.0 |

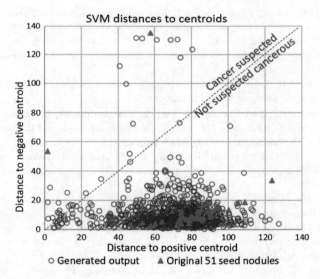

图 11.6　1000 个生成结节和 51 个种子结节的支持向量机（SVM）坐标

## 11.5　结论

为了产生高质量的图像分类器，机器学习需要大量的训练图像集，这给应用领域带来了挑战。如果存在这样的训练集，也是非常罕见的，例如用于计算机辅助诊断肺癌结节的数据集。

在这项工作中，我们开发了 LuNG——一个肺结节图像生成器，从而能够用有意义的（计算机生成的）肺结节图像来增强图像分类器的训练数据集。具体来说，我们开发了一个基于自编码器的系统，可以学习生成与原始训练集相似的 3D 图像，同时充分覆盖特征空间。我们的工具 LuNG 是使用 PyTorch 开发的，并已完全实现。我们已经证明，这个过程产生的 3D 结节在视觉和数值上与有限的种子图像集所呈现的一般图像空间有很好的一致性。

## 11.6　致谢

这项工作得到了美国国家科学基金会奖 CCF-1750399 的部分支持。

## 11.7　参考文献

[1] Huang S, Zhou J, Wang Z, Ling Q, Shen Y, Biomedical informatics with optimization and machine learning. 2016.

[2] Samareh A, Jin Y, Wang Z, Chang X, Huang S. Predicting depression severity by multi-modal feature engineering and fusion. arXiv preprint arXiv:1711.11155, 2017.

[3] Samareh A, Jin Y, Wang Z, Chang X, Huang S. Detect depression from communication: how computer vision, signal processing, and sentiment analysis join forces. IISE Transactions on Healthcare Systems Engineering 2018:1–42.

[4] Sun M, Baytas IM, Zhan L, Wang Z, Zhou J. Subspace network: deep multi-task censored regression for modeling neurodegenerative diseases. arXiv preprint arXiv:1802.06516, 2018.

[5] Karimi M, Wu D, Wang Z, Shen Y. DeepAffinity: interpretable deep learning of compound-protein affinity through unified recurrent and convolutional neural networks. arXiv preprint arXiv:1806.07537, 2018.

[6] Siegel RL, Miller KD, Jemal A. Cancer statistics, 2017. CA: A Cancer Journal for Clinicians 2017;67(1):7–30. https://doi.org/10.3322/caac.21387.

[7] Valente IRS, Cortez PC, Neto EC, Soares JM, de Albuquerque VHC, Tavares JaMR. Automatic 3D pulmonary nodule detection in CT images. Computer Methods and Programs in Biomedicine 2016;124(C):91–107. https://doi.org/10.1016/j.cmpb.2015.10.006.

[8] Li Q, Li F, Doi K. Computerized detection of lung nodules in thin-section CT images by use of selective enhancement filters and an automated rule-based classifier. Academic Radiology 2008;15(2):165–75.

[9] Chuquicusma MJM, Hussein S, Burt J, Bagci U. How to fool radiologists with generative adversarial networks? A visual turing test for lung cancer diagnosis. ArXiv e-prints arXiv:1710.09762, 2017.

[10] Rong J, Gao P, Liu W, Zhang Y, Liu T, Lu H. Computer simulation of low-dose CT with clinical lung image database: a preliminary study. Society of Photo-Optical Instrumentation Engineers (SPIE) Conference Series, vol. 10132. 2017. p. 101322U.

[11] Shen S, Rawat P, Pouchet LN, Hsu W. Lung nodule detection C benchmark. URL: https://github.com/cdsc-github/Lung-Nodule-Detection-C-Benchmark, 2015.

[12] Li J, Xu K, Chaudhuri S, Yumer E, Zhang H, Guibas L. GRASS: generative recursive autoencoders for shape structures. ACM Transactions on Graphics (Proceedings of SIGGRAPH 2017) 2017;36(4).

[13] Durugkar I, Gemp I, Mahadevan S. Generative multi-adversarial networks. ArXiv e-prints arXiv:1611.01673, 2016.

[14] Boesen Lindbo Larsen A, Kaae Sønderby S, Larochelle H, Winther O. Autoencoding beyond pixels using a learned similarity metric. ArXiv e-prints arXiv:1512.09300, 2015.